结 构 力 学

I

（第三版）

孙 俊 蓝 虹 屈俊童 主编

重庆大学出版社

内 容 提 要

结构力学教材系高等工科院校本科四年制土木工程专业系列教材之一,由结构力学Ⅰ和结构力学Ⅱ组成。结构力学Ⅰ涵盖结构力学的基本内容,主要突出对结构力学基本理论、基本方法的介绍。目的在于使读者建立起结构力学的基本概念,掌握结构力学的基本理论及基本方法,了解各类结构的受力性能,进行简单的结构分析。内容包括:平面体系的几何组成分析、静定结构的内力计算、位移计算、力法、位移法、渐近法计算超静定结构、影响线及其应用。

本书可作为土木、水利等专业"结构力学"课程的教材,也可作为有关土建类非结构专业的教材,还可供土建类相关技术人员参考。

图书在版编目(CIP)数据

结构力学Ⅰ/孙俊,蓝虹,屈俊童主编.—3版.—重庆:重庆大学出版社,2012.8(2023.1重印)
土木工程专业本科系列教材
ISBN 978-7-5624-2368-3

Ⅰ.①结…　Ⅱ.①孙…②蓝…③屈…　Ⅲ.①结构力学—高等学校—教材　Ⅳ.①O342

中国版本图书馆CIP数据核字(2011)第052739号

结 构 力 学
Ⅰ
(第三版)

孙　俊　蓝　虹　屈俊童　主编
责任编辑:彭　宁　鲁　黎　　　版式设计:彭　宁　鲁　黎
责任校对:贾　梅　　　　　　　责任印制:张　策

*

重庆大学出版社出版发行
出版人:饶帮华
社址:重庆市沙坪坝区大学城西路21号
邮编:401331
电话:(023)88617190　88617185(中小学)
传真:(023)88617186　88617166
网址:http://www.cqup.com.cn
邮箱:fxk@cqup.com.cn(营销中心)
全国新华书店经销
POD:重庆新生代彩印技术有限公司

*

开本:787mm×1092mm　1/16　印张:17　字数:424千
2012年8月第3版　　2023年1月第12次印刷
ISBN 978-7-5624-2368-3　定价:42.00元

土木工程专业本科系列教材
编审委员会

第三版前言

　　本书是在第二版的基础上，根据部分院校使用情况进行修订的。本次修订主要考虑各使用学校在教学上的方便，对结构力学Ⅰ及结构力学Ⅱ统一进行调整。结构力学Ⅰ作为必修部分，涵盖结构力学的基本内容，主要突出对结构力学基本理论、基本方法的介绍。目的在于使读者建立起结构力学的基本概念，掌握结构力学的基本理论及基本方法，了解各类结构的受力性能，进行简单的结构分析。内容包括：平面体系的几何组成分析、静定结构的内力计算、位移计算、力法、位移法、渐近法计算超静定结构、影响线及其应用。根据各校学生的实际情况，建议安排64～80个学时。结构力学Ⅱ作为选修部分，涵盖结构力学的四个专题：矩阵位移法、结构动力计算、结构稳定、结构的极限荷载。在保持本书前一版特色的基础上，为加强其运用性，主要进行了三个方面的调整：一是在每章后增加了"本章小结"，内容包括本章主要知识点和可深入讨论的问题；二是对部分习题进行了调整增补；三是增加了三套不同难度的自测题，同时对各章节的文字、公式、图形进行了认真检查与纠错。参与本次修订工作的主要有昆明理工大学的孙俊老师（第4章）、蓝虹老师（第1、2、3章）、侯立军老师（第8章）、云南大学的屈俊童老师（第5、6章）、冉志红老师（第7章）、西南林业大学的戴必辉老师（第4章），由孙俊、蓝虹、屈俊童老师统稿。昆明理工大学力学教研室及云南大学土木工程系的教师对本次修订工作提出了非常宝贵的意见和建议，在此表示衷心感谢。由于编者水平有限，书中不足之处，望读者指正。

编　者

2012 年 6 月

第二版前言

　　本书是在第一版的基础上，根据部分院校使用情况进行修订的。本次修订主要考虑强化结构力学基本概念、基本理论及基本解题方法。将原各章思考题改为概念题并进行了增补，对各章习题进行了调整增补，对个别章节的内容进行了删改，同时注意保持本书第一版的特色。

　　参与本次修订工作的主要有昆明理工大学的孙俊老师及贵州工业大学的龙建云老师。昆明理工大学的张立翔教授、力学教研室的教师以及贵州工业大学力学教研室的教师对本次修订工作提出了非常宝贵的意见和建议，在此表示衷心地感谢。

　　由于编者水平有限，书中不足之处，望读者指正。

编　者

2003 年 7 月

前　言

　　"结构力学"是土木工程专业的一门主要专业基础课,在高等工科院校土木工程专业系列教材中,由结构力学Ⅰ和结构力学Ⅱ组成。与同类教材相比,结构力学Ⅰ侧重对经典内容、理论与方法的介绍,结构力学Ⅱ注重结构力学的计算机方法。

　　结构力学Ⅰ具有以下特点:注意与相关课程的贯通、融合,尽可能减少不必要的相互重叠;注重对基本概念、基本原理、基本方法的介绍,将繁杂的计算交由计算机解决;既注重吸取现行同类教材各家之长,又注意融入参编教师各自的教学经验和体会;注意符合宽口径土木工程专业对本课程的基本要求,考虑到课时有限,既注意基本理论的系统性,又不求全,一些未涉及的问题大多在"可深入讨论的问题"中提出,并指出参考书,我们认为这样有助于启发式教学,有助于不同层次的学生选学,有助于培养学生的自学能力。

　　参加本书编写工作的有龙建云(第3,6,7章),郭顺军(第1,4章),张长领(第8,10章)、孙俊(第5,9章)、张科强(第2章)。全书由孙俊统稿。本书承蒙丁圣果教授主审,提出不少宝贵意见,为提高本书质量作出了重要贡献,在此表示衷心的感谢。本书在编写过程中,参阅了有关参考文献,并引用了其中的部分习题,在本书出版之际,谨向各文献的作者及支持本书编写、出版的人们致谢。

　　限于编者水平,书中难免有疏漏、缺点和不足之处,恳请使用本书的教师和读者批评指正。

编　者

2001 年 6 月

目 录

第 **1** 章
绪 论

内容提要 作为结构力学的开篇,本章主要介绍结构力学的研究对象、任务、特点及与其他课程的关系,结构力学与结构工程的关系,结构计算简图的选择原则及方法,作用在结构上的荷载的分类等。

1.1 结构力学的研究对象、任务及特点

在实际工程中,各类建筑、构筑物在使用过程中都要承受一定的荷载,在这些建筑、构筑物中,承担荷载、起骨架作用的部分称为结构。例如,工业与民用建筑中的屋架、框架,公路、铁路上的桥梁,以及水坝、电视塔等。而其中组成结构的各组成部分称为构件。结构按照几何形状可分三类:

(1)杆系结构

长度方向的尺寸远大于横截面尺寸的构件称为杆件。由若干杆件通过适当方式连接起来组成的结构体系称为杆系结构。例如框架结构、桁架结构等。

(2)板壳结构

厚度方向的尺寸远小于长度和宽度方向尺寸的构件,其中,表面为平面的称为板,表面为曲面的称为壳。由板壳等构件组成的结构称为板壳结构。例如一般的钢筋混凝土楼面均为平板结构,一些特殊形体的建筑如悉尼歌剧院的屋面就为壳体结构。

(3)块体结构

由长、宽、厚三个方向尺寸相近的构件组成的结构称为块体结构。如挡土墙、重力式堤坝、建筑物基础等。

在建筑工程领域内,杆系结构是应用最为广泛的一种结构形式,几乎在所有工程的结构设计中都含有杆系结构的设计,故结构力学将杆系结构作为主要研究对象。通常所说的结构力学指的就是杆系结构力学。

一个好的结构必须能满足安全、经济和美观的要求,结构力学就是为满足它的安全、经济、美观要求提供理论支持,其主要任务包括以下几方面:

①研究结构的组成规律,使结构具有可靠、合理的几何组成方式。

②研究结构在荷载作用下的内力、位移计算的原理和方法,以满足结构对强度、刚度的要求。

③研究结构的稳定性及动力效应。

结构力学与结构工程密切相关,是土建工程类专业的一门主要专业基础课。之所以称其为专业基础课,一方面它为后续专业课程提供了力学基础,学好结构力学,掌握杆件结构的计算原理和方法是学好后续课程的必备条件;另一方面,它将直接用于工程实际。结构分析是结构设计中非常关键的一环,而结构力学就是为结构分析提供理论依据。结构力学的分析结果,是各类结构的设计依据。在结构的施工过程中,也应掌握结构的受力、变形特征、规律。应该说,在结构的整个设计、建造过程中,结构分析所起的作用是基础性的,也是有限的,但一个优秀的结构工程师必须是一位优秀的结构分析家,以便将分析能力应用到工程实践中去。

由于结构力学是为后续专业课程提供理论依据的,因此它基本研究了所有的杆系结构在满足强度、刚度、稳定性要求时的力学原理和方法,所涉及的内容也比较广泛。本课程主要有以下内容:结构的组成分析、静定结构的内力和位移计算、超静定结构的内力和位移计算、静定及超静定结构影响线。

结构力学的特点是:理论概念性较强,方法技巧性要求高。理论概念需要通过练习来加深理解,方法技巧则需要多做练习来熟练掌握,特别是从具体算法中学习分析问题的一般方法和解题思路,由此及彼,学会由特殊到一般,从而培养分析和解决问题的能力。

结构力学以高等数学、理论力学、材料力学为基础,高等数学为其提供了公式推导和具体计算的依据,理论力学为其提供基本的力学原理,材料力学为其提供单个杆件的力学性能分析的原理和方法,而结构力学在此基础上来研究整个结构的力学性能。

1.2 结构的计算简图及分类

实际结构的几何形状及受力状态一般都很复杂,如果想完全按照结构的实际工作状态进行力学分析,往往都比较困难,故一般在力学分析中都将实际结构加以简化并略去某些次要因素,得到一个既能反映结构主要受力特征,又便于分析的力学模型,称为结构的计算简图。

由于结构计算简图一方面是对实际结构进行力学分析的基础,另一方面将运用其力学分析结果来指导实际结构设计,所以合理选取结构计算简图是必须首要解决的问题。

1.2.1 结构的计算简图

(1)结构计算简图选择的原则

①尽可能符合实际:计算简图应尽可能符合实际结构的工作状态及主要受力特征。

②尽可能简便直观:计算简图在符合实际的条件下应尽可能简单,便于力学分析。

需要说明的是,对于同一结构,计算简图不是唯一不变的。计算简图的选择与结构的重要性、设计阶段、计算问题的性质有关,随着人们认识水平的提高,科学水平的进步及计算目的、手段不同,同一结构也可能出现不同的计算简图。例如,对于初步设计和施工图设计,前者计算简图主要用于初步受力分析,后者则要在精确分析基础上进行实际设计;而前者的计算简图可简单一些,便于初步受力分析,后者的计算简图则应精确一些,以保证结构设计精度。对于手算和电算,前者则应简单一些,后者则可以尽量按结构的实际受力选择计算简图。

(2)确定结构计算简图的要点

确定结构的计算简图时,应从结构体系、材料、支座、荷载四个方面进行简化。

1)结构体系的简化

结构体系的简化包含了体系、杆件及结点的简化。实际结构一般均为由各部件连接的空间结构,以承受来自各方面的荷载。但一般来说,均可忽略一些次要的空间约束而将实际空间结构简化为平面结构,使计算大大简化。对组成结构的各杆件而言,截面上的应力可由截面内力来确定。故在计算内力时,杆件(无论直杆还是曲杆)用其轴线表示,杆件间的连接区域在计算中均简化为结点,结点常归纳为以下两种理想情况:

①铰结点

铰结点的特点是:与铰结点相连接的各杆件在连接处可以相对转动,但不能相对移动,同时假定不存在转动摩擦,铰结点能传递力,但不能传递力矩。这种理想情况在实际结构中并不存在,但螺栓、铆钉、榫头的连接处,其刚性不大,而变形、受力特征与此近似,可作为铰结点处理,如图1.1所示。

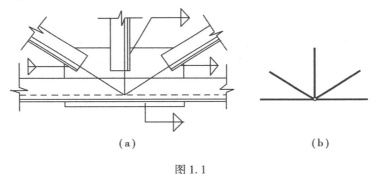

（a） （b）

图 1.1

②刚结点

刚性结点的特点是:与刚结点相连接的各杆件在连接处既不能相对转动,也不能相对移动,刚结点既能传递力,也能传递力矩。如现浇钢筋混凝土框架结点或其他连接方法使连接点的刚性很大,即属于此种情况,如图1.2所示。

在实际结构中,结点构造是复杂多样的,除以上两种常见结点形式外,还可能出现组合结点、定向结点、旋转弹性结点等。

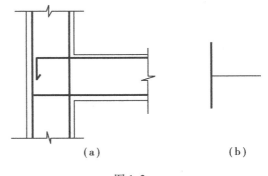

（a） （b）

图 1.2

2)材料性质的简化

常用的建筑材料有钢材、木材、混凝土、钢筋混凝土、砖、石等,在结构受力分析时,为简化计算,一般均可将这些材料假定为均匀、连续、各向同性、完全弹性或弹塑性体。此时材料的物理参数为常量,使计算大为简化。但要注意上述假定对象对金属材料,在一定受力范围内是适合的,但对其他材料都只能是近似的,特别是木材的顺纹与横纹方向的物理性质是不同的,在应用计算结果时给予适当考虑。

3)支座的简化

支座是支承结构或构件的各种装置。它具有两方面作用:一是限制位移,限制结构朝某方向移动或转动;二是传递力,将上部结构或构件的力传递给下部结构或构件。按约束效用区分,平面结构的支座一般可分为以下几类:

①活动铰支座

活动铰支座如图1.3(a)所示。其特点是:支座只约束结构的竖向移动,不约束其水平移动和转动;只有竖向约束反力 F_Y。活动铰支座可简化为一根竖向支杆,如图1.3(b)所示。一般实际结构中,对自由放于其他构件上的构件,如放于墙上的梁等,其支座可简化为此种支座形式。

图1.3   图1.4

②固定铰支座

固定铰支座如图1.4(a)所示。其特点是:支座除了约束结构或构件竖向移动外,还要约束结构或构件水平移动,但不约束其转动;支座反力除竖向约束反力 F_Y 外,还有水平约束反力 F_X。固定铰支座可简化为交于一点的两根支杆,如图1.4(b)所示。实际结构中,如柱子插入预制杯形基础内,若柱子与杯口之间用沥青麻丝填实,则可简化为此种支座形式。

③定向支座

定向支座如图1.5(a)所示。其特点是:支座约束结构的转动和垂直于其支承面的移动,它可沿其支承面移动;支座反力为一约束力矩 M 和垂直于支承面的约束反力 F_Y。定向支座可简化为两根平行支杆,如图1.5(b)所示。

④固定支座

固定支座如图1.6(a)所示。其特点是:支座约束结构的任何移动及转动;支座反力有水平和竖向的约束反力 F_X,F_Y 及约束力矩 M。固定支座可简化为既不平行亦不交于一点的三根支杆,如图1.6(b)所示。

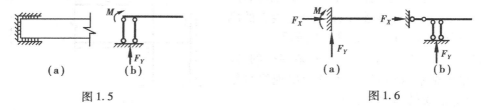

图1.5   图1.6

⑤弹性支座

弹性支座如图1.7(a)所示。其特点是:支座主要约束结构的某种位移,同时其本身又要产生一定的位移;其约束反力与位移有关。在实际结构中,"井"字楼盖的交叉梁系之间及桥梁结构的纵梁支承于横梁上均属此种情况,如图1.7(b)所示。

在实际结构中,如果支承体的刚度远大于被支体的刚度,则应将支座视为刚性支座,不考虑支座本身变形,按前四种支座形式简化。如果支承体的刚度与被支承体的刚度相近,则应将支座视为弹性支座,考虑支座本身变形,按第⑤种支座形式简化。另外,支座不是绝对的,应视分析对象而定,若只分析结构中的某一构件,则支承该构件的构件即为其支座;若分析整个结构,则基础为其支座。

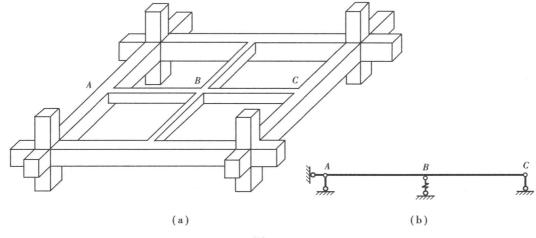

（a）   （b）

图 1.7

4）荷载的简化

作用于结构上的荷载可分为体力与表面力。体力为分布于物体体积内的力与物体体积有关,如自重、惯性力等。表面力为作用于物体外表面的力,由物体之间的接触而传递,如土压力、水压力、人作用于楼板上的力等。在一般的结构受力分析中,由于杆件用其轴线代替,故不论体力还是表面力,均简化为作用于杆轴上的力。当荷载作用区域与结构本身的区域相比很小时,可简化为集中荷载;两者相比较大时,则简化为分布荷载。

结构计算简图的确定是一个综合性较强的问题,本书仅仅是介绍了选择结构计算简图的原则、应考虑的因素及简化的方向。能否正确确定结构计算简图,关键在于对结构本身的认识,这有赖于对后续结构课程的学习及工程中的经验积累。

下面以一简单实例来说明结构计算简图的确定方法。

例 1.1 如图 1.8(a)所示为一砖木结构中的木屋架,屋架两端支承于砖柱上,屋架上弦搭檩条,檩条上放椽条,椽条上放瓦片,说明屋盖结构的简化。

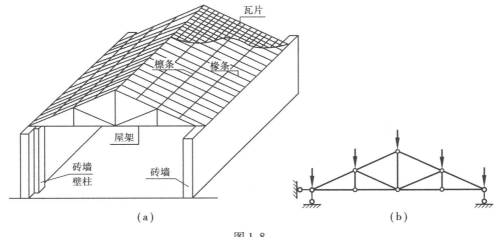

（a）   （b）

图 1.8

（1）结构体系的简化

由图 1.8（a）可知，此屋盖结构是由平面屋架经檩条连接而成的一个空间受力结构，其传力路线是：瓦片→椽条→檩条→屋架→砖柱，在力的每一次传递过程中，都由相应的平面结构承受。例如雨、雪、风载传递给瓦片这一平面结构，而瓦片及其上面的荷载传递给椽条这一平面结构，而椽条及其上面的荷载传递给檩条这一平面结构，而檩条及其上面的荷载传递给屋架这一平面结构，既然力在传递过程中都是由相应平面结构来承受，那么在受力分析时完全可以将其每一传递过程的受力分解为平面结构来处理。这样将空间结构简化为若干平面结构，使计算大为简化。

对以上简化所得平面木桁架，其中各杆均由轴线代替，将杆件间的连接区域即上下弦杆间、上弦杆与腹杆及下弦杆与腹杆的交汇处作为铰结点。

木桁架中由于腹杆与上、下弦杆连接时削弱了其连续性，上、下弦杆及腹杆在交汇处抵抗转动的能力较弱，不考虑其摩擦作用，其性能近似于铰，故将结点作为铰结点，且贯穿上、下弦杆即使上、下弦杆在铰结点处不连续。

（2）材料性质的简化

对屋盖结构中的瓦片、椽条、檩条及木屋架都假定其材料为连续、均匀、各向同性的弹性材料或弹塑性材料，但应指出，木材实际存在横纹与顺纹的物理性质不同的差别。

（3）支座的简化

屋盖结构在力的传递过程中，椽条对瓦片、檩条对椽条、屋架对檩条、砖柱对屋架都形成了支承，它们所支承的上部构件允许在其支承处有一定的转动，但限制其竖向位移和水平位移，故将其两端支承简化为一个固定铰支座和一个活动铰支座，与实际结构的受力情况基本一致。

（4）荷载的简化

瓦片一般连续均匀分布于椽条上，为简化起见，假定瓦片每块均匀简支于椽条上，这样按梁的计算理论求出椽条对瓦片的支承反力；那么对于椽条来说，其承受的荷载就是将瓦片的支承反力反向作用于椽条上，然后再求出檩条对椽条，木屋架对檩条的支承反力；对檩条来说，其承受的荷载就是将椽条的支承反力反向作用于檩条上；对屋架来说，其承受的荷载就是将檩条的支承反力反向作用于木屋架上。要说明的是檩条传给木屋架的力并非都恰好作用于上弦铰结点处，如果不考虑上弦的弯矩影响，将这些荷载都简化为作用于上弦杆相邻铰结点处的荷载。

经以上简化最后得到木屋架的计算简图及其承受的荷载如图 1.8（b）所示。这样简化后，不仅计算简便，而且计算简图基本反映了结构的主要受力性能，其计算精度一般都符合实际需要。

1.2.2　结构的分类

本书所研究的主要是平面杆系结构，可按以下方式进行分类：

（1）按计算特点分

1）静定结构

结构在荷载作用下，其反力和内力均可由静力平衡条件唯一确定的结构，如图 1.9 所示。

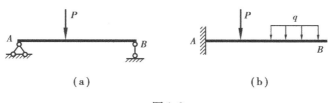

（a） **（b）**

图 1.9

2）超静定结构

结构在荷载作用下，其反力和内力须由静力平衡条件和变形协调条件及物理条件（应力应变关系）共同确定，如图 1.10 所示。

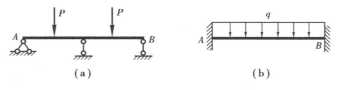

（a） **（b）**

图 1.10

（2）按结构组成及受力特征分

1）梁

杆轴通常为直线（也可能为曲线或折线）的一种受弯构件，可以是单跨或多跨，如图 1.11 所示。

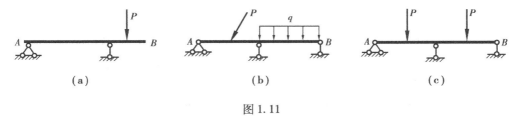

（a） **（b）** **（c）**

图 1.11

2）拱

杆轴通常为曲线，其力学特点是：在竖向荷载作用下有水平反力产生。由于水平反力可减小拱截面内的弯矩，拱体内力以受压为主，可作为大跨度结构的一种应用形式，如图 1.12 所示。

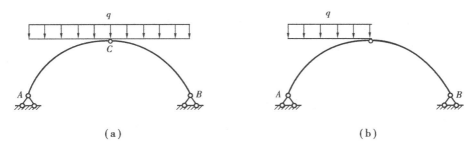

（a） **（b）**

图 1.12

3）桁架

桁架由直杆组成，所有结点均为铰结点。在结点荷载作用下，各杆只受轴力作用，如图 1.13 所示。

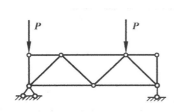

图 1.13

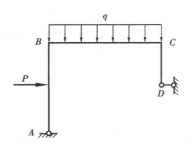

图 1.14

4）刚架

刚架由直杆组成，全部或部分结点为刚结点，各杆内力以受弯为主，如图 1.14 所示。

5）组合结构

组合结构是由梁与桁架或刚架与桁架组合而成的结构，结构中梁式杆内力以受弯为主，而桁杆（二力杆）只承受轴力，如图 1.15 所示。

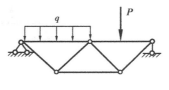

图 1.15

1.3 荷 载 分 类

作用于结构上的外力可分为主动力与被动力，主动作用于结构上的外力称为荷载。例如结构自重、固定设备的质量、土压力、水压力、风载、雪载等。通常所指荷载即为此类狭义荷载，由它所产生的被动力称为反力。除此之外，温度变化、材料收缩、土基沉降、制造误差等也可能使结构产生内力或变形，广义上讲这些外在因素也可称荷载。

根据《建筑结构设计统一标准》及《建筑结构荷载规范》，作用在结构上的荷载可按下列原则分类：

（1）按随时间的变异分为永久荷载（恒载）、可变荷载（活载）及偶然荷载

①恒载：指在结构使用期间，其值不随时间变化，或其变化与平均值相比可忽略不计的荷载。例如结构自重、土压力等。

②活载：指在结构使用期间，其值随时间变化，且其变化值与平均值相比不可忽略的荷载。例如楼面活荷载、风荷载、吊车荷载等。

③偶然荷载：指在结构使用期间不一定出现，一旦出现，其值很大且持续时间较短的荷载。例如爆炸力、撞击力、地震荷载等。

（2）按随空间位置的变异分为固定荷载与可动荷载

①固定荷载：指在结构空间位置上具有固定分布，作用位置不变的荷载。例如结构自重、固定设备等荷载。

②可动荷载：指在结构空间位置上的一定范围内可任意分布，或作用位置可移动的荷载。例如人群荷载、吊车荷载等。

（3）按结构的反应分为静态荷载和动态荷载

①静态荷载：荷载的大小、方向和作用位置不随时间变化或变化极为缓慢，不使结构或构

件产生加速度或所产生的加速度可忽略不计的荷载。例如结构自重、楼面活载等荷载。

②动态荷载：荷载的大小、方向和作用位置随时间迅速变化，使结构或构件产生不可忽略的加速度的荷载。例如地震、设备震动、高耸建筑上的风荷载等。

荷载的确定一般来说都比较复杂，在结构设计中所需考虑的各种荷载，在《建筑结构荷载规范》与《建筑抗震设计规范》中都列有，供设计时加以合理的取舍与组合，但合理组合的前提是对实际结构及现场的深入了解。同一结构其使用环境或对象不同，其荷载的大小就可能不一样，因而应当注意其使用环境和对象。

第 2 章

平面体系的几何组成分析

内容提要　在工程实际中,人们把能传递或承担荷载的杆件体系称为结构,把传递运动的杆件体系称为机构。结构是土木等工程的研究对象,而机构则是机械等工程的研究对象。本章的任务是学习平面结构组成的概念及其规则,并对平面体系进行几何组成分析。

2.1　概　述

在绪论中谈到结构力学的研究对象是若干杆件组成的结构,那么若干杆件是否随意组合都能成为结构呢? 讨论图 2.1(a)所示体系,体系受到荷载作用后,若不考虑材料的应变,其几何形状和位置均能保持不变,这种体系能承受一定的荷载,称为**几何不变体系**,在工程实际中可以作为结构。图 2.1(b)所示体系,即使不考虑材料的应变,在很小的荷载作用下也会引起体系几何形状和位置的改变,这种体系称为**几何可变体系**。几何可变体系不能承担荷载,在工程实际中无法应用,因此不能作为结构。为确定体系是否几何不变所进行的分析,称为体系的几何组成分析。

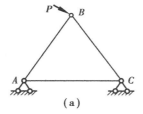
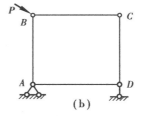

图 2.1

体系几何组成分析的目的在于:

①保证杆件组成为几何不变体系。

②研究几何不变体系的组成规则,改善和提高结构的性能。

在几何组成分析中,由于不考虑材料的应变,可以把一根梁、一根链杆、一个不变的体系或其中不变的部分看作一个刚片。图 2.1(a)中,三角形 ABC 可视为一刚片;杆 AB,AC,BC 也可视为独立 3 个刚片。

2.2　相关基本概念

2.2.1　自由度

体系的自由度是指确定体系空间位置所需的独立坐标数。平面体系的自由度是指体系在平面内运动时,确定体系在平面内的位置所需的独立坐标数。

一个点在平面内自由运动时,它的位置用坐标 x,y 完全可以确定,则平面内一点的自由度等于 2,如图 2.2(a)所示。

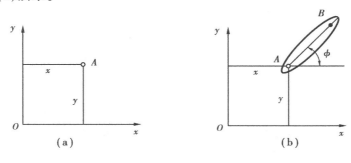

图 2.2

一个刚片在平面内自由运动时,它的位置用其上任一点 A 的坐标 x,y 和过 A 点的任一直线 AB 的倾角 ϕ 完全可以确定,则一个平面刚片的自由度等于 3,如图 2.2(b)所示。

2.2.2　约束

体系有自由度,因此加入限制运动的装置,使其自由度减少,把减少自由度的装置称为约束(或联系),减少一个自由度称为一个联系或一个约束。

(1)链杆的作用

一根链杆将一刚片与基础相连,则刚片上与连杆相连的点在链杆方向不能运动,限制了刚片一个自由度,故一根链杆为一个联系,如图 2.3(a)所示。

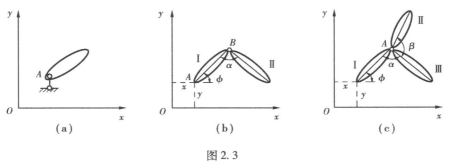

图 2.3

(2)铰的作用

如图 2.3(b)所示,用一个铰将刚片 Ⅰ 和刚片 Ⅱ 相连,对刚片 Ⅰ,其位置可用 x,y,ϕ 确定,自由度为 3 个;对刚片 Ⅱ 来说,它与刚片 Ⅰ 相连,用 α 表示转角,其位置可以确定。未加铰前刚片 I 和刚片 II 的自由度为 6,加铰后自由度为 4,减少 2 个自由度。连接两刚片之间的铰称为单铰,一个单铰相当于两根链杆的作用,一个单铰可以用两根链杆等效代替。

如图 2.3(c)所示,三个刚片原有 9 个自由度。用一个铰将刚片 I,II,III 相连,刚片 I 的位置可用 x,y,ϕ 确定,自由度为 3,体系的独立转角为 α,β,则体系自由度为 5,减少了 4 个自由度。其作用相当于 2 个单铰。我们将连接两个以上刚片的铰称为复铰。由以上讨论可知,一个连接 n 个刚片的复铰,可减少 $2(n-1)$ 个自由度,其作用相当于 $(n-1)$ 个单铰,也相当于 $2(n-1)$ 根链杆。

2.2.3 多余联系

若在一个体系上增加一个联系,体系自由度实际无变化,则所增加的这一联系称为多余联系。例如,平面上一个动点有两个自由度,用两根不共线的链杆将其与地基相连,组成一个几何不变体系,此时若减少一个联系,体系变为几何可变,说明这两根链杆是必要联系;若再增加一根链杆,体系仍为几何不变,则将所增加的这一链杆称为多余联系。

2.2.4 体系自由度的计算

由以上分析,在计算体系自由度时,若以刚片为研究对象,一个体系的计算自由度为组成体系各刚片自由度之和减去体系联系的数目。用 W 表示体系的计算自由度,m 表示刚片数,h 表示单铰数,r 表示支座链杆数,则体系自由度计算公式为

$$W = 3m - 2h - r \tag{2.1}$$

如遇复铰时,应将复铰转化为单铰数目,如图 2.4 所示。

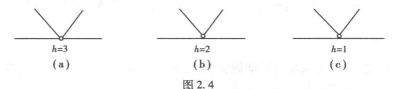

$h=3$ $h=2$ $h=1$
(a) (b) (c)

图 2.4

若体系完全由铰结链杆组成时,体系称为铰结体系。此时可以结点为研究对象,用 j 表示铰结点数,用 b 表示连杆数,r 表示支座链杆数,则体系的自由度计算公式可表示为

$$W = 2j - b - r \tag{2.2}$$

例 2.1 求图 2.5 所示体系的计算自由度 W。

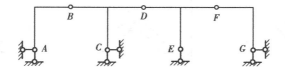

图 2.5

解 体系由 AB,BCD,DEF,FG 四个刚片组成,故 $m=4$,四个刚片用单铰相连,故 $h=3$,支座链杆数为 7,则 $r=7$,

$$W = 3m - 2h - r = 3 \times 4 - 2 \times 3 - 7 = -1$$

则体系有一个多余联系。

例 2.2　计算图 2.6 所示桁架的计算自由度。

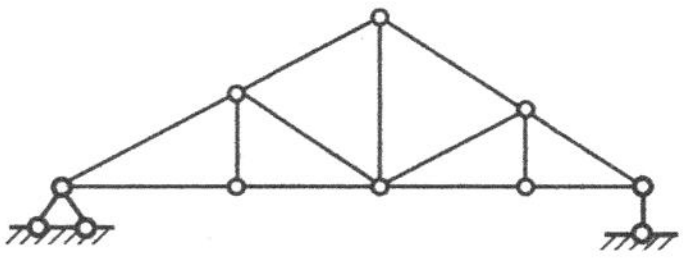

解　**方法一**:以刚片为研究对象

$m = 13, h = 18, r = 3,$

$W = 3 \times 13 - 2 \times 18 - 3 = 0$

方法二:以结点为研究对象

$j = 8, b = 13, r = 3,$

$W = 2 \times 8 - 13 - 3 = 0$

图 2.6

则体系无多余联系。

用式(2.1)和式(2.2)计算自由度,可有三种计算结果:若 $W > 0$,说明体系联系不够,有独立运动参变量,体系为几何可变体系;若 $W = 0$,说明体系具有几何不变体系所需的最少联系数;若 $W < 0$,说明体系具有多余联系。当体系的计算自由度小于或等于零时,体系是否一定几何不变呢? 讨论图 2.7(a)所示几何不变体系——简支梁。由式(2.1)可知简支梁计算自由度为零,若将 B 点处链杆支座移至 A 点,如图 2.7(b)所示,体系的计算自由度仍为零,但 AB 杆可绕 A 点转动,体系为几何可变体系。这说明体系的计算自由度为零,仅是体系几何不变的必要条件,而不是充分条件,即不能根据体系计算自由度小于或等于零而确定体系一定几何不变。

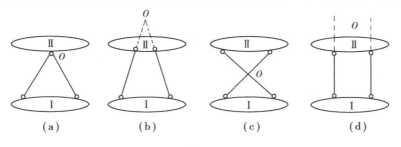

(a)　　　　　　　　　　　　　　(b)

图 2.7

2.3　平面体系的几何组成分析

2.3.1　实铰、虚铰、瞬铰

连接两刚片的两链杆直接相交所形成的铰称为实铰,如图 2.8(a)所示的 O 点,称为实铰。

图 2.8

(a)　　　　(b)　　　　(c)　　　　(d)

图 2.8

若连接两刚片的两链杆,但两杆延长线交于 O 点,称 O 交点为两链杆的虚铰,如图 2.8 (b)所示。两刚片只能绕 O 点作相对转动,O 点也称为刚片 I 和刚片 II 的相对转动瞬心,这个瞬心的位置随两刚片的微小转动而改变,也称这个铰为瞬铰。图 2.8(c)、(d)为虚铰其他两种形式。虚铰的作用与实铰的作用完全相同。

2.3.2 平面体系几何组成分析的几个规则

(1) 两刚片规则

两刚片用既不平行也不全交于一点的三根链杆相连,组成的体系内部几何不变且无多余联系。如图 2.9(a)所示的链杆 1,2,3 既不交于一点也不平行,则体系内部为几何不变。

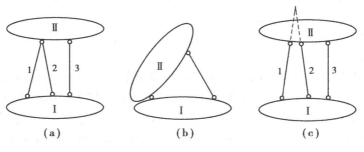

图 2.9

由于两个链杆作用相当于一个单铰,故图 2.9(a)可表示为图 2.9(b)形式,仍为几何不变体系。即两刚片规则也可叙述为:两刚片用一个铰和一根不过铰心的链杆相连,组成的体系内部几何不变且无多余联系。

图 2.9(c)刚片 I,II 用三个链杆相连,满足两刚片规则,也为几何不变体系。

(2) 三刚片规则

三刚片用不在同一直线上的三个铰两两相连,组成的体系内部几何不变且无多余联系。

图 2.10(a)所示铰结体系,体系用三个铰 A,B,C 两两相连组成三角形,其形状不会改变。从运动上看,若将刚片 I 固定不动,则刚片 II 将只能绕 A 点转动,其上 C 点必在半径为 AC 的圆弧上运动,刚片 III 则只能绕 B 点转动,其上 C 点又必在半径为 BC 的圆弧上运动,现因 C 点用铰将刚片 II,III 相连,C 点不可能同时在两个不同的圆弧上运动,故知各刚片不可能发生相对运动,因此这样组成的体系是没有多余联系的几何不变体系。

由于一个单铰相当于两根链杆,故图 2.10(a)所示体系可表示为图 2.10(b)的形式,仍为几何不变体系。这说明用于连接三刚片的铰可是实铰,也可是虚铰。

图 2.10(c)所示体系,三刚片用三个铰(虚铰)相连,满足三刚片规则,也为几何不变体系。

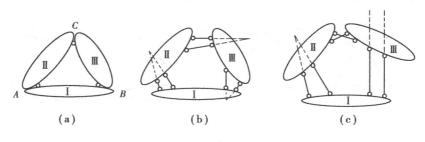

图 2.10

(3) 二元体规则

所谓二元体,是指由两根不在同一直线上的链杆铰接产生一个新结点的装置。平面内新增加一个点就会产生两个自由度,而新增加的两根链杆不共线,又限制了点的运动,故体系自由度无变化。若原体系几何不变,则新增加一个二元体后,新体系仍为几何不变。如图 2.11

所示,在一个已知体系上增加二元体,不会改变原体系的自由度数目,也不影响原体系的几何不变性或几何可变性。同样,在一个已知体系上拿掉二元体,也不会影响原体系的几何不变性或几何可变性。因此可将二元体规则叙述如下:在一个原体系上依次增加或减少二元体,体系的几何不变性保持不变。

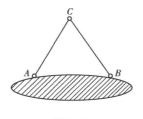

图 2.11

图 2.12

图 2.12 所示为三角形桁架,由基本三角形 AEG 依次增加二元体得到新结点 D,C,H,F,I,B 形成,是几何不变体系,且无多余联系。

2.3.3 常变体系与瞬变体系

在平面体系中,不满足上述规则的体系称为几何可变体系。几何可变体系又可细分为常变体系和瞬变体系。

如图 2.13(a)所示,刚片Ⅰ和刚片Ⅱ用三根平行等长的链杆相连,两刚片可任意互相平行运动;图 2.13(b)所示体系,刚片Ⅱ始终可绕 O 点任意转动。这类体系称为常变体系。

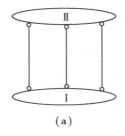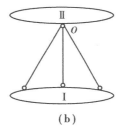

(a)

(b)

图 2.13

图 2.14(a)所示两刚片用三根连杆相连的体系,三杆延长线交于 O 点,由规则一可知体系是几何可变的。当两刚片绕 O 点作微小转动后,三杆延长线不再交于 O 点,此时满足规则一,体系为几何不变,把这种原为几何可变,产生微小移动后变为几何不变的体系称作瞬变体系。图 2.14(b)、(c)所示体系也是瞬变体系,请读者自行分析。

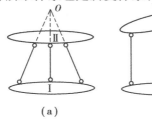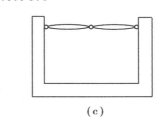

(a)

(b)

(c)

图 2.14

从瞬变体系的定义可看出,瞬变体系在产生微小移动后,即成为几何不变体系。那么瞬变

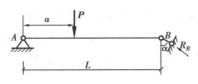

图 2.15

体系是否可作为结构呢？通过一简单问题来加以讨论。图 2.15 所示为一简支梁，在荷载 P 作用下 B 支座反力为

$$R_B = \frac{Pa}{l \cos \alpha}$$

改变 B 支座方向，当 α 增大时，$\cos \alpha$ 减小，R_B 增大。当 $\alpha \to \pi/2$ 时，体系为瞬变体系。此时 $\cos \alpha \to 0$，$R_B \to \infty$，说明瞬变体系在有限荷载作用下，其反力、内力趋于无穷，因此不能作为结构。

2.3.4 几何组成分析的步骤与示例

对体系进行组成分析时，可按下列步骤进行：首先计算体系的自由度，检查体系是否具备足够数目的联系。若 $W > 0$，可判定体系为几何可变体系，且为常变体系；若 $W \leq 0$，应适当选择刚片和链杆，用几何组成规则进行分析，确定体系是否几何不变。对简单体系也可直接用几何组成规则进行分析，不必计算自由度。在进行几何组成分析时，应注意对体系进行简化。简化的方法：一是根据二元体规则取消或增加二元体，二是将已确定为几何不变的部分视为一个刚片。

例 2.3 试对图 2.16 所示体系进行几何组成分析。

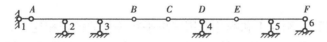

图 2.16

解 首先刚片 AB 通过 1，2 和 3 号链杆与地基连接，这三根链杆既不平行，也不交于一点，满足两刚片规则，几何不变，因此刚片 AB 可以并入地基，即将 AB 及地基视为一个刚片。接着研究 CE，EF 刚片和地基（注意：此时的地基指的是扩大后的地基，包含有 AB 刚片）之间的关系。CE 刚片通过 BC 杆及 4 号链杆与地基相连，即相当于通过瞬铰 D 连接，EF 刚片与地基之间通过 5，6 号链杆相连，相当于瞬铰 H（在无穷远处），CE 和 EF 刚片之间通过铰 E 相连，这三个铰不共线，因此 CE，EF 刚片和地基之间是三个刚片用三个不共线的铰两两相连，所以整个体系是无多余约束的几何不变体系。

例 2.4 试对图 2.17 所示体系进行几何组成分析。

解 首先刚片 AB，BC 和 AC 之间通过铰 A，B，C 连接，形成一个大刚片 ABC，我们不妨把 ABC 看成是一个广义链杆。地基在 A，E 处增加两个二元体后视为一个刚片，$DCFG$ 视为一刚片，这样两刚片由链杆 ABC，EG 和 D 处链杆相连，这三根链杆既不平行也不交于一点，因此体系是没有多余约束的几何不变体系。该题也可用其他方法分析，请读者考虑。

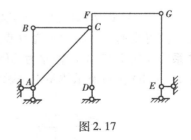

图 2.17

例 2.5 试分析图 2.18 所示体系的几何组成。

解 在 H 点杆件 GH 通过刚结点 H 与地基连接，可以将 GH 看成是地基的一部分。刚片 FG，GD 和 FD 通过不共线的铰 F，G 和 D 相连，形成一个大刚片 DFG，刚片 DFG 通过铰 G 和 2 号链杆与地基连接，成为地基的一部分。再将 BCE 视为刚片，通过不交于一点的 1 号链杆及

CD, EF 杆和与地基相连,几何不变,也并入地基。最后杆 AB 通过铰 B 及 A 处的滑动支座与地基连接,可以将 A 处的滑动支座看成是两根链杆,这样相当于杆 AB 通过两根链杆和铰 B 与地基连接,按照两刚片规则,这种连接有一个多余约束。因此,整个体系是有一个多余约束的几何不变体系。该题也可用其他方法分析,请读者考虑。

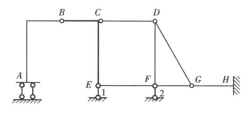

图 2.18

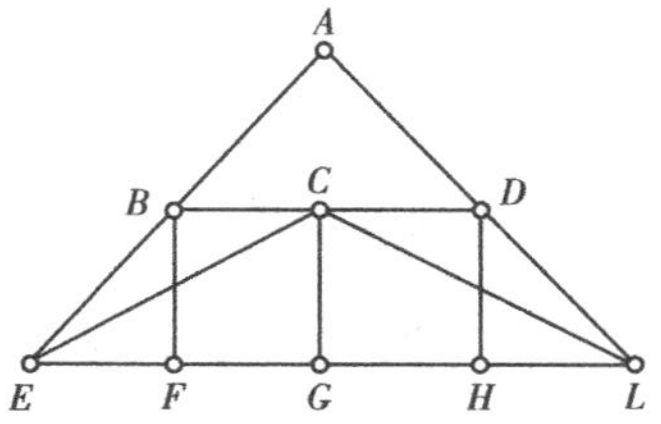

图 2.19

例 2.6　试分析图 2.19 所示体系的几何组成。

解　首先去掉二元体 BAD。杆 DH,HL 和 DL 通过不共线的铰 D,H 和 L 连接,形成一个刚片 DHL,在此刚片上依次增加二元体 DCL,CGH,由二元体规则,$CGHLD$ 部分几何不变,可视为一个刚片。同理,在左边可以形成刚片 $CBEF$。这两个刚片之间通过铰 C 和杆件 FG 连接形成一个大的刚片。由两刚片规则可知,整个体系是一个没有多余约束的内部几何不变体系。该体系未考虑与地基的联系。

2.4　平面体系的几何组成与结构静定性的关系

本节主要讨论平面体系的几何组成性质与平衡方程的解答之间的关系。通过对体系的几何组成分析,体系可分为几何常变体系、瞬变体系及几何不变体系。对几何常变体系,在任意荷载作用下,不能维持平衡,将发生运动,因而无静力学的平衡问题,或说静力平衡方程无解。对瞬变体系,前面已进行过讨论,在一般荷载下其反力、内力趋于无穷大,也可以说平衡方程无解。对几何不变体系,在任意荷载作用下均能保持平衡,因此平衡方程必定有解。

若几何组成为几何不变体系且无多余联系,如图 2.20(a)所示,有三根支座链杆,有三个未知反力,可由平面力系的平衡方程 $\sum F_X = 0$, $\sum F_Y = 0$, $\sum M = 0$ 求解所有的反力及内力。由理论力学及材料力学,称这样的结构为静定结构。

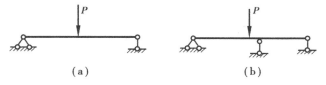

(a)　　　　　　　　　(b)

图 2.20

若几何组成为几何不变体系,但有多余联系,如图 2.20(b)所示,有四根支座链杆,有四个未知反力,独立的平衡方程数仍为 3,显然未知反力数大于平衡方程数,支反力不能用平衡方程完全确定。这样的结构称为超静定结构。

这就是说,可从几何组成的角度,根据几何不变体系是否具有多余联系来确定结构是静定

17

还是超静定的。静定结构是无多余联系的几何不变体系,而超静定结构是有多余联系的几何不变体系。

<h1 style="text-align:center">本章小结</h1>

● **本章主要知识点**

1. 体系、几何不变、几何常变、几何瞬变。
2. 自由度与约束的概念、自由度的计算、必要约束与多余约束、实铰与虚铰。
3. 平面几何不变体系的组成规则、几何组成分析的方法要点。
4. 几何瞬变体系的几何特征和静力特征。
5. 几何组成与结构静定性的关系。

● **可深入讨论的几个问题**

1. 对三刚片三铰体系中有无穷远虚铰情况的讨论,可参阅李廉锟主编的《结构力学》教材。

2. 对计算自由度为零的体系,也可用"零载法"对体系进行几何组成分析,请参阅龙驭球、包世华主编的《结构力学》教材。

3. 随着计算机应用的发展,复杂杆件体系的几何组成分析也可用计算机解决。有兴趣的读者可参阅袁驷教授编著的《程序结构力学》。

<h1 style="text-align:center">概 念 题</h1>

1. 体系的自由度和计算自由度有什么区别?
2. 在进行几何组成分析时,哪些杆件可视为广义链杆?
3. 在进行几何组成分析时,如何灵活应用二元体规则?
4. 瞬变体系的计算自由度是否一定小于等于零。为什么?
5. 在图示体系中,去掉其中任意两根支座链杆后,余下部分都是几何不变的。( )

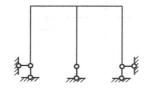

概念题 2.5 图

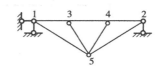

概念题 2.6 图

6. 在图示体系中,去掉 1-5,3-5,4-5,2-5,四根链杆后,得简支梁 12,故该体系为具有四个多余约束的几何不变体系。( )

习　题

2.1　分析图示体系几何组成。

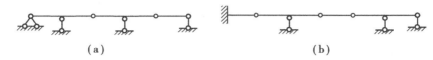

（a）　　　　　　　　　　　　　　（b）

题 2.1 图

2.2　试分析图示体系几何组成。

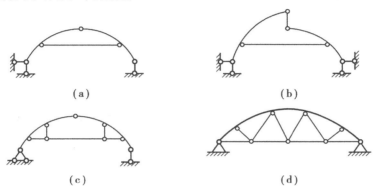

（a）　　　　　　　　　　　　　　（b）

（c）　　　　　　　　　　　　　　（d）

题 2.2 图

2.3　试分析图示体系几何组成。

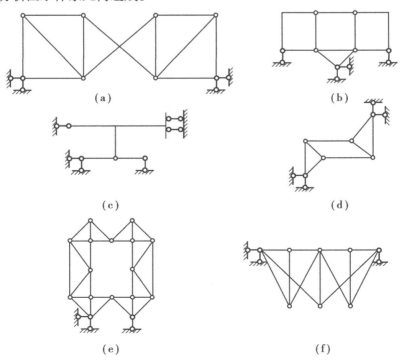

（a）　　　　　　　　　　　　　　（b）

（c）　　　　　　　　　　　　　　（d）

（e）　　　　　　　　　　　　　　（f）

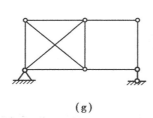
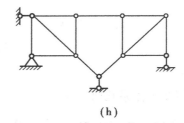

(g)   (h)

题 2.3 图

2.4　试分析图示体系几何组成。

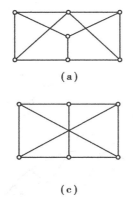
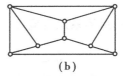
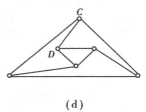

(a)   (b)

(c)   (d)

题 2.4 图

2.5　试分析图示体系几何组成。

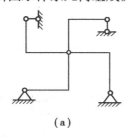
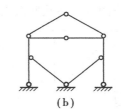

(a)   (b)

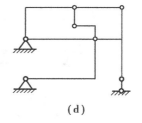

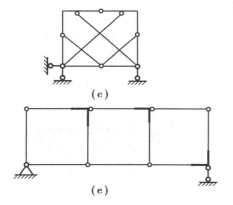
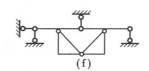

(c)   (d)

(e)   (f)

题 2.5 图

第**3**章
静定结构的受力分析

ıllıllıllıllıllıllıllıllıllıllıllıllıllıllıllıllıllıllıllıllıllıllıllıllıllıllıllıllıllıllıllı

内容提要 本章是整个结构力学的基础,在理论力学、材料力学的基础上对梁、刚架、拱以及桁架等常用的典型静定平面结构进行受力分析,包括支座反力、内力的计算,内力图的绘制和各类结构受力性能的分析。

3.1 概 述

在工程结构中,静定结构得到广泛应用,如多跨静定梁可用作桥梁或房屋建筑中的檩条,桁架和拱可作桥梁或房屋建筑中的屋架等。同时,静定结构的分析又是结构位移计算和超静定结构计算的基础。

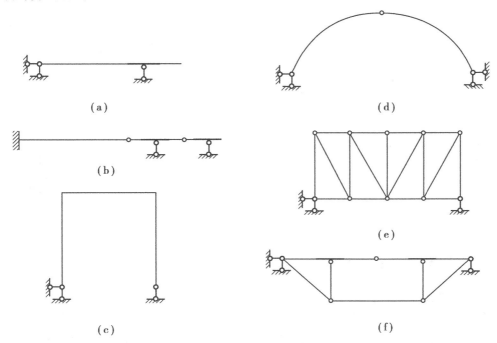

(a)

(b)

(c)

(d)

(e)

(f)

图 3.1

所谓静定结构,从组成方面看,是无多余联系的几何不变体系;从静力分析特征看,是指在任意荷载作用下,其支座反力及各杆内力均可由静力平衡条件唯一确定的结构。即对静定结构,独立的平衡方程数目必然等于未知力的数目。常见的静定平面结构有:静定梁,如图3.1(a)、(b)所示;静定平面刚架,如图3.1(c)所示;三铰拱,如图3.1(d)所示;静定平面桁架,如图3.1(e)所示;静定组合结构,如图3.1(f)所示。

本章将对上述静定结构进行受力分析,包括支座反力、内力的计算,内力图的绘制和受力性能分析。

3.2　结构内力分析基础

在本节中,将对理论力学、材料力学中与静定结构受力分析紧密相关的内容作一简单回顾,为结构的内力分析打基础。

3.2.1　支反力计算

对于静定平面结构,其支座反力的计算属平面一般力系问题,且所有反力均可通过静力平衡条件求解。下面将静定结构支座反力的计算分为两种情况进行讨论。

第一种情况:结构未知反力的数目等于3,如图3.1(a)、(c)所示。此时可研究整体,用平面一般力系的三个独立平衡方程 $\sum X = 0$,$\sum Y = 0$,$\sum M_A(F) = 0$,或二矩式、三矩式求解。需注意二矩式、三矩式的限制条件。

第二种情况:结构未知反力的数目大于3,如图3.1(b)、(d)所示。此时除研究整体外,还必须取部分结构为脱离体进行分析。例如,对图3.2(a)所示结构,应首先研究 CD 部分,对 C 点取矩求出 F_{DY},再研究整体,计算 F_{AX},F_{AY},F_{BY};对图3.2(b)所示结构,可先研究整体,分别对 A,B 两点取矩,求出 F_{BY},F_{AY},再取 AC 部分为脱离体,对 C 点取矩求 F_{AX},最后研究整体,用 $\sum X = 0$ 求 F_{BX}。

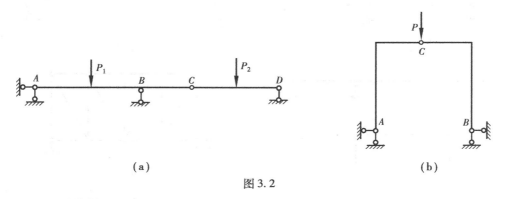

(a)　　　　　　　　　　　　　　　　　　(b)

图3.2

3.2.2　单杆内力分析的回顾

(1)指定截面的内力计算

如图3.3所示,平面结构杆件横截面上一般有三种内力分量,即弯矩 M、剪力 F_Q 和轴力 F_N。指定截面的内力一般采用截面法计算。其步骤为先将结构沿拟求内力的截面截开,取截面任一侧为隔离体,再利用平衡条件计算所求内力。

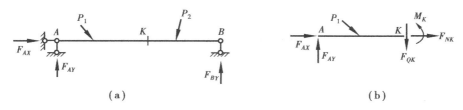

图 3.3

由截面法的运算可知:

梁中某截面的弯矩 M = 该截面任一侧所有外力(包括荷载和支座反力)对该截面形心力矩的代数和。

梁中某截面的剪力 F_Q = 该截面任一侧所有外力(包括荷载和支座反力)沿截面切线方向投影的代数和。

梁中某截面的轴力 F_N = 该截面任一侧所有外力(包括荷载和支座反力)沿截面法线方向投影的代数和。

计算时内力的正负号通常规定如下:

弯矩 M 以使梁的下侧纤维受拉为正,反之为负。

剪力 F_Q 以绕隔离体顺时针方向转动者为正,反之为负。

轴力 F_N 以拉力为正,压力为负。

以上内力正负号规定也适用于上述等式的右侧。

所述指定截面内力分量 M,F_Q,F_N 的计算法则,不仅适用于梁,也适用于其他结构。对于直梁,当所有外力均垂直于梁轴线时,横截面上将只有弯矩和剪力,没有轴力。

(2)绘制内力图的基本规定

内力图是表示结构上各截面的内力沿杆件轴线分布规律的图形,它可以直观地表示出结构的内力分布情况。内力图包括弯矩图(M 图)、剪力图(F_Q 图)和轴力图(F_N 图)。为了作图简捷,通常利用荷载、剪力和弯矩间的微分关系和叠加法作内力图。

绘制内力图时一般规定弯矩图一律绘在受拉纤维一侧,图上不必注明正负号;剪力图和轴力图可绘在杆轴线的任一侧(对横梁通常把正号 F_Q、F_N 绘于上方),但必须注明正负号,且正负不能绘在同一侧。在内力图中,阴影线一般表示取值方向,应垂直于杆轴。

(3)荷载、剪力和弯矩的微分关系

在直梁中,如图 3.4(a)所示,取 x 轴平行于梁的轴线并以向右为正,分布荷载 q 以向下为正。由材料力学可知,荷载集度 q,剪力 F_Q 和弯矩 M 之间具有如下的微分关系

$$\left.\begin{aligned} \frac{\mathrm{d}F_Q}{\mathrm{d}x} &= -q \\ \frac{\mathrm{d}M}{\mathrm{d}x} &= F_Q \\ \frac{\mathrm{d}^2 M}{\mathrm{d}x^2} &= -q \end{aligned}\right\} \tag{3.1}$$

式(3.1)的几何意义是:F_Q 图在某点的切线斜率等于该点的荷载集度,但两者正负号相反;M 图在某点的切线斜率等于该点的剪力;M 图在某点的二阶导数等于该点的荷载集度,且

二者正负号相反。据此,可推出荷载与 M 图、F_Q 图形状之间的一些对应关系,见表 3.1。

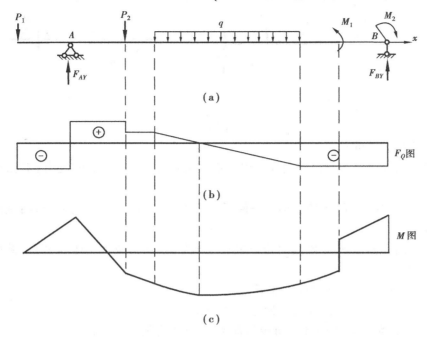

图 3.4

表3.1 荷载与 F_Q 图、M 图的形状特征

梁上情况	无外力		q	
F_Q 图	⊕ 或 ⊖ 平直线		右下斜直线	$F_Q=0$ 处
M 图	或 斜直线		抛物线(凸出方向同 q 指向)	有极值
梁上情况	$\downarrow P$	$\uparrow P$	M M	铰接
F_Q 图	有突变	P	⊕ 或 ⊖	
M 图	有尖角(夹角指向同 P 指向)		F_Q 变号处 有极值	M	$M=0$

根据微分关系绘内力图时,一般先求支座反力;然后,按荷载情况选定控制截面(如集中力及力偶作用点、支座两侧的截面、均布荷载起止点及其中间某处截面),用截面法求出各控

制截面的内力值,并用纵距标在梁轴线对应点处;根据荷载、剪力和弯矩的微分关系,判断各段梁上的内力图形状,最后用直线或曲线将各区段的点顺次相连,即得所求内力图。

对于图3.4(a)所示受力情况,按荷载、剪力图和弯矩图的形状特征,分段绘制内力图,如图3.4(b)、(c)所示。

(4)叠加法绘制弯矩图

利用叠加法绘制弯矩图是今后常用的一种简便作图方法,它适用于梁、刚架等结构。而且对以后利用图乘法(4.6)计算结构位移,也提供了便于计算的方法。

在用叠加法作弯矩图时,常以简支梁的弯矩图作为基础。为此,先介绍有关简支梁弯矩图的叠加方法。

简支梁如图3.5(a)所示,外荷载包括两部分:跨间集中力 P 和端部集中力偶 M_A,M_B。

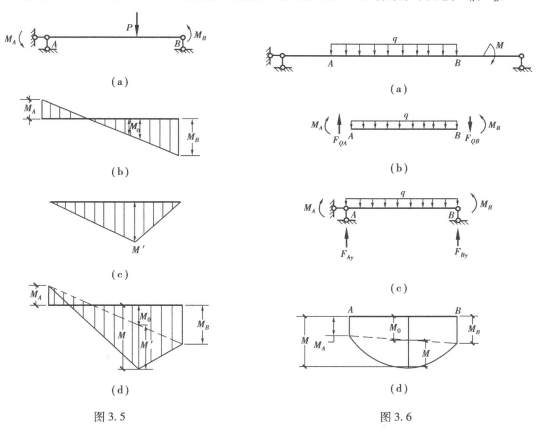

图 3.5　　　　　　　　　　　　　　图 3.6

当端部力偶单独作用时,其弯矩图为直线图形,如图3.5(b)所示。当跨间集中荷载 P 单独作用时,弯矩图为三角形,如图3.5(c)所示。如果在(b)的基础上叠加(c)图,即得到最后的弯矩图,如图3.5(d)所示。这种把各荷载分别单独作用的弯矩图叠加,从而得到各荷载共同作用的弯矩图的方法,称为"荷载叠加法"。

必须注意,这里所指的弯矩图叠加,是指垂直于杆轴的弯矩竖标叠加,而不是垂直于图中虚线叠加。

现在再讨论结构中任意直杆段的弯矩图。以图3.6(a)中杆段 AB 为例,其隔离体如图3.6(b)所示,隔离体上的荷载除均布荷载 q 外,在杆端还有弯矩 M_A,M_B,剪力 F_{QA},F_{QB}。为了

说明杆段 AB 弯矩图的特性,将它与相应的简支梁相比较。设相应简支梁承受相同的均布荷载 q 和相同的杆端力偶 M_A,M_B,支座反力为 F_{AY},F_{BY},如图 3.6(c)所示。利用平衡条件,可知 $F_{QA} = F_{AY}$,$F_{QB} = F_{BY}$。可见(b)图与(c)图两者的受力状态完全相同。因此,二者的弯矩图也完全相同。这样,作任意直杆段弯矩图的问题可归结为绘制相应简支梁弯矩图的问题,因而这种绘制弯矩图的思路又被称为"简支梁思路",即对任一杆段,若已知其两端弯矩,可将此杆段视为简支梁绘弯矩图。通常也将此方法称为"区段叠加法",其具体做法可分两步:首先根据 A,B 两点的弯矩 M_A,M_B 作直线(虚线);然后以此直线(虚线)为基线,再叠加相应简支梁 AB 在跨间荷载作用下的 M 图,如图 3.6(d)所示。

例 3.1   试作图 3.7 所示梁的弯矩图。

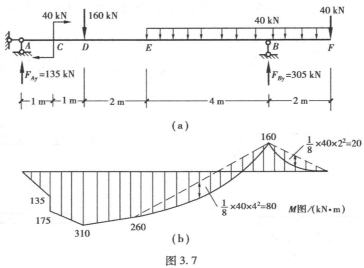

图 3.7

解   ①计算支座反力

显然,梁的水平支座反力为零,梁的轴力也为零。梁的平衡方程如下

$$\sum M_A(F) = 0, \quad 40 + 160 \times 2 + 40 \times 6 \times 7 + 40 \times 10 - 8F_{BY} = 0,$$

$$F_{BY} = 305 \text{ kN}$$

$$\sum M_B(F) = 0, \quad 8F_{AY} + 40 - 160 \times 6 - 40 \times 6 \times 1 + 40 \times 2 = 0,$$

$$F_{AY} = 135 \text{ kN}$$

校核:$\sum Y = 135 + 305 - 160 - 40 - 40 \times 6 = 0$

故知支座反力计算无误。

②计算控制截面的弯矩

选择 A,C,D,E,B,F 等力不连续点为控制截面,利用截面法可求得

$$M_A = 0 \qquad M_F = 0$$

$$M_C^l = 135 \text{ kN} \cdot \text{m} \qquad M_C^r = 175 \text{ kN} \cdot \text{m}$$

$$M_D = 310 \text{ kN} \cdot \text{m}$$

$$M_E = 260 \text{ kN} \cdot \text{m}$$

$$M_B = -160 \text{ kN} \cdot \text{m}$$

（5）作弯矩图

先标出控制截面的弯矩值纵坐标，然后将相邻两控制截面的弯矩值用直线连接起来。均布荷载作用区段用虚线连接，再以虚线段为基线，叠加相应简支梁在均布荷载作用下的弯矩图，如图 3.7（b）所示。AC，CD，DE 段无荷载，M 图为直线；EB，BF 段有均布荷载作用，M 图为抛物线；C 截面有集中力偶作用，该截面 M 图有突变，由于其两侧的剪力相等，故两侧的弯矩图应为平行线。

3.3　单跨静定平面刚架的内力分析

3.3.1　刚架的特征

刚架也称框架，它是由梁和柱组成的结构，其结点全部或部分是刚结点。如果刚架所有杆件的轴线都在同一平面内，且荷载也全作用于该平面，这样的刚架称为平面刚架。静定平面刚架常见的类型有悬臂刚架，如图 3.8 所示；简支刚架，如图 3.9 所示；三铰刚架，如图 3.10 所示；组合刚架，如图 3.11 所示等。

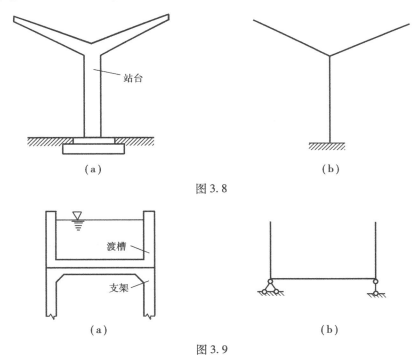

图 3.8

图 3.9

对于刚架，如图 3.12 所示，在刚结点 B，C 处，各杆不能发生相对转动，因而各杆间的夹角在变形过程中始终保持不变。为了将刚架与简支梁相比较，图 3.13 给出了两者在均布载荷作用下的弯矩图。从图中可以看出，由于刚结点可以承受和传递弯矩，削减了横梁跨中弯矩的峰值，使得杆件的内力分布变得均匀些。图 3.14（a）为一桁架，它依靠斜杆 BC 维持其几何不变性，但若将铰结点 C，D 改为刚结，如图 3.14（b）所示，则不需斜杆 BC 也能维持其几何不变性，因而可以使结构的内部具有较大的净空便于使用。

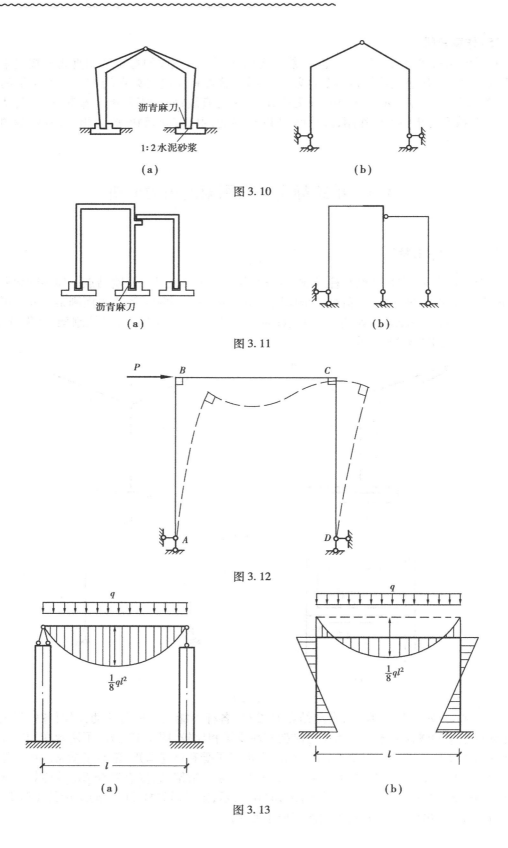

图 3.10

图 3.11

图 3.12

图 3.13

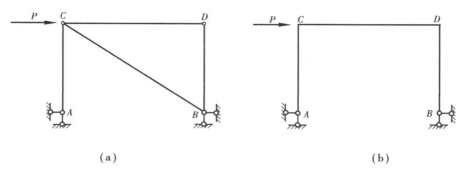

（a）　　　　　　　　　　　　　　　　（b）

图 3.14

3.3.2　静定平面刚架的内力分析

静定平面刚架的内力有:弯矩 M,剪力 F_Q,轴力 F_N。

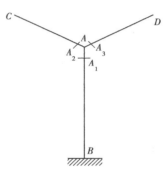

分析刚架内力时,为了明确表示各杆端的内力,规定在内力符号右下侧用两个角标一起表示该内力所属杆段,其中第一个角标表示该内力所属杆端。如图 3.15 所示刚架,在结点 A 处,分别用 M_{AB},M_{AC},M_{AD} 表示 AB 杆 A 端、AC 杆 A 端、AD 杆 A 端的弯矩,三杆的另一端 B 端、C 端、D 端的弯矩则分别用 M_{BA},M_{CA},M_{DA} 表示。杆端剪力和轴力用同样的方法表示。

在分析静定刚架时,可先由整体平衡条件或某些部分的平衡条件,求出各支座反力及铰结处的约束力,再用截面法计算各杆件控制截面的内力并逐杆绘制内力图;也可在支座反力求出后,先绘弯矩图,再根据弯矩图绘剪力图,根据剪力图绘轴力图。对前一种方法,读者可参阅其他教材,本书着重介绍后一种方法。

图 3.15

（1）弯矩图的绘制

从力学角度看,刚架是若干杆件的组合,因此,在绘制静定刚架的弯矩图时,可将刚架拆分为单杆,将刚架弯矩图的绘制转化为单杆弯矩图的绘制,注意结点平衡条件。绘制方法:先求出各支座反力,再用截面法或结点平衡条件计算各杆杆端弯矩,然后按简支梁思路逐杆绘制弯矩图。

例 3.2　绘制图 3.16(a)所示 H 型刚架的弯矩图。

解　①求支座反力。

$$\sum X = 0, F_{BX} = qa(\leftarrow)$$

$$\sum M_A = 0, F_{DY} = \frac{5}{2}qa(\uparrow)$$

$$\sum M_D = 0, F_{AY} = \frac{3}{2}qa(\downarrow)$$

②绘弯矩图。

CE 杆:$M_{CE} = 0, M_{EC} = qa^2$（左侧受拉）

AE 杆:$M_{AE} = M_{EA} = 0$

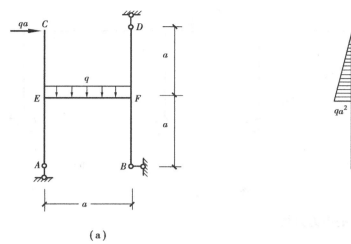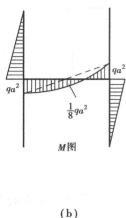

（a）　　　　　　　　　　　　　（b）

图 3.16

DF 杆：$M_{DF} = M_{FD} = 0$

BF 杆：$M_{BF} = 0$，$M_{FB} = qa^2$（右侧受拉）

EF 杆：取 E 结点，$\sum M_E = 0$，$M_{EF} = qa^2$（下部受拉）

　　　　　取 F 结点，$\sum M_F = 0$，$M_{FE} = qa^2$（上部受拉）

各杆端弯矩求出后，将各杆段分别视为简支梁，绘出弯矩图如图 3.16（b）所示。

由此例中 M 图的形状可看出两点：第一，在铰结或铰支座处，若无外力偶作用，则弯矩 $M = 0$；第二，不考虑失稳，轴力不引起弯矩，如 AE、DF 杆段。

（2）剪力图的绘制

在大多数情况下，弯矩图多为直线或二次抛物线。下面分别讨论弯矩图出现这两种情况时剪力图的绘制。

情况一：某一杆段弯矩图为斜直线，则剪力图为平直线。此时只需计算出剪力的大小及正负即可绘出剪力图。由微分关系可知剪力的大小等于弯矩图的斜率。对图 3.17（a）所示刚架的弯矩图，各杆段剪力值可用下式计算

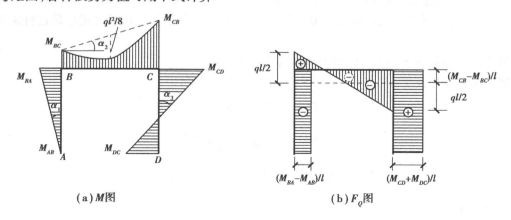

（a）M 图　　　　　　　　　　　　（b）F_Q 图

图 3.17

$$F_{Qik} = \left| \frac{M_{ik} \pm M_{ki}}{l_{ik}} \right| \tag{3.2}$$

式中,当 M_{ik} 与 M_{ki} 位于杆件同侧时相减;M_{ik} 与 M_{ki} 位于杆件异侧时相加。剪力的正负仍由微分关系确定:由杆轴轴线转向 M 图图线(最小角度)为顺时针转向时,剪力为正;反之为负,如图 3.17 所示。

情况二:某一杆段 M 图为二次抛物线,则该杆段剪力图为斜直线。通常取该杆段为脱离体,利用平衡条件确定杆段两端剪力的大小及正负号,中间用直线连接。也可用荷载叠加法直接作图:先按情况一作出杆段由于杆端弯矩引起的剪力图(以虚线表示),再以此虚线为基线叠加均布荷载引起的剪力图。如图 3.17 所示 BC 杆,设杆段长度为 l,均布荷载 q 垂直于轴线且方向向下,由杆端弯矩引起的剪力为图 3.17(b)中虚线所示,均布荷载 q 引起的剪力则在虚线上左端叠加 $+\frac{1}{2}ql$,右端叠加 $-\frac{1}{2}ql$,用直线连接叠加后左右两端的剪力值,即为该杆段的剪力图。该方法也适用于竖杆和斜杆。

上述讨论也可这样叙述,对杆件中的无载段,弯矩图为斜直线,剪力图可按情况一绘制;对杆件中的匀载段,弯矩图为二次抛物线,可按情况二绘制。对杆件中有集中力的情况,可从集中力处分为两个无载段,按情况一绘剪力图;对非均匀的分布荷载段,也可按情况二利用平衡条件求出杆段两端剪力值,及中间某一点处剪力值,三点连曲线。

(3)轴力图的绘制

若沿杆轴无轴向分布荷载,各杆轴力为常数,图形平行于杆轴。在已知各杆剪力的情况下,轴力的大小及正负主要利用结点的平衡条件确定。依次取各结点,用 $\sum X = 0$ 求水平杆轴力,用 $\sum Y = 0$ 求竖直杆轴力。

例 3.3　绘图 3.18(a)所示简支刚架的内力图。

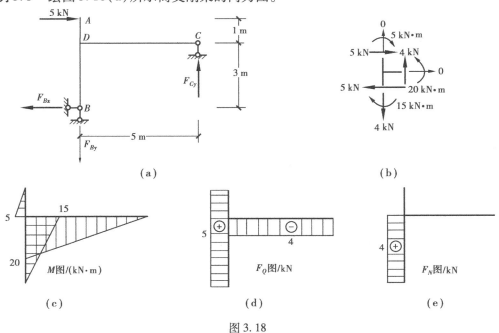

图 3.18

解 ①求支座反力。

$$\sum X = 0, F_{BX} = 5 \text{ kN}(\leftarrow)$$

$$\sum M_B = 0, F_{CY} = 4 \text{ kN}(\uparrow)$$

$$\sum Y = 0, F_{BY} = 4 \text{ kN}(\downarrow)$$

②绘制弯矩图。

各杆端弯矩值如下

AD 杆：$M_{AD} = 0, M_{DA} = 5 \text{ kN} \cdot \text{m}$（左侧受拉）

DB 杆：$M_{BD} = 0, M_{DR} = 15 \text{ kN} \cdot \text{m}$（右侧受拉）

CD 杆：$M_{CD} = 0, M_{DC} = 20 \text{ kN} \cdot \text{m}$（下侧受拉）

各杆端弯矩求得后，绘出弯矩图，如图 3.18(c) 所示。

③绘剪力图。

因各杆段弯矩均为斜直线，故剪力均平行于各杆轴线。由弯矩图可判定 AD, BD 段剪力为正，DC 段剪力为负。各杆段剪力值如下：

AD 杆：$F_{QDA} = F_{QAD} = 5 \text{ kN}$

DB 杆：$F_{QDB} = F_{QBD} = 5 \text{ kN}$

AB 杆：$F_{QDC} = F_{QCD} = 4 \text{ kN}$

剪力图如图 3.18(d) 所示。

④绘轴力图。

取 AD 段，由截面法求得

$$F_{NDA} = 0$$

由剪力图，研究 D 结点

$$\sum X = 0, F_{NDC} = 0$$

$$\sum Y = 0, F_{NDB} = 4 \text{ kN}$$

因无轴向分布荷载，各杆轴力为常数。图 3.18(e) 为所绘轴力图。

⑤校核。

内力图校核时，除对内力图形状特征进行校核外，一般还需要校核任一结点或任一杆件是否处于平衡状态。其方法是取出隔离体，根据内力图画出隔离体上的实际受力情况，利用平衡方程检查它们是否满足平衡条件。

取图 3.18(b) 所示隔离体，则

$$\sum X = 5 - 5 + 0 = 0$$

$$\sum Y = 0 - 4 + 4 = 0$$

$$\sum M_D = 5 \times 1 + 5 \times 3 - 20 = 0$$

作用在隔离体上的力满足于静力平衡条件，故计算及内力图绘制无误。

例 3.4 绘图 3.19(a) 所示悬臂刚架的内力图。

解 对于悬臂刚架也可以不求支座反力，直接用悬臂段一侧计算杆端内力，绘内力图。

①计算杆端弯矩，绘弯矩图。

CD 杆：$M_{DC} = 0, M_{CD} = 40 \text{ kN} \cdot \text{m}$（外侧受拉）

BC 杆:$M_{CB} = 50$ kN · m(外侧受拉)

　　　$M_{BC} = 130$ kN · m(外侧受拉)

AB 杆:$M_{BA} = 130$ kN · m(外侧受拉)

　　　$M_{AB} = 30$ kN · m(外侧受拉)

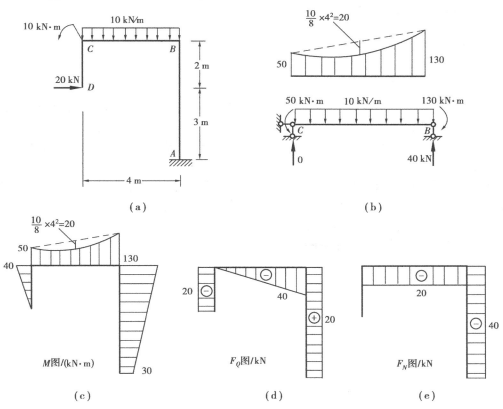

图 3.19

　　求得上述杆端弯矩值后,在无荷载作用的 CD,AB 段,分别用直线连接两端弯矩纵标即可;在 BC 段,由于有均布荷载作用,该段弯矩图须用区段叠加法。如图 3.19(c)所示为最后弯矩图。

　　②绘剪力图。

　　DC,AB 段弯矩为斜直线,剪力平行于杆轴,DC 段剪力为负,AB 段剪力为正。各杆段剪力值的计算为

DC 杆:$F_{QCD} = F_{QDC} = \dfrac{40}{2}$ kN $= 20$ kN

AB 杆:$F_{QAB} = F_{QBA} = \dfrac{130-30}{5}$ kN $= 20$ kN

BC 杆,弯矩为二次抛物线,剪力图为斜直线。取出 BC 杆如图 3.19(b)可得

$$F_{QCB} = 0, F_{QBC} = -40 \text{ kN}$$

绘出其剪力图如图 3.19(d)所示。

　　③绘轴力图。

　　取 C 结点　　　　　　　　　$\sum X = 0, F_{NCB} = -20$ kN

$$\sum Y = 0, F_{NCD} = 0$$

取 B 结点

$$\sum X = 0, F_{NBC} = -20 \text{ kN}$$

$$\sum Y = 0, F_{NBA} = -40 \text{ kN}$$

绘出刚架轴力图,如图 3.19(e)所示。

④校核。

请读者自行校核。

3.3.3　斜梁内力图的绘制

工程中常遇到杆轴为倾斜的斜梁,如图 3.20 所示梁式楼梯的楼梯梁。如图 3.21 所示刚架中的斜杆及火车站雨篷中的斜杆等,这里仅就简支斜梁讨论其计算方法。

当斜梁承受竖向均布荷载时,荷载按分布情况的不同,其荷载集度 $q(x)$ 可有两种表示方法:一种,如图 3.22(a)所示,作用于斜梁上的均布荷载 q 沿水平方向分布,如楼梯受到人群荷载以及屋面斜梁受到雪荷载的情况;另一种,如图 3.22(b)所示,斜梁上的均布荷载 q' 沿斜杆的杆轴方向分布,如斜梁、扶手自重等,就属于这种情况。为了计算上的方便,一般将沿斜梁轴线方向的均布荷载 q' 换算成沿水平方向的均布荷载 q_0。

根据在同一微斜段上合力相等的原则可求得 q_0,即

$$q_0 \cdot dx = q' \cdot ds \tag{3.3}$$

$$q_0 = \frac{ds}{dx} \cdot q' = \frac{q'}{\cos \alpha}$$

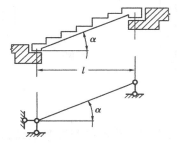

图 3.20

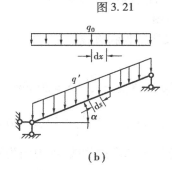

图 3.21

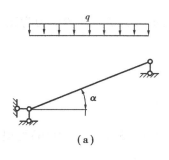

（a）　　　　　　　　　　（b）

图 3.22

计算斜梁截面内力的基本方法仍然是截面法。与水平梁相比,斜梁的杆轴和横截面是倾斜的,因而轴力和剪力的方向也是倾斜面的。以图 3.23(a)为例:

斜简支梁的倾斜角为 α,作用在梁上的均布荷载 q 沿水平方向分布,设 x 轴沿水平方向,

在 xOy 坐标系中,任一截面 K 的内力表达式为

$$M_K = \frac{ql}{2} \cdot x - \frac{1}{2}qx^2 \tag{a}$$

$$F_{QK} = \left(\frac{1}{2}ql - qx\right)\cos\alpha \tag{b}$$

$$F_{NK} = -\left(\frac{1}{2}ql - qx\right)\sin\alpha \tag{c}$$

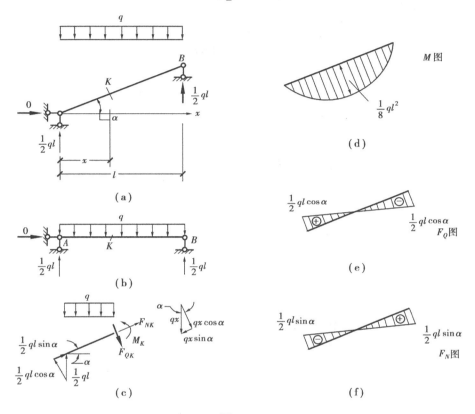

图 3.23

而对同跨度同荷载的相应简支梁,对应 K 截面的内力表达式为

$$M_K = \frac{ql}{2} \cdot x - \frac{1}{2}qx^2 \tag{d}$$

$$F_{QK} = \frac{ql}{2} - qx \tag{e}$$

将式(d),式(e)分别代入式(a),式(b),式(c),则得斜梁内力表达式

$$\begin{aligned} M_K &= M_K^0 \\ F_{QK} &= F_{QK}^0 \cos\alpha \\ F_{NK} &= -F_{QK}^0 \sin\alpha \end{aligned} \tag{3.4}$$

根据内力表达式,绘内力图,如图 3.23(d)、(e)、(f)所示。

3.3.4　三铰刚架的内力分析

三铰刚架的内力计算方法同前,值得指出的是:若三铰刚架中带有斜杆,在计算剪力、轴力时,应特别注意几何关系。

例 3.5　绘制图 3.24(a)所示门式刚架左半跨在均布荷载作用下的内力图。

解　①求支座反力。

由整体平衡条件得

$$\sum M_A = 0, 10 \times 6 \times 3 - 12 F_{BY} = 0,$$
$$F_{BY} = 15 \text{ kN}(\uparrow)$$

$$\sum M_B = 0, 10 \times 6 \times 9 - 12 F_{AY} = 0,$$
$$F_{AY} = 45 \text{ kN}(\uparrow)$$

$$\sum X = 0, F_{BX} - F_{AX} = 0,$$
$$F_{BX} = F_{AX}$$

取铰 C 右半部分为隔离体

$$\sum M_C = 0, 15 \times 6 - 6.5 F_{BX} = 0,$$
$$F_{BX} = 13.8 \text{ kN}(\leftarrow)$$
$$F_{AX} = 13.8 \text{ kN}(\rightarrow)$$

②作 M 图。

对 DC 杆,先求杆端弯矩,设刚架内侧受拉力为正

$$M_{CD} = 0$$
$$M_{DC} = (-13.8 \times 4.5) \text{kN} \cdot \text{m} = -62.1 \text{ kN} \cdot \text{m}(外侧受拉)$$

将以上两弯矩值对应标在 CD 杆受拉侧,并以虚直线连接,再叠加简支梁在均布荷载作用下的弯矩图,其跨中叠加弯矩为

$$\left(\frac{1}{8} \times 10 \times 6^2\right) \text{kN} \cdot \text{m} = 45 \text{ kN} \cdot \text{m}$$

其余各杆因杆段无荷载作用,只需求出杆端弯矩,标在杆受拉侧,依次直线连接即可。M 图如图 3.24(b)所示。

③作 F_Q 图。

对于 AD,BE 杆杆端剪力,利用截面法可以直接求得

$$F_{QAD} = F_{QDA} = -13.84 \text{ kN}$$
$$F_{QEB} = F_{QEB} = 13.84 \text{ kN}$$

对于 DC,CE 两杆,按上述方法计算,因杆为斜杆,投影关系较复杂,但可采用另一种方法,即分别取两杆件作隔离体,利用已绘出的弯矩图,确定杆端弯矩,用平衡条件可求出杆端剪力。计算如下:

在图 3.24(e)中

$$\sum M_C = 0, F_{QDC} = \left(\frac{62.3 + 10 \times 6 \times 3}{6.33}\right) \text{kN} = 38.3 \text{ kN}$$

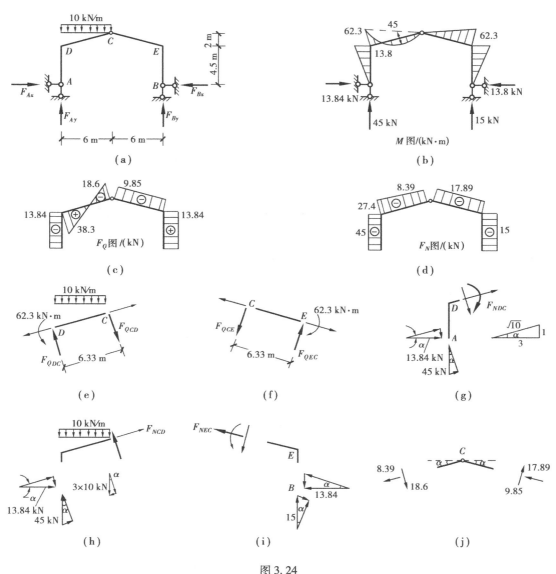

图 3.24

$$\sum M_D = 0, F_{QDC} = \left(\frac{62.3 - 10 \times 6 \times 3}{6.33}\right)kN = -18.6 \ kN$$

在图 3.24(f)中

$$\sum M_C = 0, \sum M_E = 0$$

$$F_{QCE} = F_{QEC} = \left(-\frac{62.3}{6.33}\right)kN = -9.85 \ kN$$

依次用直线连接各剪力纵标,得 F_Q 图,如图 3.24(c)所示。

④作 F_N 图。

对于 AD, BE 段,显然

$$F_{NAD} = F_{NDA} = -45 \ kN$$

$$F_{NBE} = F_{NEB} = -15 \ kN$$

对于 DC 段取隔离体如图 3.24(g)所示,则

$$F_{NDC} = \left(-13.84 \times \frac{3}{\sqrt{10}} - 45 \times \frac{1}{\sqrt{10}} \right) kN = -27.4\ kN$$

取隔离体,如图 3.24(h)所示,有

$$F_{NCD} = \left(-13.84 \times \frac{3}{\sqrt{10}} - 45 \times \frac{1}{\sqrt{10}} + 10 \times 6\ \frac{1}{\sqrt{10}} \right) kN = -8.39\ kN$$

对于 CE 段取隔离体,如图 3.24(i)所示,有

$$F_{NEC} = F_{NCE} = \left(-13.84 \times \frac{3}{\sqrt{10}} - 15 \times \frac{1}{\sqrt{10}} \right) kN = -17.89\ kN$$

⑤校核。

可以截取刚架的任一部分校核是否满足平衡条件。例如,对结点 CD,如图 3.24(j)所示,可以验算 $\sum Y = 0$。

例 3.6 试作图 3.25 所示刚架的弯矩图。

解 1 此刚架由左右两部分与地基按三刚片规则组成,支座反力有四个,与三铰刚架相似,由整体平衡条件可列三个平衡方程式外,还须取铰 C 以左(或以右)部分再建立一个平衡方程,以求四个反力。为避免解联立方程式,解题顺序如下:

由整体平衡条件得

$$\sum X = 0, F_{AX} = P(\rightarrow)$$

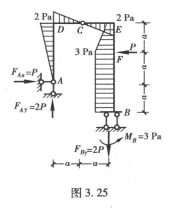

图 3.25

取刚架左半部分

$$\sum M_C = 0, F_{AY} \times a - P \times 2a = 0,$$
$$F_{AY} = 2P(\uparrow)$$

再由整体平衡条件得

$$\sum Y = 0, F_{BY} = 2P(\downarrow)$$

$$\sum M_B = 0,$$

$$M_B + P \times 2a - P \times a - 2P \times 2a = 0, M_B = 3Pa(\hookleftarrow)$$

反力求出后,再计算杆端弯矩,即可绘出弯矩图,如图 3.25 所示。

解 2 本题也可以只求一个反力 F_{AX},即可绘出全部弯矩图。因为刚架只有集中力作用,所以弯矩图由直线段组成,绘图时有几点须注意。

①AD 杆:只有 F_{AX} 对杆产生弯矩,铰 A 处 $M_A = 0$,$M_{DA} = 2Pa$,外侧受拉。

②结点 D:$M_{DC} = M_{DA} = 2Pa$,外侧受拉。

③DE 段:铰 C 处 $M_C = 0$;因 DC 段与 CE 段剪力相同,所以两段弯矩图直线斜率相同。

④结点 E:$M_{EF} = M_{EC} = 2Pa$,内侧受拉。

⑤BE 杆:F_{BY} 不产生弯矩,M_B 产生的弯矩平行杆轴,只在 F 点有 P 力作用,产生使外侧受拉的弯矩,两者叠加后 M_{EF} 为 $2Pa$,内侧受拉;反推则可知 F 点 $M_F = 3Pa$,$M_B = 3Pa$,内侧受拉。

3.4　多跨静定梁及多跨静定平面刚架的内力图

3.4.1　多跨静定梁及多跨静定平面刚架

多跨静定梁是由若干单跨梁(简支梁、悬臂梁、外伸梁)用铰联结而成的静定结构,在工程结构中,常用作房屋建筑中的檩条(图 3.26(a)所示)和公路桥梁的主要承重结构(图 3.27(a)所示)。图 3.26(b)和图 3.27(b)分别为它们的计算简图。

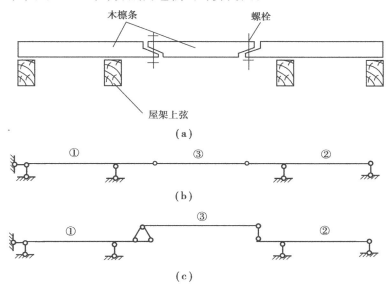

图 3.26

对上述计算简图,从几何组成来看,多跨静定梁可分为基本部分和附属部分。对图 3.26(b),梁①不依赖于其他部分的存在,独立地与地基构成一个几何不变部分,称其为基本部分;梁②在竖向荷载作用下仍能独立维持其平衡,故在竖向荷载作用时也可将它当做基本部分;梁③需要依靠基本部分才能维持其几何不变性,因而称其为附属部分。根据上述分析,再利用两根链杆可代替一个单铰的特点,便可得到更为清楚的杆件传力关系图,即层次图,如图 3.26(c)所示。同理,图 3.27(c)为图 3.27(b)的层次图。

用铰将若干单跨静定平面刚架联接在一起,称为多跨静定平面刚架。对多跨静定平面刚架,也可采用同样的分析方法,如图 3.28 所示。刚架 *ACB* 与地基构成一几何不变体系,为基本部分,刚架 *DE*、*FG* 依靠基本部分 *ACB* 才能维持平衡,故为附属部分。

显然,一旦基本部分被破坏,附属部分的几何不变性也随之破坏;附属部分若被破坏,对基本部分几何不变性则无任何影响。所以,多跨静定结构的构成次序是先固定基本部分,再固定附属部分。

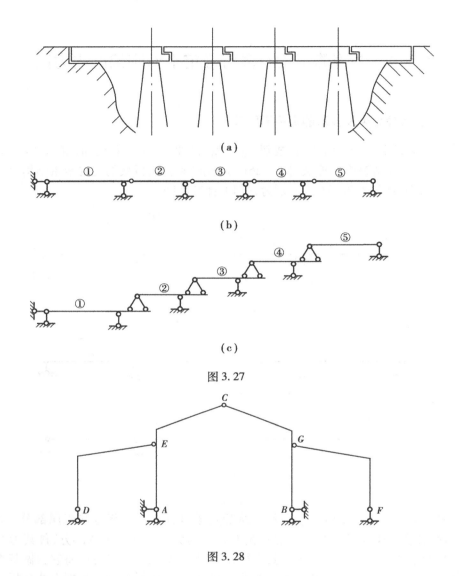

(a)

(b)

图 3.27

(c)

图 3.28

3.4.2 多跨静定梁和多跨静定刚架的内力分析

首先讨论荷载的传递。从层次图可看出,荷载作用在基本部分时,只有基本部分受力,并产生内力,附属部分不受影响,不产生内力,当荷载作用于附属部分时,力将通过铰传递到与其有关的基本部分,使其产生内力。因此,在计算多跨静定结构时,与其构成顺序相反,将结构从铰接处拆开,先计算附属部分,后计算基本部分。根据作用与反作用定律,将附属部分的支座反力(或约束力)反向,就是作用于基本部分的荷载。这样,多跨静定结构分解成若干单跨静定结构,从附属程度最高一层开始,逐步计算,从而可避免解联立方程组。最后,将各单跨静定结构的内力图连在一起,就得到整个多跨静定结构的内力图。也就是说,在分析多跨问题时,是将多跨问题转化为单跨问题来解决。在转化过程中,必须考虑荷载的传递规律,由次到主逐跨分析。

例 3.7   试作图 3.29(a)所示多跨静定梁的内力图。

解　①作层次图。

梁 AB 固定在地基上,为基本部分;梁 DH 在竖向荷载作用下能维持平衡,也视为基本部分;梁 BD 则要依赖梁 AB,DH 而维持其几何不变性,故为附属部分,其层次图如图 3.29(b)所示。

②计算支座反力。

由层次图可看出。整个多跨静定梁由三个部分组成:基本部分 AB,DH 和附属部分 BD。计算时按先附属部分后基本部分的顺序,先研究 BD 段如图 3.29(c)所示。

$$\sum M_B = 0, 30 - 6F_{DY} = 0,$$

$$F_{DY} = 5 \text{ kN}(\uparrow)$$

$$\sum M_D = 0, 30 - 6F_{BY} = 0,$$

$$F_{BY} = 5 \text{ kN}(\downarrow)$$

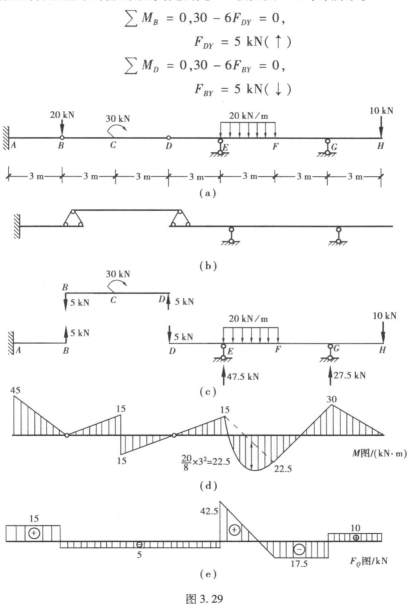

图 3.29

再将反力 F_{DY},F_{BY} 反向作为外荷载作用在梁 AB,DH 上。取 DH 为隔离体,由平衡条件得

$$\sum M_E = 0,5 \times 3 - \frac{1}{2} \times 20 \times 3^2 + 6F_{GY} - 10 \times 9 = 0,$$

$$F_{GY} = 27.5 \text{ kN}(\uparrow)$$

$$\sum M_G = 0,5 \times 9 + 20 \times 3 \times 4.5 - 6F_{EY} - 10 \times 3 = 0,$$

$$F_{EY} = 47.5 \text{ kN}(\uparrow)$$

③绘内力图。

支座处反力求出后,即可由次到主逐跨绘制弯矩图。再根据弯矩图绘剪力图,如图 3.29(d)、(e)所示。

例 3.8 试作图 3.30(a)所示多跨静定刚架的内力图。

解 多跨平面静定刚架的内力分析同多跨静定梁。首先分清基本部分和附属部分,按先附属部分后基本部分的顺序计算。在图 3.30(a)所示刚架中,$ACDB$ 为基本部分,EF,GH 为附属部分。所以,先讨论 EF、GH。

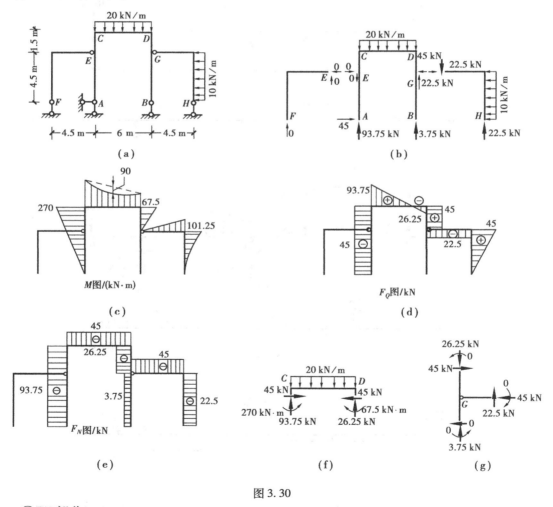

图 3.30

①EF 部分。

附属部分 EF 无荷载作用,而其他部分的荷载对它无影响,所以 EF 部分无反力和内力。

②GH 部分。

$$\sum F_X = 0, F_{GX} - 10 \times 4.5 = 0,$$
$$F_{GX} = 45 \text{ kN}(\rightarrow)$$
$$\sum M_A = 0, \frac{1}{2} \times 10 \times 4.5^2 - 4.5 F_{HX} = 0,$$
$$F_{HX} = 22.5 \text{ kN}(\uparrow)$$
$$\sum Y = 0, F_{GY} = 22.5 \text{ kN}(\downarrow)$$

③ACDB 部分。

将附属部分对它的约束反力反向,作为外荷载作用在其上,则

$$\sum F_X = 0, F_{AX} = 45 \text{ kN}(\rightarrow)$$
$$\sum M_A = 0, 6 F_{BY} + 45 \times 4.5 + 22.5 \times 6 - \frac{1}{2} \times 20 \times 6^2 = 0,$$
$$F_{BY} = 3.75 \text{ kN}(\uparrow)$$
$$\sum M_B = 0, 6 F_{AY} - 45 \times 4.5 - \frac{1}{2} \times 20 \times 6^2 = 0,$$
$$F_{AY} = 93.75 \text{ kN}(\uparrow)$$

④绘内力图。

根据以上计算,求出支反力后,即可按绘制单跨刚架的方法,依次绘出弯矩、剪力、轴力图,如图 3.30(c)、(d)、(e)所示。

⑤校核。

校核时,可取某段杆和结点讨论。

分别取 CD 杆、G 结点为隔离体,根据内力图画出其杆端力,如图 3.30(f)、(g)所示。

CD 杆:

$$\sum F_X = 45 - 45 = 0$$
$$\sum F_Y = 93.75 + 26.25 - 20 \times 6 = 0$$
$$\sum M_C = 270 - \frac{1}{2} \times 20 \times 6^2 - 67.5 + 26.25 \times 6 = 0$$

G 结点:

$$\sum F_X = 45 - 0 - 45 = 0$$
$$\sum F_Y = 3.75 + 22.5 - 26.25 = 0$$
$$\sum M = 0 + 0 + 0 = 0$$

校核无误。

3.5 三铰拱的受力分析

3.5.1 拱结构的基本概念

拱在房屋、桥涵和水工建筑中被广泛采用。图 3.31(a)所示装配式钢筋混凝土屋架为一带拉杆拱结构,计算简图如图 3.31(b)所示。

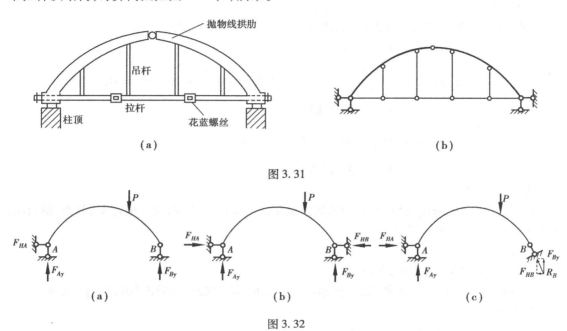

图 3.31

图 3.32

拱结构的特点是:杆轴为曲线且在竖向荷载作用下能产生水平反力(或称水平推力),故拱结构也称为推力结构。拱结构与梁的区别,不仅在于外形不同,更重要的是在于竖向荷载作用下是否产生水平推力。如图 3.32 所示的三个结构,虽然它们的杆轴都为曲线,但图 3.32(a)所示结构在竖向荷载作用下,不产生水平推力,其弯矩与相应简支梁(同跨度、同荷载的梁)的弯矩相同,故不能称为拱,而称为曲梁。图 3.32(b)、(c)所示结构,在竖向荷载下能产生水平推力,故属于拱结构。在拱结构中由于水平推力的存在,各截面的弯矩将比相应简支梁的弯矩小,因此,拱的用料比梁的节省,而自重较轻,故能跨越较大的空间。同时,由于整个拱体以承受轴向压力为主,所以,拱结构可利用抗压强度高而抗拉强度低的砖、石、混凝土等建筑材料来建造。但是,因拱的构造比较复杂,施工难度大,施工费用高,同时,因水平推力的存在,也使支承部分受力较复杂,需要有较坚固的基础或支承物。有时也采用加拉杆的方法,用拉杆来承受推力。

在工程中常见的拱结构如图 3.33 所示,可分为无拉杆及带拉杆两大类。如图 3.33(a)、(b)、(c)所示为无拉杆的拱结构,其中图 3.33(a)、(b)所示无铰拱和两铰拱是超静定的,图 3.33(c)所示三铰拱是静定的;图 3.33(d)、(e)所示为带拉杆的拱结构。在实际结构中,带拉杆的拱结构是在三铰拱或两铰拱支座间连以水平拉杆,拉杆内所产生的拉力替代了支座推力,使支座在竖向荷载作用下只产生竖向的反力,它的优点在于消除了推力对支承结构(如墙或柱)的影响。拉杆有时做成图 3.33(e)所示的折线形式,可获得较大的净空。在本节中,只讨论静定拱结构的计算。

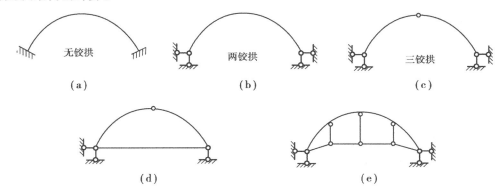

图 3.33

拱的各部分名称如图 3.34 所示,拱身各横截面形心的联线称为拱轴线。拱的两端支座处称为拱趾。两拱趾间的水平距离称为拱的跨度。两拱趾的联线称为起拱线。拱轴上距起拱线最远的一点称为拱顶,三铰拱通常在拱顶处设置中间铰,称为顶铰。顶铰至起拱线之间的竖直距离称为拱高。拱高与跨度之比 f/l 称为高跨比,在以后的讨论中可以看到,拱的主要力学性能与高跨比有关。在工程结构中,这个比值范围为 $1/10 \sim 1$。两拱趾在同一水平线上的拱称为平拱,不在同一水平线上的称为斜拱,如图 3.35 所示。拱的轴线有抛物线,圆弧线和悬链线等,它的选择与外荷载有关。

图 3.34

图 3.35

3.5.2　三铰拱的反力和内力计算

三铰拱为静定结构,其全部支座反力和内力都可由静力平衡条件确定。现以在竖向荷载作用下,拱趾在同一水平线上的三铰拱(图 3.36(a)所示)为例,导出其支座反力和内力的计算公式。在图 3.36(b)中绘出了相应简支梁(与三铰拱同跨度、同荷载的简支梁),以便于比较说明拱的力学性能。

(1)支座反力计算

三铰拱的两端均为固定铰支座,因此,其支座反力共有 4 个未知量:F_{AY}、F_{AX}、F_{BY}、F_{BX},求解时需要 4 个方程。拱的整体有 3 个方程,此外还须取左(或右)半拱为隔离体,利用铰 C 处的弯矩应为零的条件,再建一个平衡方程式。

设相应简支梁对应的支座反力分别为 F_{AX}^0,F_{0AY}^0,F_{BY}^0,则由图 3.36(a)、(b)可以看到

$$\sum M_A = 0, F_{BY} = F_{BY}^0 = \frac{1}{l}(P_1 a_1 + P_2 a_2 + P_3 a_3)$$

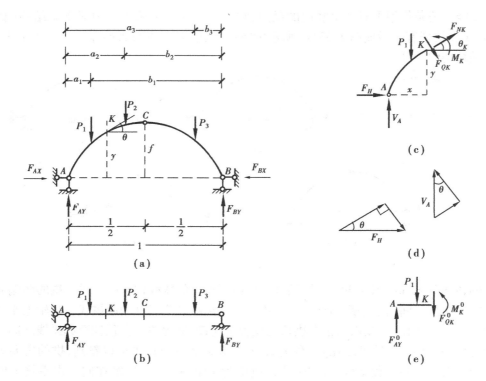

图 3.36

$$\sum M_B = 0, F_{AY} = F_{AY}^0 = \frac{1}{l}(P_1b_1 + P_2b_2 + P_3b_3)$$

$$\sum F_X = 0, F_{AX} = F_{BX} = F_H$$

取左半拱为隔离体,利用 $M_C = 0$ 的条件,得

$$F_{AY} \cdot \frac{l}{2} - P_1\left(\frac{l}{2} - a_1\right) - P_2\left(\frac{l}{2} - a_2\right) - F_H \cdot f = 0$$

$$F_H = \frac{F_{AY} \cdot \dfrac{l}{2} - P_1\left(\dfrac{l}{2} - a_1\right) - P_2\left(\dfrac{l}{2} - a_2\right)}{f} \tag{3.5}$$

注意到相应简支梁对应截面 C 的弯矩为

$$M_C^0 = F_{AY} \cdot \frac{l}{2} - P_1\left(\frac{l}{2} - a_1\right) - P_2\left(\frac{l}{2} - a_2\right)$$

代入式(3.5),得

$$F_H = \frac{M_C^0}{f}$$

将上述反力公式汇总,得

$$\left.\begin{array}{l} F_{AY} = F_{AY}^0 \\ F_{BY} = F_{BY}^0 \\ F_H = \dfrac{M_C^0}{f} \end{array}\right\} \tag{3.6}$$

由式(3.6)可知,推力 F_H 只与三个铰的位置有关,而与拱轴形状无关。当荷载及跨度不变时,推力与拱高 f 成反比,拱高越大推力越小,拱高越低推力愈大,若 $f = 0$,则 $F_H = \infty$。这时 A,B,C 三铰在同一直线上,成为几何瞬变体系。

(2)内力计算

求得支座反力后,用截面法可求出任一截面的弯矩、剪力和轴力。须注意的是由于拱轴为曲线,所以,所取截面应与拱轴正交。如图 3.36(c)所示,取 K 截面以左部分为隔离体,该截面的形心坐标为 x_K、y_K,形心处拱轴切线的倾角用 θ_K 表示,截面 K 的内力有弯矩 M_K、剪力 F_{QK} 和轴力 F_{NK},下面分别讨论三个内力分量的计算。在计算中规定弯矩以使拱内侧纤维受拉为正,剪力以使所取隔离体有顺时针方向转动趋势为正,轴力使拱截面受压为正。

取 AK 段为隔离体,如图 3.36(c)所示,则

$$\sum M_K = 0, \quad M_K = \left[F_{AY} \cdot x - P_1(x - a_1) \right] - F_H y_K \tag{a}$$

沿 F_{QK} 方向投影,由平衡条件得

$$F_{QK} = (F_{AY} - P_1)\cos \theta_K - F_H \sin \theta_K \tag{b}$$

沿 F_{NK} 方向投影,由平衡条件,得

$$F_{NK} = (F_{AY} - P_1)\sin \theta_K + F_H \cos \theta_K \tag{c}$$

注意到 $F_{AY} = F_{AY}^0$,(a)式方括号内的值即等于相应简支梁(如图 3.36(b)所示)对应 K 截面的弯矩 M_K^0,式(b),式(c)中 $(F_{AY} - P_1)$ 等于相应简支梁对应截面 K 处的剪力 F_{QK}^0,于是上述式(a),式(b),式(c)可写为

$$M_K = M_K^0 - F_H y_K \tag{3.7}$$

$$F_{QK} = F_{QK}^0 \cos \theta_K - F_H \sin \theta_K \tag{3.8}$$

$$F_{NK} = F_{QK}^0 \sin \theta_K + F_H \cos \theta_K \tag{3.9}$$

式中,θ_K 为截面 K 处的拱轴切线的倾角,其在左半跨时取正,在右半跨时取负。

上述三式即为在竖向荷载作用下拱体内任一截面弯矩、剪力和轴力的计算公式。由式(3.7)可看出,拱体内任一截面的弯矩,等于相应简支梁对应截面的弯矩减去由于拱的推力 F_H 所引起的弯矩 $F_H y_K$。由此可知,因推力 F_H 的存在,三铰拱的弯矩比相应简支梁的弯矩要小。

有了上述公式,则可求出任一截面的内力。绘内力图时,由于内力方程不是一简单曲线方程,因此直接根据方程作图较困难。为了简便起见,通常是沿跨长取若干截面,计算这些截面的内力,然后以拱轴曲线的水平投影为基线,标出纵距,连以曲线即得所求的内力图。

例 3.9　试绘制图 3.37(a)所示三铰拱的内力图。三铰拱的拱轴为一抛物线,当坐标原点选在左支座时,它的方程可由下式表达

$$y = \frac{4f}{l^2}(l - x)x$$

解　先求支座反力,由公式(3.6)可得

$$F_{AY} = F_{AY}^0 = \left(\frac{100 \times 9 + 20 \times 6 \times 3}{12} \right) \text{kN} = 105 \text{ kN}$$

$$F_{BY} = F_{BY}^0 = \left(\frac{100 \times 3 + 20 \times 6 \times 9}{12} \right) \text{kN} = 115 \text{ kN}$$

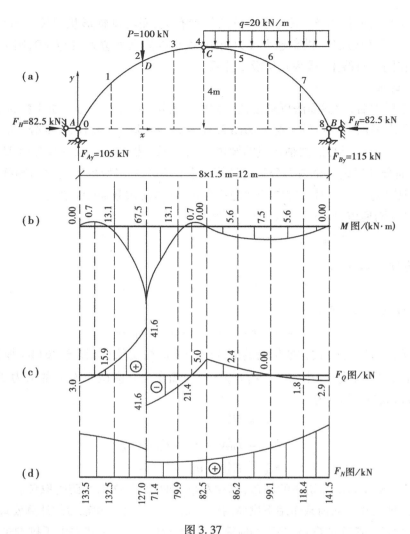

图 3.37

$$F_H = \frac{M_C^0}{f} = \left(\frac{105 \times 6 - 100 \times 3}{4} \right) \text{kN} = 82.5 \text{ kN}$$

绘内力图,将拱跨分成八等分,然后分别计算出各等分点截面上的内力值,再根据这些数值绘出弯矩图、剪力图和轴力图。计算通常列表进行。

现以距 A 支座 3 m 处的截面 2 为例,说明内力的计算方法。

当 $x = 3$ m 时,由拱轴方程得

$$y = \frac{4f}{l^2}(l - x)x = \left[\frac{4 \times 4}{12^2}(12 - 3) \times 3 \right] \text{m} = 3 \text{ m}$$

$$\tan \theta_2 = \frac{\mathrm{d}y}{\mathrm{d}x} \bigg|_{x=3} = \frac{4f}{l}\left(1 - \frac{2x}{l} \right) = \frac{4 \times 4}{12}\left(1 - \frac{2 \times 3}{12} \right) = 0.667$$

查表得

$$\theta_2 = 33°43'; \sin \theta_2 = 0.555; \cos \theta_2 = 0.832$$

由公式(3.7)得

$$M_2 = M_2^0 - F_H y_2 = (105 \times 3 - 82.5 \times 3) \text{kN} \cdot \text{m} = 67.5 \text{ kN} \cdot \text{m}$$

求截面 2 的剪力和轴力时,由于该截面处作用有集中荷载 $P = 100$ kN,相应的简支梁在截面 2 处的剪力有突变 P,故拱截面 2 处的剪力将有突变 $P \cos \theta_2$,而轴力则有突变 $P \sin \theta_2$。因此,需要计算集中荷载作用处以左及以右截面上的剪力和轴力。因截面 2 在左半拱,故 θ 取正值。由式(3.8)得

$$\begin{aligned} F_{Q2}^{左} &= F_{Q2}^{0左} \cos \theta_2 - F_H \sin \theta_2 = \\ &(105 \times 0.832 - 82.5 \times 0.555) \text{kN} = 41.6 \text{ kN} \end{aligned}$$

$$\begin{aligned} F_{Q2}^{右} &= F_{Q2}^{0右} \cos \theta_2 - F_H \sin \theta_2 = \\ &[(105 - 100) \times 0.832 - 82.5 \times 0.555] \text{kN} = -41.6 \text{ kN} \end{aligned}$$

由式(3.9)得

$$\begin{aligned} F_{N2}^{左} &= F_{Q2}^{0左} \sin \theta_2 + F_H \cos \theta_2 = \\ &(105 \times 0.555 + 8.25 \times 0.832) \text{kN} = 127 \text{ kN} \end{aligned}$$

$$\begin{aligned} F_{N2}^{右} &= F_{Q2}^{0右} \sin \theta_2 + F_H \cos \theta_2 = \\ &[(105 - 100) \times 0.555 + 82.5 \times 0.832] \text{kN} = 71.4 \text{ kN} \end{aligned}$$

其余各截面的内力计算同上,见表 3.2。根据表中数值作出 M、F_Q 及 F_N 图,如图 3.37(b)、(c)、(d)所示。

须注意的是,在剪力为零的截面如图 3.37(c)所示,其弯矩有极值,如图 3.37(b)所示。

为了将拱与梁进行比较,在图 3.38 中用实线画出了同跨度、同荷载的简支梁的弯矩图(M^0 图),用虚线画出了三铰拱的 $F_H \cdot y$ 曲线。虚、实两条曲线的纵坐标差值($M^0 - F_H \cdot y$)即为三铰拱的弯矩值。很明显,三铰拱与对应的简支梁相比,弯矩要小得多。同时可看到,三铰拱弯矩值的降低完全是由于推力造成的。因此,在竖向荷载作用下存在推力,是拱式结构的基本特征,这也是拱式结构被称为推力结构的缘故。

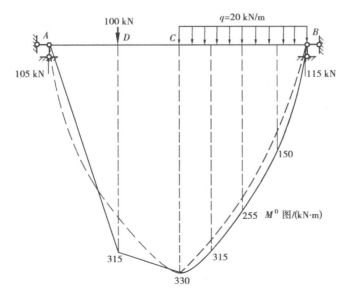

图 3.38

表 3.2　三铰拱内力计算

拱轴分点	横坐标 x/m	纵坐标 y/m	$\tan\theta$	$\sin\theta$	$\cos\theta$	F_Q^0/kN	$M/(\text{kN}\cdot\text{m})$			F_Q/kN			F_N/kN		
							M^0	$-F_H y$	M	$F_Q^0\cos\theta$	$-F_H\sin\theta$	F_Q	$F_Q^0\sin\theta$	$F_H\cos\theta$	F_N
0	0.00	0.00	1.333	0.800	0.600	105.00	0.00	0.00	0.00	63.00	-66.00	-3.00	84.00	49.50	133.50
1	1.50	1.75	1.000	0.707	0.707	105.00	157.50	-144.40	13.10	74.20	-58.30	15.90	74.20	58.30	132.50
2 左	3.00	3.00	0.667	0.555	0.832	105.00	315.00	-247.50	67.50	87.40	-45.80	41.60	58.40	68.60	127.00
2 右						5.00				4.20	-45.80	-41.60	2.80		71.40
3	4.50	3.75	0.333	0.316	0.948	5.00	322.50	-309.40	13.10	4.70	-26.10	-21.40	1.60	78.30	79.90
4	6.00	4.00	0.000	0.000	1.000	5.00	330.00	-330.00	0.00	5.00	0.00	5.00	0.00	82.50	82.50
5	7.50	3.75	-0.333	-0.316	0.948	-25.00	315.00	-309.40	5.60	-23.70	26.10	2.40	7.90	78.30	86.20
6	9.00	3.00	-0.667	-0.555	0.832	-55.00	255.00	-247.50	7.50	-45.80	45.80	0.00	30.50	68.60	99.10
7	10.50	1.75	-1.000	-0.707	0.707	-85.00	150.00	-144.40	5.60	-60.10	58.30	-1.80	60.10	58.30	118.40
8	12.00	0.00	-1.333	-0.800	0.600	-115.00	0.00	0.00	0.00	-68.90	66.00	-2.90	92.00	49.50	141.50

例 3.10 试求图 3.39(a)所示三铰拱上截面 K 的内力 M_K，F_{QK} 和 F_{NK}，设坐标原点选取在左支座，其拱轴方程为

$$y = \frac{4f}{l^2}(l - x)x$$

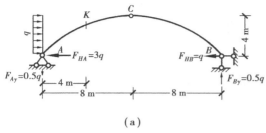 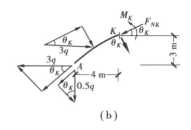

（a） （b）

图 3.39

解 在本例中，荷载为水平方向，故式(3.6)，式(3.7)，式(3.8)，式(3.9)不再适用。求反力和内力时，应直接利用平衡方程进行计算。

①计算支座反力。

由整体平衡，得

$$\sum M_A = 0, F_{BY} \times 16 - 4q \times 2 = 0, F_{BY} = 0.5q, (\uparrow)$$

$$\sum M_B = 0, F_{AY} \times 16 + 4q \times 2 = 0, F_{AY} = 0.5q, (\downarrow)$$

$$\sum F_X = 0, F_{HA} + F_{HB} - 4q \times 2 = 0, F_{HA} + F_{HB} = 4q$$

取三铰拱右半拱为隔离体，利用 $M_C = 0$，由平衡条件得

$$\sum M_C = 0, F_{By} \times 8 - F_{HB} \times 4 = 0,$$

$$F_{HB} = q(\leftarrow)$$

所以

$$F_{HA} = 4q - q = 3q(\leftarrow)$$

②计算截面 K 的内力。

K 截面 $x_K = 4$ m，由拱轴方程得

$$y_K = \frac{4f}{l^2}(l - x_K)x_K = \left[\frac{4 \times 4}{16^2}(16 - 4) \times 4\right] \text{m} = 3 \text{ m}$$

$$\tan \varphi_K = \frac{\mathrm{d}y}{\mathrm{d}x} = \frac{4f}{l^2}(l - 2x_K) = \frac{4 \times 4}{16^2}(16 - 2 \times 4) = 0.5$$

查表得

$$\theta_k = 26°34', \cos \theta_K = 0.894, \sin \theta_K = 0.447$$

取截面 K 以左部分为隔离体，如图 3.39(b)所示，利用平衡条件得

$$M_K = -0.5q \times 4 + 3q \times 3 - 3q \times 1.5 = 2.5q$$

$$F_{QK} = -0.5q \cos \varphi_K + 3q \sin \varphi_K - 3q \sin \varphi_K$$

$$= -0.5q \times 0.894$$

$$= -0.447q$$

$$F_{NK} = -0.5q \sin \varphi_K - 3q \cos \varphi_K + 3q \cos \varphi_K$$

$$= -0.5q \times 0.447$$
$$= -0.224q(\text{拉力})$$

3.5.3 三铰拱合理拱轴线的概念

由以上计算可知,在荷载作用下,三铰拱的任一截面上均有弯矩 M,剪力 F_Q 及轴力 F_N,如图 3.40(b)所示,这三个内力分量必然可以用它们的合力 R 来代替,因拱截面上的轴力多是压力,故合力 R 通常称为总压力,如图 3.40(c)所示。此时,截面处于偏心受压状态,材料得不到充分利用。若能使所有截面上的弯矩为零(同时剪力也为零),则截面上将只有轴向压力。此时各截面都处于均匀受压状态,因而材料能得到充分的利用,相应的拱截面尺寸是最小的,材料的使用最经济,由式(3.7)可知,拱体内各截面的弯矩除与荷载有关外,还与拱轴形状有关。因此在设计时,可先取一适当拱轴,使拱体内任一截面上的正应力均匀分布(即 $M = 0, F_Q = 0$),这样的拱轴称为合理拱轴。

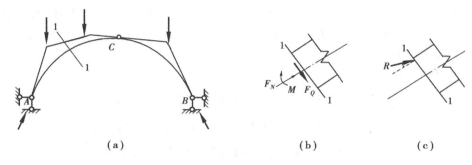

图 3.40

对于竖向荷载作用下的三铰拱,根据式(3.7):$M_K = M_K^0 - F_H y_K$,当拱轴为合理拱轴时,应有

$$M = 0$$

即

$$M^0 - F_H y = 0$$

由此得

$$y = \frac{M^0}{F_H} \tag{3.10}$$

由上式可知,合理拱轴的竖标 y 与相应简支梁的弯矩成正比。当拱上所受荷载为已知时,只要求出相应简支梁的弯矩方程,然后除以推力 F_H,即得三铰拱的合理拱轴的轴线方程。

例 3.11 试求图 3.41(a)所示对称三铰拱在均布荷载 F_Q 作用下的合理拱轴。

解 作出相应简支梁如图 3.41(b),其弯矩方程为

$$M^0 = \frac{1}{2}qlx - \frac{1}{2}qx^2 = \frac{1}{2}qx(l - x)$$

推力 F_H 由式(3.6)求得为

$$F_H = \frac{M_c^0}{f} = \frac{\frac{1}{8}ql^2}{f} = \frac{ql^2}{8f}$$

故由式(3.10)可得合理拱轴的轴线方程

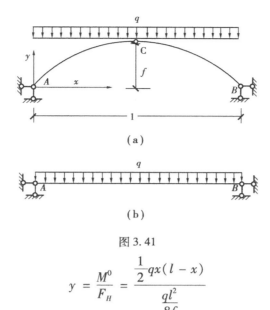

（a）

（b）

图 3.41

$$y = \frac{M^0}{F_H} = \frac{\dfrac{1}{2}qx(l-x)}{\dfrac{ql^2}{8f}}$$

即

$$y = \frac{4f}{l^2}(l-x)x \tag{3.11}$$

由此可知,三铰拱在竖向荷载作用下,合理轴为抛物线。房屋建筑中拱的轴线就常用抛物线。

例 3.12　设三铰拱承受沿拱轴法向的均布压力,如图 3.42（a）所示,试证明其合理轴线是圆弧曲线。

证　在证明之前,先导出曲杆在均布压力下的平衡微分方程。

从曲杆中取微段 ds 为隔离体,如图 3.42（a）所示。设微段杆的曲率半径为 R,两端截面的夹角为 dθ,则微段轴线长度为 d$s = R$dθ。

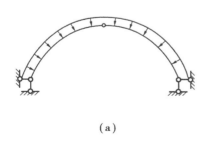

（a）　　　　　　　　　（b）

图 3.42

在杆轴切线方向,由平衡条件得

$$\sum F_u = 0$$

$$F_N\cos\frac{\mathrm{d}\theta}{2} - (F_N + \mathrm{d}F_N)\cos\frac{\mathrm{d}\theta}{2} - F_Q\sin\frac{\mathrm{d}\theta}{2} - (F_Q + \mathrm{d}F_Q)\sin\frac{\mathrm{d}\theta}{2} = 0$$

因 $d\theta$ 很小,可令 $\cos\dfrac{d\theta}{2}=1$,$\sin\dfrac{d\theta}{2}=\dfrac{d\theta}{2}$,并忽略高阶微量后,得

$$dF_N + F_Q d\theta = 0$$

注意到 $ds = Rd\theta$,上式可写成

$$\frac{dF_N}{ds} = -\frac{F_Q}{R} \qquad\qquad (a)$$

同理,由 $\sum F_v = 0$,得

$$dF_Q - F_N d\theta + qds = 0$$

即

$$\frac{dF_Q}{ds} = \frac{F_N}{R} - q \qquad\qquad (b)$$

再由 $\sum M_0 = 0$,得

$$dM - F_Q ds = 0$$

即

$$\frac{dM}{ds} = F_Q \qquad\qquad (c)$$

式(a),式(b),式(c)即为曲杆内力的微分关系。

当拱轴为合理拱轴线时,$M = 0$,代入式(c),得

$$F_Q = 0 \qquad\qquad (d)$$

将式(d)代入式(a),得

$$\frac{dF_N}{ds} = 0$$

因此

$$F_N = \text{常数}$$

再将式(d)代入式(b),得

$$\frac{F_N}{R} - q = 0$$

即

$$R = \frac{F_N}{q}$$

因轴力为常数,q 也为常数,故 R 亦为常数,即拱的合理轴线应是圆弧线。

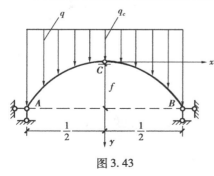

图 3.43

因而,拱在均匀水压力作用下,合理轴线是圆弧,而轴力为常数。在实际工程中,水管、高压隧洞和拱坝常采用圆形截面。

例 3.13 试求图 3.43 所示三铰拱的合理轴线,其上受分布荷载为 $q = q_c + \gamma y$(γ 为填料的容重)。

解 在本例中,因荷载 q 与拱轴有关,为 y 的函数,M^0 无法确定,因而不能直接套用式(3.10)求合理拱轴方程。将式(3.10)对 x 微分两次,得

$$y'' = -\frac{1}{F_H}\frac{\mathrm{d}^2 M^0}{\mathrm{d}x^2}$$

设 $q(x)$ 为沿水平方向单位长度的荷载值,向下为正,则

$$\frac{\mathrm{d}^2 M^0}{\mathrm{d}x^2} = -q(x)$$

所以

$$y'' = +\frac{q(x)}{F_H}$$

将 $q = q_c + \gamma y$ 代入上式,并整理得

$$y'' - \frac{\gamma}{F_H}y = \frac{q_c}{F_H}$$

该微分方程的解答可用双曲函数表示为

$$y = A \cdot \mathrm{ch}\sqrt{\frac{\gamma}{F_H}}x + B \cdot \mathrm{sh}\sqrt{\frac{\gamma}{F_H}}x - \frac{q_c}{\gamma}$$

常数 A 和 B 可由以下边界条件求得

$x = 0, y = 0$,得

$$A = \frac{q_c}{\gamma}$$

$x = 0, y' = 0$,得

$$B = 0$$

所以

$$y = \frac{q_c}{\gamma}\left(\mathrm{ch}\sqrt{\frac{\gamma}{F_H}}x - 1\right)$$

即在填料荷载作用下,三铰拱的合理轴线是一悬链线,又叫双曲线拱。

从以上分析可看出,对于三铰拱,不同的荷载对应不同的合理拱轴。设计时,由于实际工程中考虑的因素很多,结构上的荷载是多样的,很难得到理想化的合理拱轴,一般以主要荷载作用下的合理轴线作为拱的轴线。

3.6　静定平面桁架及组合结构的内力计算

3.6.1　桁架的概念

桁架是由若干直杆在其两端用铰联接而成,承受结点力作用的结构,常用于建筑工程中的屋架、桥梁、建筑施工用的支架等。

图 3.44(a)、(b)、(e)所示分别为钢屋架、钢筋混凝土屋架和某钢结构桥梁的示意图。

桁架的杆件,依其所在位置的不同,可分为弦杆和腹杆两大类,如图 3.44(a)所示。弦杆是指桁架上下边缘的杆件,上边缘的杆件称为上弦杆,下边缘的杆件称为下弦杆。桁架上弦杆和下弦杆之间的杆件称为腹杆。腹杆又分为竖杆和斜杆。弦杆上两相邻结点之间称为节间,其间距 d 称为节间长度。

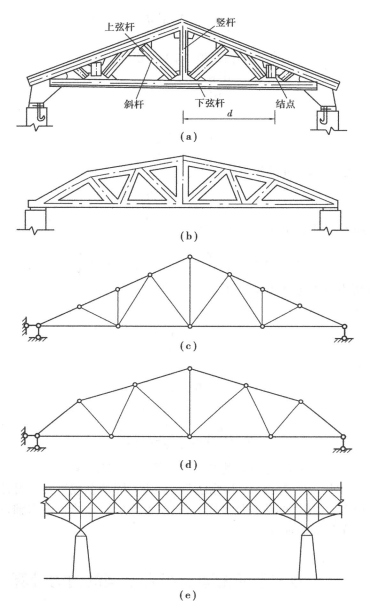

图 3.44

实际桁架,其结构和受力都比较复杂。在分析桁架的内力时,必须抓住矛盾的主要方面,选取既能反映桁架的本质又便于计算的计算简图。理论分析和实验表明,桁架在结点荷载作用下,桁架中各杆的内力主要是轴力,而弯矩和剪力则很小,可以忽略不计,因此,对实际桁架的计算简图采用如下三条假定:

①各杆两端用绝对光滑而无摩擦的理想铰相互联接。

②各杆轴线均为直线,且在同一平面内并通过铰的几何中心。

③荷载和支座反力都作用在结点上并位于桁架平面内。

在上述假定的理想情况下,桁架各杆均为两端铰接的直杆,均为二力杆,只产生轴力,这种桁架称为理想平面桁架。

由于桁架杆件仅受轴力作用,杆上应力分布均匀且同时达到极限值,故材料得到充分的利用。因而桁架与截面应力不均匀的梁相比,用料省,自重较轻,多用于大跨度结构。

在实际工程中的桁架并不完全符合理想情况。例如,在钢屋架中,各杆件是用焊接或铆接联结的,在钢筋混凝土屋架中各杆件是浇注在一起的,因此杆件在结点处还可能连续不断,这就使结点具有一定的刚性,各杆之间的夹角几乎不可能变动。在木屋架中,各杆是用螺栓联接或榫接,它们在结点处可能有些相对转动,其结点也不完全符合理想铰的情况。另外,施工时各杆件也不可能绝对平直,在结点处各杆的轴线不一定全交于一点,以及某些荷载(如自重)不一定都作用在结点上等。因此,桁架在荷载作用下,其杆件必将发生弯曲而产生附加内力,通常把桁架在理想情况下计算出来的内力称为主内力,把由于不满足理想假定而产生的附加内力,称为次内力(其中主要是弯矩,称为次弯矩)。本章只讨论主内力的计算问题,因而,取理想桁架作为计算简图。在图 3.44 中,(c),(d)图分别为(a),(b)图所示桁架的计算简图。

根据不同的特征,平面桁架可作如下分类:

(1)按照桁架的外形分为

①平行弦桁架。

②抛物线桁架。

③三角形桁架。

④梯形弦桁架。

(2)按照整体受力特征分为

①梁式桁架或无推力桁架,如图 3.45 所示。

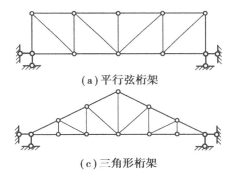

(a)平行弦桁架　　　　　　(b)抛物线桁架

(c)三角形桁架　　　　　　(d)梯形弦桁架

图 3.45

②拱式桁架或有推力桁架,如图 3.46 所示。

(3)按照桁架的几何组成方式分为

①简单桁架:由基础或一基本铰接三角形开始,依次增加二元体所组成的桁架,如图 3.47(a)所示。

②联合桁架:由几个简单桁架按几何不变体系组成规则所联成的桁架,如图 3.47(b)所示。

③复杂桁架:不按以上两种方式组成的其他桁架,如图 3.47(c)、(d)所示。

图 3.46

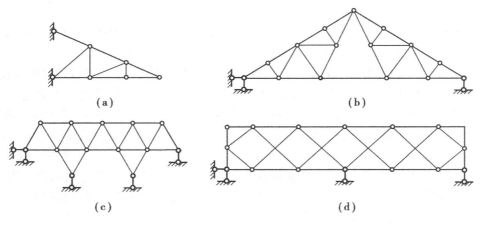

（a）   （b）

（c）   （d）

图 3.47

3.6.2　桁架的内力计算

对理想平面桁架,由其基本假定可推出其受力特征:桁架中各杆均为二力杆,仅承受轴力,(一般规定拉力为正,压力为负)。每一结点组成一平面汇交力系,整个桁架或部分析架组成一平面一般力系。对静定平面桁架,计算内力的方法有结点法、截面法和这两种方法的联合应用,下面分别讨论。

（1）结点法

1）结点法的原理及示例

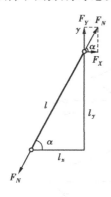

图 3.48

用结点法求桁架的轴力时,取桁架的结点为隔离体,利用各结点平面汇交力系的静力平衡条件来计算各杆轴力。此时对每一结点都可列出两个独立的平衡方程来进行解答。在实际计算中,一般从未知力不超过两个的结点开始,依次推算。结点法适用于简单桁架的轴力计算。

计算时,通常未知力按拉力假设,若解答结果为负,则为压力。此外,为简便计算,在建立平衡方程求杆的轴力时,经常把斜杆的轴力 F_N 分解为水平分力 F_X 和竖向分力 F_Y(如图 3.48 所示),设斜杆的长度为 l,其水平和竖向的投影长度分别为 l_x,l_y,由比例关系有

$$\frac{F_N}{l} = \frac{F_X}{l_x} = \frac{F_Y}{l_y}$$

利用这个比例关系,若 F_N、F_X 和 F_Y 三者中,已知其中一个力,便可很方便地推算其余两个力,而不需使用三角函数。

例 3.14　试用结点法分析图 3.49(a)所示桁架各杆的轴力。

解　由于桁架和荷载都是对称的,相应的杆件轴力和支座反力也必然是对称的,故取半个桁架计算即可。

①计算支座反力。

$$F_{X1} = 0,$$

$$F_{Y1} = F_{Y8} = \frac{1}{2}(10 + 20 + 20 + 20 + 10)\text{kN} = 40 \text{ kN}(\uparrow)$$

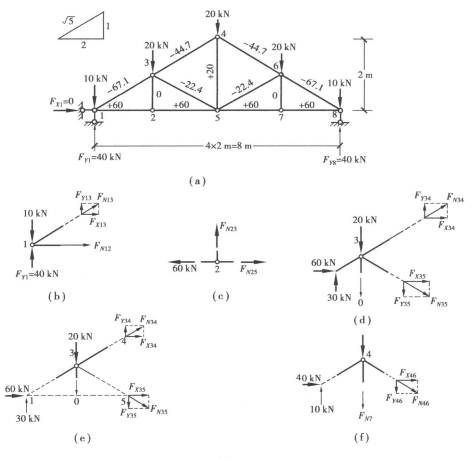

图 3.49

②计算各杆轴力。

反力求出后,可截取各结点解算各杆的轴力。从只含两个未知力的结点开始,这里有 1,8 两个结点,现在计算左半桁架,从结点 1 开始,然后依次分析相邻结点。

取结点 1 为隔离体,如图 3.49(b)所示。由平衡条件得

$$\sum F_Y = 0, F_{Y13} = -30 \text{ kN}$$

利用比例关系,得

$$F_{X13} = \frac{2}{1} \times F_{Y13} = 2 \times (-30) \text{kN} = -60 \text{ kN}$$

$$F_{N13} = \frac{\sqrt{5}}{1} \times F_{Y13} = \sqrt{5} \times (-30) \text{kN} = -67.1 \text{ kN}(压力)$$

由 $\sum F_X = 0$,得

$$F_{N12} = -F_{X13} = -(-60) \text{kN} = 60 \text{ kN}(拉力)$$

取结点 2 为隔离体,如图 3.49(c)所示。图中将前面已求出的 F_{N12} 按实际方向画出,不再标正负号,只标数值。由平衡方程式,得

$$\sum F_X = 0, F_{N25} = 60 \text{ kN}(拉力)$$

$$\sum F_Y = 0, F_{N23} = 0$$

取结点 3 为隔离体,如图 3.49(d)所示。图中将前面已求出的 F_{N13}, F_{N23} 或其分力均按实际方向画出,同样不标正负号,只标数值。由平衡方程式,得

$$\sum F_X = 0, F_{X34} + F_{X35} + 60 = 0$$

$$\sum F_Y = 0, F_{Y34} - F_{Y35} - 20 + 30 = 0$$

注意到比例关系

$$F_{Y34} = \frac{F_{X34}}{2}, F_{Y35} = \frac{F_{X35}}{2}$$

代入以上两式,并联立求解,得

$$F_{X34} = -40, F_{X35} = -20$$

利用比例关系,得

$$F_{Y34} = \frac{1}{2} \times (-40)\,kN = -20\,kN$$

$$F_{N34} = \frac{\sqrt{5}}{2} \times (-40)\,kN = -44.7\,kN(压力)$$

$$F_{Y35} = \frac{1}{2} \times (-20)\,kN = -10\,kN$$

$$F_{N35} = \frac{\sqrt{5}}{2} \times (-20)\,kN = -22.4\,kN(压力)$$

为了避免解联立方程组,可采用以下途径:或者选取适当的投影轴(例如图 3.49(d)中,以 F_{N34} 的作用线为 F_X 轴),使每个方程中只包含一个未知力,或者利用力矩平衡方程来求解。如果改用力矩平衡方程求解的方法,如图 3.49(e)所示,将已知力 F_{N13} 及未知力 F_{N34} 和 F_{N35} 分别在结点 1,5,4 处分解为水平分力和竖向分力,以 5 点为矩心,得

$$\sum M_5 = 0, F_{X34} \times 2 + 30 \times 4 - 20 \times 2 = 0,$$

$$F_{X34} = -40\,kN$$

利用比例关系,得

$$F_{Y34} = \frac{1}{2} \times (-40)\,kN = -20\,kN$$

$$F_{N34} = \frac{\sqrt{5}}{2} \times (-40)\,kN = -44.7\,kN(压力)$$

再由平衡方程,得

$$\sum F_X = 0, F_{X35} + 60 + (-40) = 0,$$

$$F_{X35} = -20\,kN$$

利用比例关系,得

$$F_{Y35} = \frac{1}{2} \times (-20)\,kN = -10\,kN$$

$$F_{N35} = \frac{\sqrt{5}}{2} \times (-20)\,kN = -22.4\,kN(压力)$$

取结点 4 为隔离体,如图 3.49(f)所示。由平衡条件得

$$\sum F_X = 0, F_{X46} = -40 \text{ kN}$$

利用比例关系,得

$$F_{Y46} = \frac{1}{2} \times (-40) \text{ kN} = -20 \text{ kN}$$

$$F_{N46} = \frac{\sqrt{5}}{2} \times (-40) \text{ kN} = -44.7 \text{ kN}(压力)$$

再由平衡方程,得

$$\sum F_Y = 0, F_{N45} = 20 \text{ kN}(拉力)$$

③校核。

从计算结果看出,F_{N34} 与 F_{N46} 完全相同,满足对称结构在结称荷载作用下,轴力对称的特性,说明计算无误。

最后,将各杆轴力计算结果标于计算简图对应杆的位置。如图 3.49(a)所示,称为结论图。

上题中用到一个技巧,在图 3.49(e)中,为求 F_{N13} 及 F_{N34} 对 5 点之矩,须求 F_{N13} 及 F_{N34} 对 5 点的力臂,但该力臂计算较烦。为此,可将 F_{N13} 及 F_{N34} 在其作用线的适当地点分解。如在 1 点及 4 点分解,这样,它们的分力 F_{X13} 及 F_{Y34} 恰好通过矩心 5,而 F_{Y13} 及 F_{X34} 力臂已知,于是可求出 F_{N13} 及 F_{N34} 对 5 点的矩。

计算熟练后,运算可直接在桁架图上进行。如图 3.50 所示,因为对称,图 3.50(b)中只标注一半。

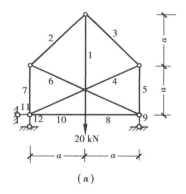

(a)

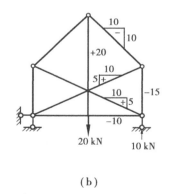

(b)

图 3.50

2)特殊性

在桁架中常有一些特殊形状的结点,掌握了这些特殊结点的平衡规律,便可以方便地计算杆件轴力。

①L 形结点 或称两杆结点(如图 3.51(a)所示),当结点上无荷载时两杆轴力都为零。凡轴力为零的杆件称零杆。

②T 形结点 即三杆汇交的结点,其中两杆共线(如图 3.51(b)所示),当结点上无荷载时,第三杆必为零杆,而共线两杆的轴力必大小相等且性质相同(即同为拉力或同为压力)。

③X 形结点 四杆结点且两两共线(如图 3.51(c)所示),当结点上无荷载时,则共线两杆

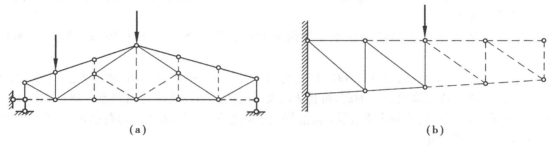

图 3.51

轴力相等且性质相同。

④K 形结点　即四杆结点,其中两杆共线,而另外两杆在该直线同侧且交角相等,当结点上无荷载时,若共线两杆轴力不等,则不共线两杆轴力大小相等,但其一为拉力,另一为压力(如图3.51(d)所示);若共线两杆轴力相等,性质相同,则不共线两杆为零杆(如图3.51(e)所示)。

利用以上结论,可以看出图3.52中虚线所示各杆皆为零杆,于是剩下的工作量大为减少。

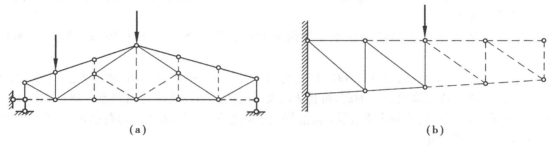

图 3.52

(2)截面法

所谓截面法,就是用一适当的截面(平面或曲面)截取桁架的某一部分为隔离体(隔离体包含两个以上结点),利用平面一般力系的三个平衡方程计算所截各杆中的未知轴力。如果所截各杆中的未知轴力只有三个,它们既不彼此平行,又不全相交于同一点,则用截面法即可求出这三杆轴力,为避免解联立方程组,对平衡方程应加以选择。

截面法适用于联合桁架的计算及简单桁架中指定杆件的计算。

例 3.15　试用截面法计算图3.53所示桁架中 a,b,c 三杆的轴力。

解　此桁架为简单桁架,若采用结点法求解,须从只有两杆的结点1开始,逐个截取结点2,3,4,5为隔离体讨论后,才能求出 a,b,c 三杆轴力。而用截面法可直接求出需求杆件的轴力。

①求支座反力。

$$F_{1X} = 0, F_{1Y} = 4.52 \text{ kN}(\uparrow)$$
$$R_{8Y} = 1.48 \text{ kN}(\uparrow)$$

②求指定杆件轴力。

作 I-I 截面,截断 a,b,c 三杆,取截面以右为隔离体,如图3.53(b)所示,其中共有三个未知力 F_{Na}, F_{Nb}, F_{NC},均设为拉力。

求未知轴力 F_{Na} 时,为避免解联立方程,可取另两个未知力 F_{Nb} 和 F_{NC} 的交点5为矩心,列出力矩方程。此时,轴力 F_{Nb} 就是方程中唯一的未知量,力矩方程如下

$$\sum M_5 = 0, 2.48 F_{Na} + 1 \times 3.00 - 1.48 \times 11.85 = 0$$

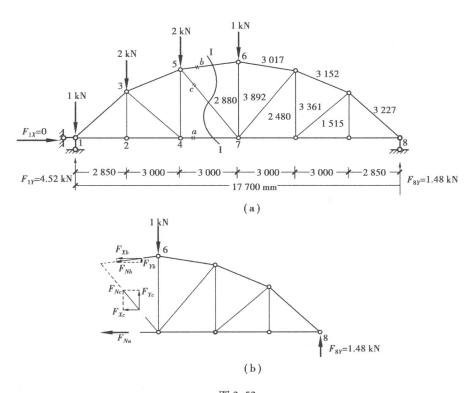

图 3.53

$$F_{Na} = 5.86 \text{ kN}(拉力)$$

同理,求 F_{Nb} 时,可取 F_{Na} 与 F_{NC} 的交点 7 为矩心,列出力矩平衡方程。此时,在计算 F_{Nb} 对 7 点的力矩时,为避免计算 F_{Na} 的力臂,可将 F_{Nb} 在 6 点分解为 F_{bX} 和 F_{bY}。计算如下:

$$\sum M_7 = 0, \; -2.88 F_{bX} - 1.48 \times 8.85 = 0$$

$$F_{bX} = -4.68 \text{ kN}$$

利用比例关系,得

$$F_{Nb} = \frac{3.017}{3.00} \times (-4.68) \text{kN} = -4.70 \text{ kN}(压力)$$

最后,只有 F_{NC} 未知,由于其他轴力已经求出,故可利用投影平衡方程求解。

$$\sum F_X = 0, \; -F_{cX} - F_{Na} - F_{bX} = 0,$$

$$F_{cX} = -1.18 \text{ kN}$$

利用比例关系,得

$$F_{Nc} = \frac{3.89}{3.00} \times (-1.18) \text{kN} = -1.53 \text{ kN}(压力)$$

③校核。

图 3.53(b)中,由平衡方程,得

$$\sum F_Y = 1.48 - 1 - \frac{0.32}{3.00} \times (-4.68) + \frac{2.48}{3.00} \times (-1.18) = 0$$

计算无误。

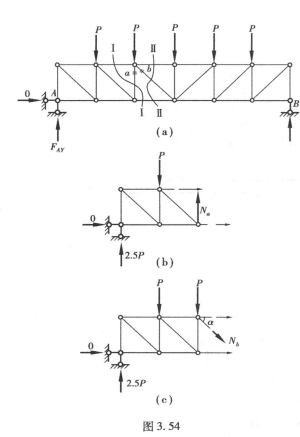

图 3.54

例 3.16 试求图 3.54(a)所示桁架中 a, b 两杆的轴力。

解 先求支座反力

$$F_{AY} = F_{BY} = 2.5P(\uparrow)$$

求 F_{Na} 时,可用 I - I 截面将桁架截开,取截面以左为隔离体,如图 3.54(b)所示,因为除 F_{Na} 外的其余两个未知轴力平行,所以用投影方程解题最方便。

$$\sum F_Y = 0, 2.5P + F_{Na} - P = 0,$$
$$F_{Na} = -1.5P(压力)$$

同理,欲求 F_{Nb},可用 II - II 截面将桁架截开,取截面以左为隔离体,如图 3.54(c)所示,由平衡条件得

$$\sum F_Y = 0, 2.5P - 2P - F_{Nb}\sin\alpha = 0,$$
$$F_{Nb} = \frac{P}{2\sin a}(拉力)$$

需要注意的是,在某些特殊情况下,虽然截面所截断的杆件有三根以上,但只要这些被截断的杆中,除一杆外,其余各杆均汇交于一点或全平行,则此杆的轴力可由力矩平衡方程或投影方程求解。例如,在图 3.55(a)所示桁架中,作截面 I - I,这时虽然截断了四根杆件,但除杆 a 外,其余三杆彼此平行,若取截面以下部分为隔离体,如图 3.55(b)所示,则由 $\sum X = 0$,即可求得 F_{Na}。又如图 3.56(a)所示的桁架,作 I - I 截面,它虽然截断了五根杆件,但除杆件 a 外,其余四杆均交汇于 C 点,故可利用 $\sum M_c = 0$ 即可求得 F_{Na},如图 3.56(b)所示。

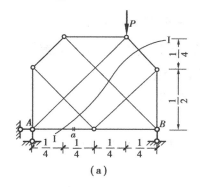

(a)

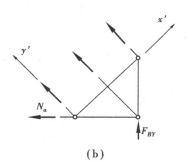

(b)

图 3.55

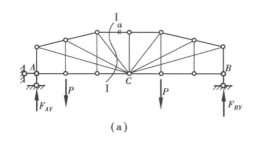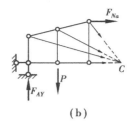

(a)　　　　　　　　　　　　　(b)

图 3.56

例 3.17　试求图 3.57(a)所示桁架中杆 a 和杆 b 的内力。

解　先求出支座反力,如图 3.57(a)所示。

求杆 a 的内力时,作截面 I-I 并取截面以左为隔离体,如图 3.57(b)所示,它有四个未知力,不能一步求解,故应先作 II-II 截面,取截面以左讨论;如图 3.57(d)所示,此时,也有四个未知力,但除杆 b 外,其余三杆都通过 E 点,由平衡条件可直接求出 F_{Nb}。

$$\sum M_E = 0, F_{Nb} \times 6 + \frac{P}{3} \times 4 = 0,$$

$$F_{Nb} = -\frac{2}{9}P$$

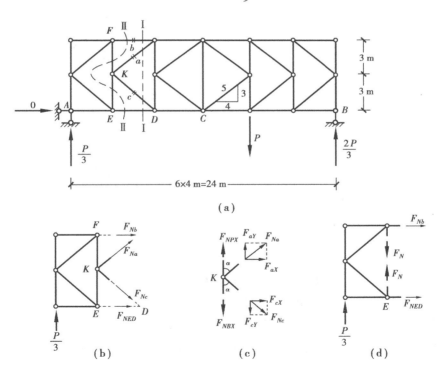

(a)

(b)　　　　　　　　　(c)　　　　　　　　　(d)

图 3.57

再取 I-I 截面以左为隔离体

$$\sum M_D = 0, \frac{P}{3} \times 8 + 6F_{Nb} + 6F_{aX} = 0,$$

$$F_{aX} = -\frac{2}{9}P$$

利用比例关系,有

$$F_{Na} = \frac{5}{4}F_{aX} = -\frac{5}{18}P$$

(3)结点法和截面法的联合应用

上面讨论了简单桁架的计算,对联合桁架,一般需联合应用结点法和截面法。如图 3.58 所示桁架均为联合桁架,它们都是由两个简单桁架按几何组成规则联结而成。计算时,先用截面法计算联结处杆件的轴力,再按简单桁架分析。另在各种桁架计算指定杆件的内力时,有的情况下将结点法和截面法联合起来应用,往往也能收到良好的效果。

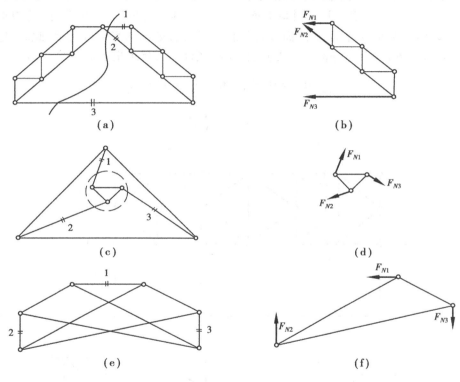

图 3.58

例 3.18　试求如图 3.59(a)所示桁架中杆 KH 的内力 F_{NHK}。

解　这是一个联合桁架,仅用截面法不太方便,因而联合应用截面法和结点法。

欲求 F_{NHK} 取 II-II 截面,以右半部为隔离体,如图 3.59(d)所示,但它有四个未知力,平衡方程不能求解,注意到结点 G,取其为隔离体,如图 3.59(b)所示,可找出 F_{NGH} 与 F_{NGF} 间的关系。

取 I-I 截面以右部分为隔离体,如图 3.59(c)所示,用平衡方程则可求出 F_{NGF}。计算时反其道而行之,则先求支座反力,如图 3.59(a)所示。

取 I-I 截面以右

$$\sum M_E = 0, 6F_{NGF} - 300 \times 5 - 750 \times 5 = 0,$$

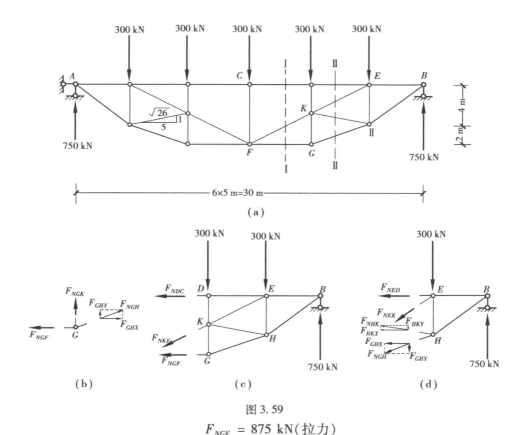

图 3.59

$$F_{NGF} = 875 \ \text{kN(拉力)}$$

由结点 G 的平衡条件,得

$$F_{GHX} = F_{NFG} = 875 \ \text{kN}$$

取 Ⅱ-Ⅱ 截面以右,得

$$\sum M_E = 0,750 \times 5 - 4F_{HKX} - 4F_{GHX} = 0,$$

$$F_{HKX} = 62.5 \ \text{kN}$$

利用比例关系

$$F_{NHK} = 62.5 \times \frac{\sqrt{26}}{5}\text{kN} = 63.74 \ \text{kN}$$

3.6.3   几种常用桁架受力性能的比较

不同外形的桁架,因其内力分布情况不同,适用场合亦各不同,设计时应根据具体要求选取适用合理的桁架形式。

下面就建筑工程中常用的四种梁式桁架:平行弦桁架、三角形桁架、折弦桁架(包括抛物线桁架)和梯形桁架的受力性能进行比较。

(1)平行弦桁架(图 3.60(a)所示)

设全跨布满均匀荷载(已简化为结点集中荷载)作用于上弦。与之相应的简支梁及其内力 M^0,F_Q^0 的分布规律如图 3.60(b)、(c)、(d)所示。

弦杆轴力计算公式可用截面法由力矩平衡方程推导,为

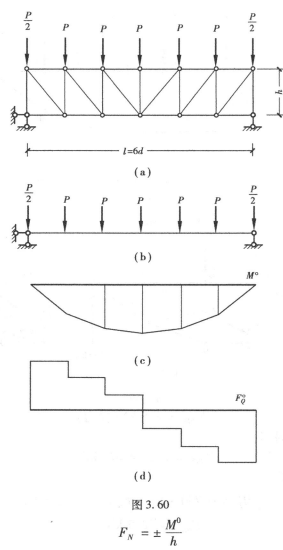

图 3.60

$$F_N = \pm \frac{M^0}{h}$$

式中, M^0 表示相应简支梁上对应点的弯矩, h 表示 F_N 对矩心的力臂(平行弦桁架的桁高)。由于 h 为常数,故 F_N 按 M^0 的变化规律而变化,即端部弦杆的轴力小,而中间弦杆的轴力大,且上弦受压,下弦受拉。

腹杆(包括斜杆、竖杆)的轴力计算公式同样可由截面法的投影平衡方程推导,为

$$F_Y = \pm F_Q^0$$

式中, F_Q^0 为桁架节间对应的简支梁截面上的剪力, F_Y 则为竖杆的轴力或斜杆轴力的竖向分量。

由上式看出,腹杆轴力由两端向跨中递减。如图 3.61(a)所示为平行弦桁架的内力分布情况,其中竖杆受压;若斜杆设置的方向均与图 3.61(a)所示相反,则竖杆受拉,斜杆受压。

(2)三角形桁架(图 3.61(b)所示)

弦杆的轴力也可由下式计算

$$F_N = \pm \frac{M^0}{r}$$

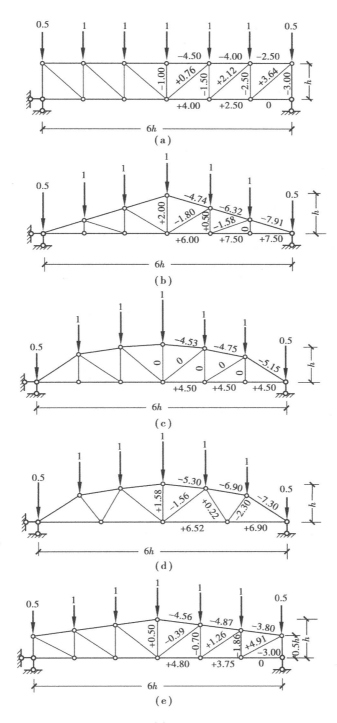

图 3.61

式中,r 表示弦杆轴力对矩心的力臂,它由两端向中间按线性递增。由于力臂 r 的增加要比弯矩 M^0 增加得快;因而弦杆的轴力是从两端向中间递减。

　　至于腹杆轴力的变化,由截面法知,在图示荷载作用下,斜杆受压,竖杆受拉,且斜杆和竖杆的轴力均由两端向中间递增。

(3)抛物线桁架(图3.61(c)所示)

抛物线桁架上弦各结点均落在同一抛物线上。计算其下弦杆轴力和上弦杆轴力的水平分力时,其值 $F_N = M^0/r$,式中 r 即为竖杆长度,它与 M^0 图的纵坐标都是按抛物线规律变化的,因而下弦杆轴力和上弦杆轴力的水平分力大小都相等。而上弦杆倾斜度不大,从而上弦杆的轴力也近似相等。

至于腹杆的轴力,由截面的水平投影平衡方程可知,斜杆轴力为零;竖杆的内力在上弦结点承受荷载时为零,但在下弦结点承受荷载时,则等于结点荷载。

(4)折弦桁架(图3.61(d)所示)

折线桁架是介于三角形桁架和抛物线桁架之间的一种中间形式。由于上弦改为折线,端节间上弦杆的坡度比三角形桁架大,使力臂 r 向两端递减得慢一些,即减少了弦杆特别是端弦杆的轴力,虽然 M^0/r 值也逐渐增大,但比三角形桁架的变化要小。

(5)梯形桁架(图3.61(e)所示)

梯形桁架是介于平行弦桁架和三角形桁架之间的一种中间形式。上下弦杆的轴力变化不大,腹杆轴力由两端向中间递减。

图3.61给出了各种形式的桁架在结点承受单位力时各杆的轴力值,从图中可直观地看到轴力的分布情况。

由上分析,可得出如下结论:

①三角形桁架的轴力分布不均匀,其弦杆的轴力近支座处最大,使得每个节间的弦杆要改变截面,因而增加拼接困难;若采用同样的截面,则造成材料的浪费。弦杆在端点处形成锐角,使得端结点构造复杂,制造困难。但因其两面斜坡的外形符合排水的要求,故在跨度较小、坡度较大的屋盖中广泛使用。

②平行弦桁架的轴力分布不均匀,弦杆的轴力向跨中增加,因而各节间弦杆截面不一,增加拼接困难;如采用相同截面,则浪费材料。但由于它在构造上有许多优点,如可使结点构造统一,腹杆标准化等,因而仍得到广泛应用。一般多限于轻型桁架,这样采用相同截面的弦杆,不会有很大的浪费。多用于厂房中12 m以上的吊车梁和跨度50 m以下的桥梁。

③抛物线桁架的轴力分布均匀,在材料上使用最经济,但上弦杆在每一节之间的倾角都不相同,结点构造复杂,施工不便。常用于18~30 m的屋架和100~150 m的桥梁。

④折弦桁架的轴力分布比三角形桁架均匀,又避免了抛物线形桁架上弦转折太多的缺点,而且端部上弦坡度较三角形桁架大,施工制造方便,又能满足使用要求,它是钢筋混凝土屋架中经常采用的一种形式,在18~24 m的厂房屋架中使用较多。

梯形桁架的弦杆受力性能较平行弦桁架、三角形桁架均匀,在施工制作上也较为方便。常用于中等跨度以上的钢结构厂房的屋盖。

3.6.4 组合结构的内力计算

组合结构是由只承受轴力的二力杆和承受弯矩、剪力、轴力的梁式杆件组合而成,它常用于房屋建筑中的屋架、吊车梁和桥梁的承重结构。

如图3.62,图3.63所示为组合结构的例子。图3.62(a)为一下撑式五角形屋架,上弦由钢筋混凝土制成,下弦和腹杆为型钢,计算简图如图3.62(b)所示。AC、BC 为梁式杆,截面上有三个内力分量(弯矩、剪力和轴力),其余杆件为二力杆,也称桁杆,截面上则只有轴力。计算时,通常先求解联系杆的轴力,再求其他二力杆的轴力,最后求梁式杆的内力。

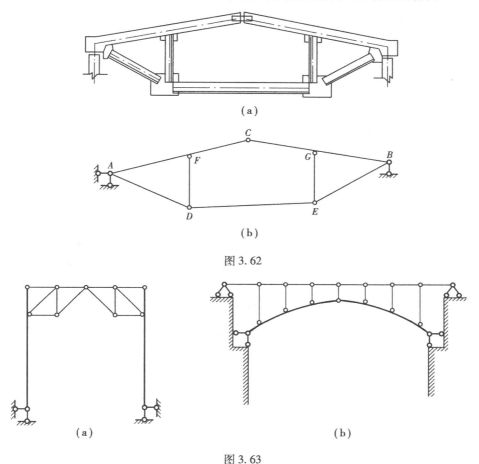

图 3.62

图 3.63

例 3.19　作图 3.64(a)所示组合屋架的内力图。

解　①支座反力的计算。

$$F_{AX} = 0, F_{AY} = 45 \text{ kN}(\uparrow), F_{BY} = 15 \text{ kN}(\uparrow)$$

②计算二力杆轴力。计算时先求联系杆(DE 杆)的轴力 F_{NDE}

作I-I截面,截断铰 C 和链杆 DE,取右部为隔离体,如图 3.64(b)所示,由力矩平衡方程得

$$\sum M_C = 0, F_{NDE} = 75 \text{ kN}$$

再由结点 D,E 可求得各链杆的轴力,计算结果如图 3.64(c)所示。

③计算梁式杆的内力,绘 M, F_Q, F_N 图。

取 AC 杆为隔离体,如图 3.64(d)所示。计算各控制截面的内力如下:

$$M_{AF} = 0$$

$$F_{QAF} = \left[(45 - 17.5) \times \frac{12}{12.04} - 75 \times \frac{1}{12.04} \right] \text{kN} = 21.18 \text{ kN}$$

$$F_{NAF} = \left[(17.5 - 45) \times \frac{1}{12.04} - 75 \times \frac{12}{12.04} \right] \text{kN} = -77.03 \text{ kN}$$

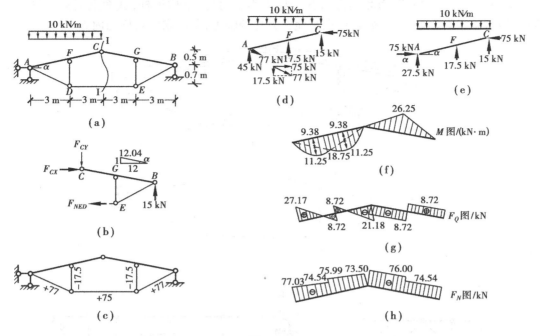

图 3.64

$$M_{FA} = M_{FC} = \left[(45 - 17.5) \times 3 - 75 \times 0.25 - \frac{1}{2} \times (10 \times 3^2) \right] \text{kN} \cdot \text{m} = 18.75 \text{ kN} \cdot \text{m}$$

$$F_{QFA} = \left[(45 - 17.5 - 10 \times 3) \times \frac{12}{12.04} - 75 \times \frac{1}{12.04} \right] \text{kN} = -8.72 \text{ kN}$$

$$F_{NFA} = \left[(10 \times 3 + 17.5 - 45) \times \frac{1}{12.04} - 75 \times \frac{12}{12.04} \right] \text{kN} = -74.5 \text{ kN}$$

$$F_{NFC} = \left(-74.5 - 17.5 \times \frac{1}{12.04} \right) \text{kN} = -75.99 \text{ kN}$$

$$M_{CF} = 0$$

$$F_{QCF} = \left(-15 \times \frac{12}{12.04} - 75 \times \frac{1}{12.04} \right) \text{kN} = -21.18 \text{ kN}$$

$$F_{NCF} = \left(15 \times \frac{1}{12.04} - 75 \times \frac{12}{12.04} \right) \text{kN} = -73.50 \text{ kN}$$

分别绘出 M 图, F_Q 图, F_N 图如图 3.64(f)、(g)、(h)所示。现就此例进行一些讨论:影响下撑式五角形组合屋架的内力状态的主要因素有两点:

(1)高跨比 $\dfrac{f}{l}$

轴力 F_{NDE} 可用三铰拱的推力公式计算

$$F_{NDE} = \frac{M_C^0}{f}$$

即高跨比愈小,屋架轴力愈大。

(2) f_1 和 f_2 的关系

在图 3.65 中,荷载不变,$f = f_1 + f_2$。若保持总高度不变而改变 f_1 与 f_2 的比例,则内力随之

改变。对上弦杆的弯矩,由图 3.65 中可看出:

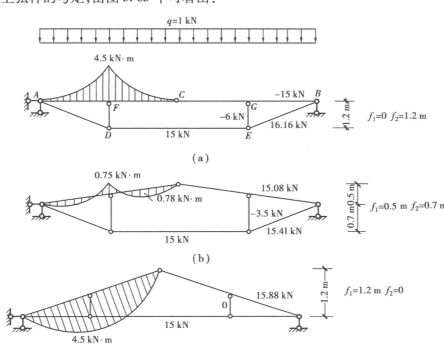

图 3.65

当坡度减小时,上弦负弯矩增大。当 $f_1 = 0$ 时,上弦坡度为零,即为下撑式平行弦组合结构,如图 3.65(a)所示,此时上弦全部为负弯矩,弯矩图如支在 F 点的悬臂刚架的弯矩图。

当坡度加大时,上弦正弯矩增大。当 $f_2 = 0$ 时,即为一带拉杆的三铰斜屋架,如图 3.65(c)所示。此时上弦全部为正弯矩,弯矩图如支在 A,C 两点的简支梁的弯矩图。当 f_1 和 f_2 均不为零时,F 点处的弯矩及两个节间的最大弯矩都处于两极限值之间。

在图 3.65 中,因结构对称,荷载对称,M 图及各杆轴力对称。

3.7　静定结构的静力特性

从以上各节的讨论中可知,静定结构有两个基本特征:在几何组成方面,它是无多余联系的几何不变体系;在静力分析方面,静定结构的全部反力和内力均可由静力平衡方程求解,而且得到的解答是唯一的。这一静定特性称为静定结构解答的唯一性定理。由此可推出静定结构的一些性质。

①在静定结构中,温度改变、支座移动、制造误差和材料收缩等均不会引起内力。

例如图 3.66(a)所示受温度改变影响的悬臂梁,图 3.66(b)所示受支座移动影响的简支梁和图 3.66(c)所示受制造误差影响的静定结构,均不产生任何反力和内力。因为当无荷载作用时,零反力和零内力必能满足各部分的静力平衡条件,故根据解答的唯一性可知,以上结论是正确的。

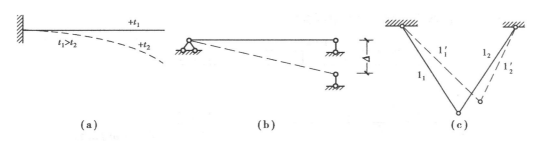

图 3.66

②由于静定结构的反力和内力只用静力平衡条件就可以确定,而不须考虑结构的变形条件,因此,静定结构的反力和内力只与荷载以及结构的几何形状及尺寸有关,而与构件所用的材料以及截面的形状尺寸无关。

③平衡力系的特性:当平衡力系加在静定结构的某一内部几何不变部分时,其余部分都没有内力和反力。

例如图 3.67 所示,(a)图中 DE 部分和(b)图中三角形 CDE 部分均为内部几何不变部分,作用有平衡力系,则只有该部分受力,其余部分均无内力和支座反力产生。

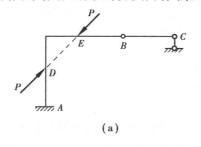
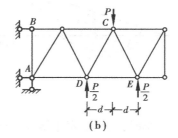

图 3.67

④荷载等效变换的特性:当静定结构的某一内部几何不变部分上的荷载作等效变换时,只有该部分的内力发生变化,其余部分的内力和反力均保持不变。

所谓等效变换,是由一组荷载变换为另一组荷载,且两组荷载的合力保持相同。

例如图 3.68(a)所示,桁架 AB 上作用有均布荷载 F_q,若将它的等效荷载作用于 A,B 结点,则除 AB 杆的受力状态发生变化外,其余部分的内力和反力均保持不变。

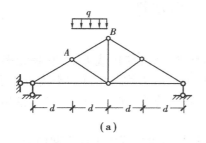
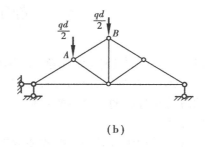

图 3.68

⑤静定结构的构造变换特性:当静定结构的一个内部几何不变部分作构造变换时,其余部分的内力不变。

例如图 3.69(a)所示的桁架,若把 AB 杆换成图 3.69(b)所示的小桁架,而作用的荷载和

端部 A,B 铰不变,则只有 AB 部分的内力发生变化,其余部分的内力和反力均保持不变。

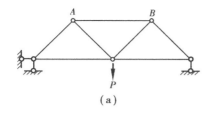
（a）

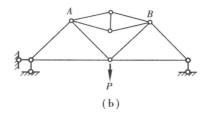
（b）

图 3.69

本章小结

● **本章主要知识点**

1. 梁、刚架、拱、桁架的构造特点及其构造名称。

2. 截面法求杆件未知内力的要点。

3. 直杆荷载与内力图间的微分关系及其在内力图上的反映。

4. 荷载叠加法和区段叠加法作弯矩图。

5. 单跨静定梁、多跨静定梁、静定平面刚架的内力计算和内力图作法。

6. 静定拱结构、静定平面桁架和组合结构内力的计算方法。

7. 静定结构的力学特性以及各类结构的受力特点。

● **可深入讨论的几个问题**

1. 确定三铰拱合理拱轴线的方法除本章介绍的数解法外,还有图解法。用图解法求解时,涉及三铰拱压力线的概念,详见杨天祥主编的《结构力学》。

2. 对简单桁架,也可用图解法求其内力。图解法的优点是避免了繁杂的数学计算,请参阅其他结构力学教材。

3. 在实际工程中,平面桁架并不能单独成为结构,它必须有桁架平面以外的约束,构成一个空间桁架才能承受荷载,如网架结构等。本章仅介绍了平面桁架的内力分析,在此基础上如何将计算平面桁架的结点法、截面法引申到空间桁架,请参阅其他教材。

概 念 题

1. 斜梁在竖向荷载作用下的内力图与相应水平梁的内力图有何异同？

2. 多跨静定梁与对应的多跨简支梁在受力性能上有何差别？

3. 为什么三铰拱式屋架常加拉杆，拉杆上设吊杆起什么作用？

4. 组合结构的计算与桁架计算有什么不同？

5. 在图示组合结构中，A 结点能否采用结点法求解？D 结点能否用"T"形结点判断零杆？

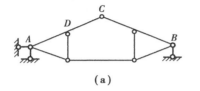

(a)　　　　　　　　　　(b)　　　　　　　　(c)

概念题 5 图

6. 图示结构 B 支座反力是否等于零。

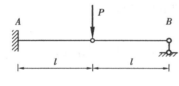 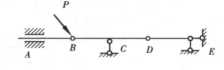

概念题 6 图　　　　　　　　概念题 7 图

7. 图示多跨静定梁，产生轴力的范围为：(　　)

　　A. 全梁　　　　B. $BCDE$ 段　　　　C. $ABCD$ 段　　　　D. DE 段

8. 如图所示多跨静定梁不管 p、q 为何值，其上任一截面的剪力均不为零。上述说法是否正确？

9. 根据所学知识，直接指出图示结构中 CD 杆的轴力为多少？

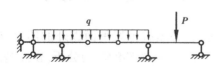 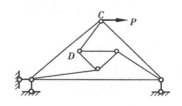

概念题 8 图　　　　　　　　概念题 9 图

10. 定性绘出下列结构的弯矩图。

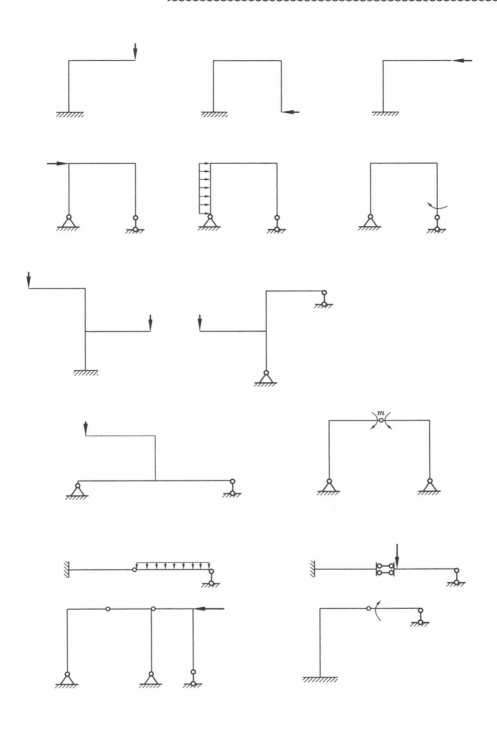

概念题 10 图

习　题

3.1　试分析图所示各结构弯矩图的错误原因，并加以改正。

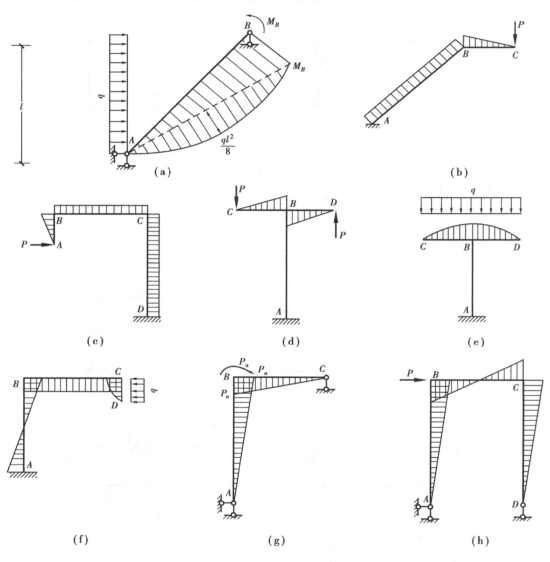

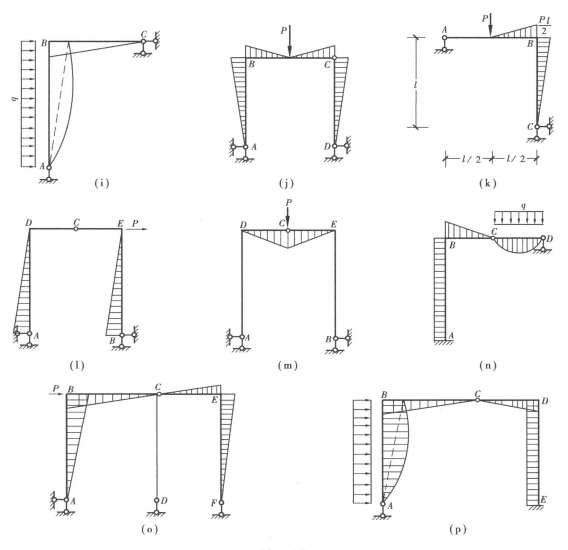

题 3.1 图

3.2　试作图示单跨静定梁的内力图。

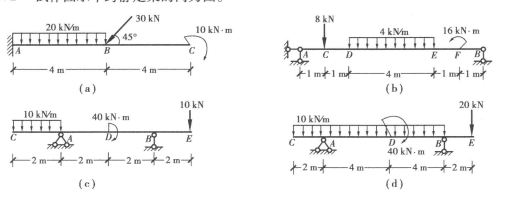

题 3.2 图

3.3 作图示刚架的内力图,并校核所得结果。

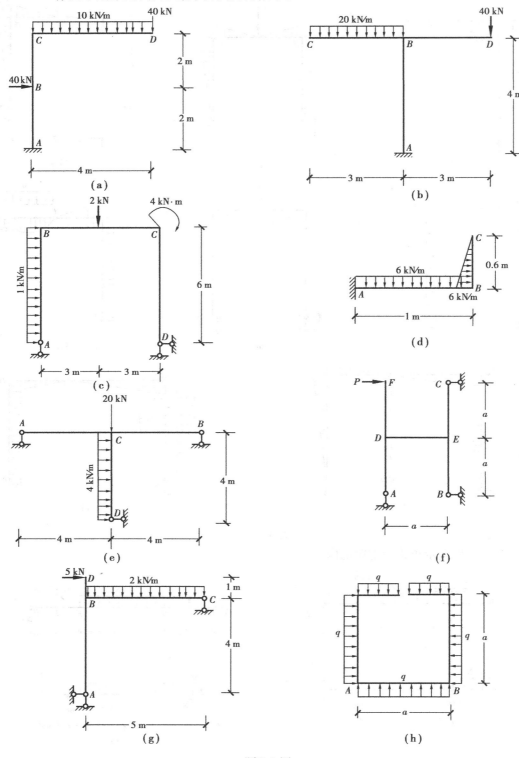

题 3.3 图

3.4　试作 3.4 图所示斜梁的内力图。

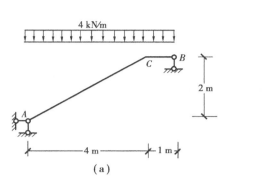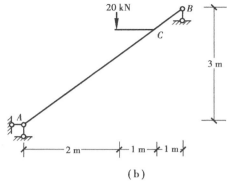

题 3.4 图

3.5　作图三铰刚架的内力图。

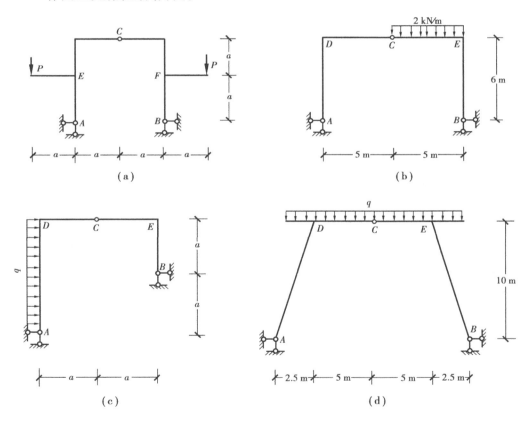

题 3.5 图

3.6　作图示多跨静定梁的内力图。

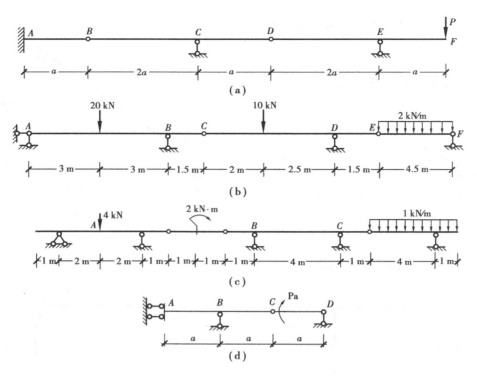

题3.6图

3.7 作图示门式刚架在各种荷载作用下的弯矩图,并作图(a)所示刚架的剪力图和轴力图。

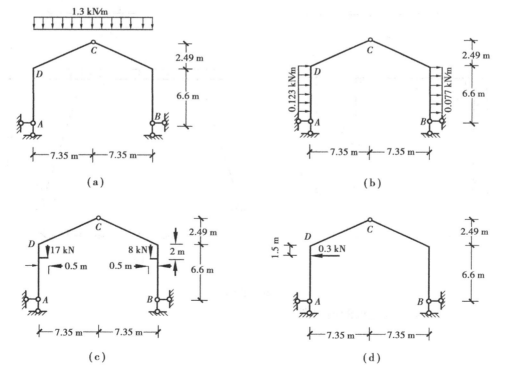

题 3.7 图

3.8 对图示刚架进行几何组成分析,并作 M 图。

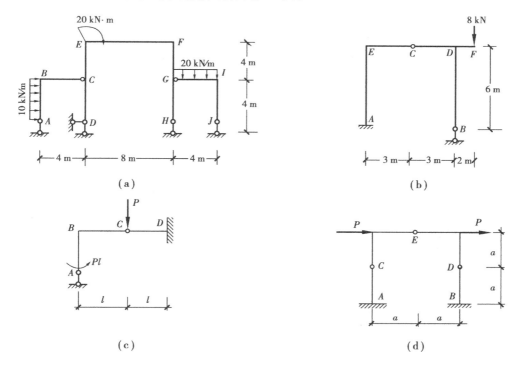

题 3.8 图

3.9 图示抛物线三铰拱的拱轴方程为

$$y = \frac{4f}{l^2}(l-x)x \qquad l = 16 \text{ m} \quad f = 4 \text{ m}$$

(1)求截面 E 的 M, F_Q, F_N 值。

(2)求 D 点左右两侧截面的 F_Q, F_N 值。

(3)如果改变拱高(设 $f = 8$ m),支座反力和弯矩有何变化?

(4)如果拱高和跨度同时改变,但高跨比不变,支座反力和弯矩有何变化?

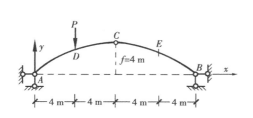

题 3.9 图

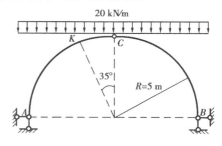

题 3.10 图

3.10 试求图示半圆弧三铰拱截面 K 的内力。

3.11 试求图示抛物线三铰拱中各链杆和截面 K 的内力。已知拱轴方程为

$$y = \frac{4f}{l^2}(l-x)x$$

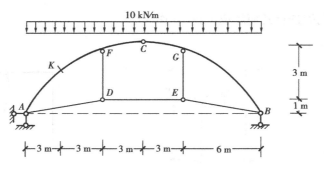

题 3.11 图

3.12　图示抛物线三铰拱,铰 C 位于抛物线的顶点和最高点。

(1)求由铰 C 到支座 A 的水平距离。

(2)求支座反力。

(3)求 D 点处的弯矩。

3.13　分析桁架的类型,指出零杆。

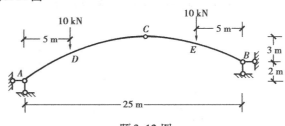

题 3.12 图

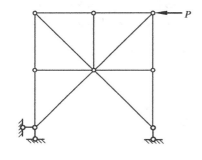

(a)

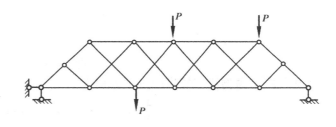

(b)

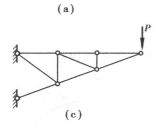

(c)

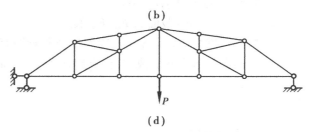

(d)

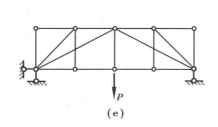

(e)

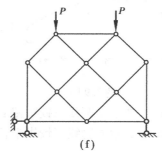

(f)

题 3.13 图

3.14　用结点法计算图示桁架的内力。

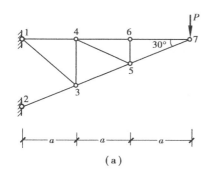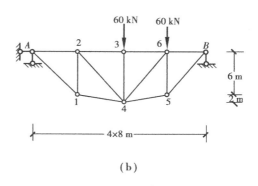

（a）　　　　　　　　　　　　　　　　（b）

题 3.14 图

3.15　试用较简便的方法求图示桁架中指定杆件的内力。

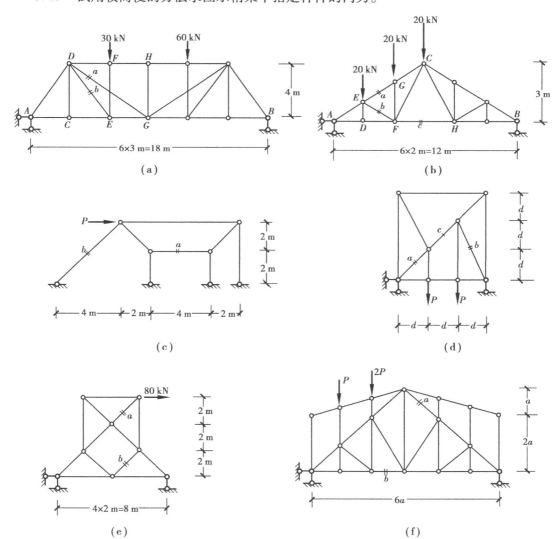

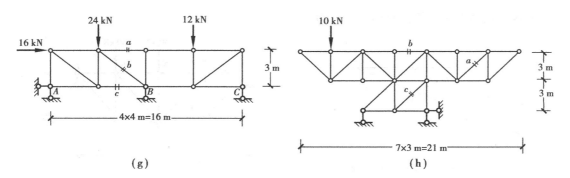

（g）　　　　　　　　　（h）

题 3.15 图

3.16　试求图示组合结构中各链杆的轴力,并作受弯杆件的内力图。

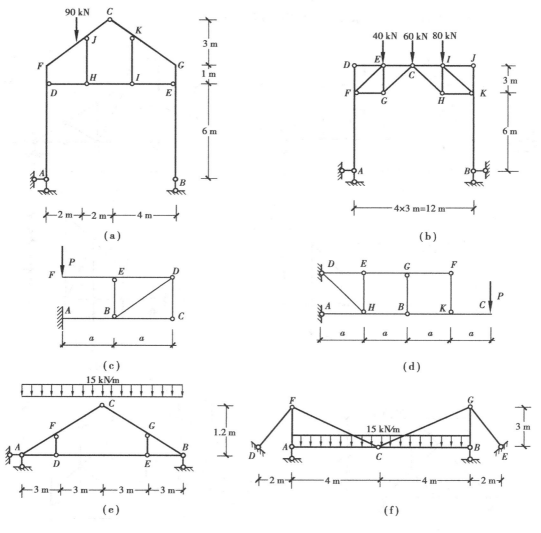

（a）　　　　　　　　　（b）

（c）　　　　　　　　　（d）

（e）　　　　　　　　　（f）

题 3.16 图

第 **4** 章
静定结构的位移计算

内容提要 实际结构在广义荷载作用下,将产生变形、位移。本章将从功能的角度,利用虚功原理,采用单位荷载法,建立杆系结构位移计算公式,讨论结构在广义荷载作用下的位移计算,并推出线性变形体系的几个互等定理。

4.1 概　述

结构在荷载或其他因素作用下将会产生变形,从而导致结构上各点或各截面位置的改变,这种位置的改变称为位移,结构的位移可分为线位移和角位移两种,线位移是指结构上各点产生的位置移动。角位移则是指结构上各横截面产生的位置转动。例如,图 4.1 所示刚架,在均布荷载 q 的作用下产生变形如图 4.1 中虚线所示,BC 杆上 D 点的位置变形后移到了 D' 点,线段 $\overline{DD'}$ 即为 D 点的线位移,以 Δ_D 来表示。它可分解为水平线位移分量 Δ_{DX} 和竖向线位移分量 Δ_{DY}。同时 D 点移到 D' 点后,该截面也绕坐标轴转动了一个角度,称为截面 D 的角位移以 θ_D 表示,以上两种位移均被称为绝对位移。除上述绝对位移外,还有一种叫相对位移,即指两点或两截面之间的位置改变量,包括相对线位移和相对角位移两种,例如图 4.2 所示刚架。在荷载作用下其变形如图 4.2 中虚线所示,其中 A 点水平位移为 Δ_{AX},B 点水平位移为 Δ_{BX},则 A,B 两点间的相对水平位移为 $\Delta_{AB} = \Delta_{AX} + \Delta_{BX}$。另外,$C$ 截面的转角为 θ_C,D 截面转角为 θ_D,则 C,D 两截面相对转角为 $\theta_{CD} = \theta_C + \theta_D$。

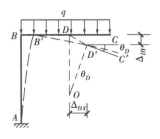

图 4.1

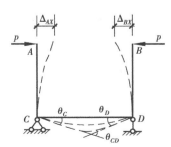

图 4.2

引起结构产生位移的因素很多,本章主要讨论以下三种:

①荷载的作用:结构在荷载作用时产生内力→材料产生应变→结构产生位移。

②温度变化:温度变化时材料热胀或冷缩→结构产生位移。

③支座移动:支座移动时结构各点位置改变→结构产生位移。

除此以外其他因素如材料干缩、制造误差等也可导致结构产生位移。

结构位移计算的目的主要在于验算结构的刚度。在结构设计时,应保证结构具有足够的强度,并满足其刚度和稳定性的要求。而其中,结构的刚度是指在荷载作用下结构抵抗变形的能力,刚度愈大,变形愈小。而实际结构都要求结构具有足够的刚度,使其变形不超过允许的限值。例如,电动吊车梁允许挠度为其跨度的 1/600,对楼盖当其跨度为 7~9 m 时,允许挠度为其跨度的 1/250。故需要计算结构的位移来验算其变形是否超过结构的允许限值。其次在结构的制作、架设、养护过程中,需要预先知道结构的位移,以便采取一定的施工措施。第三,超静定结构的求解,除应用静力平衡方程外,还需补充变形方程,而变形方程的建立则依赖于位移的计算。因此静定结构的位移计算,也是为超静定结构的力学分析打基础。另外在结构稳定性、结构动力等计算中,都需要计算结构的位移。

在结构位移计算中,通常作以下两个基本假定:

①材料为弹性材料。结构工作时最大应力不大于材料的弹性比例极限,材料服从虎克定律,此时结构的位移与其作用力成正比。

②结构的变形很小,即小变形假定在进行位移计算时,用结构变形后的尺寸近似代替变形前的尺寸。

满足上述基本假定的结构称为线弹性体系,对线弹性体系,其位移与荷载呈线性关系,在计算中可利用叠加原理。不具备上述条件的体系,称为非线性变形体系,其特点是位移与荷载不呈线性关系。不满足条件1,即材料不满足虎克定律,称为物理非线性体系,不满足条件2,即大变形,称为几何非线性体系。本书中结构位移计算针对的是线弹性结构,对非线弹性结构不作讨论。

虚功原理是结构位移计算的基础,位移计算就是利用虚功原理建立虚功方程,从而暴露拟求位移而求解,下面各节将介绍虚功原理及其应用。

4.2 虚功原理

4.2.1 功的概念、实功与虚功

由物理学知识可知,从定性的角度来说功是能量变化的一种度量,从定量的角度则将功定义为力与位移的乘积。功的量纲式为 L^2MT^{-2},在结构力学中常用单位为 N·m 或 kN·m。

(1)常力做功

所谓常力指在产生位移的过程中,其大小、方向不随时间、位置的变化而改变的力,如图4.3。常力做功的计算式为:

$$W = P_i \cdot \Delta_i \cos \alpha \tag{4.1}$$

式中,W 表示常力 P_i 所做的功,P_i 与 Δ_i 方向一致为正。如果用 P—Δ 图表示,则功等于图 4.4 中有阴影线的矩形面积。

图 4.3　　　　　　　　　　　　　　　　图 4.4

（2）变力做功

这里所称的变力指在产生位移的过程中,其大小、方向随时间、位置的变化而改变的力。讨论图 4.5 所示简支梁,在荷载 P_i 作用下,P_i 作用点产生位移 Δ_{iP}。当力与位移的关系为线性关系时,如图 4.6 所示。

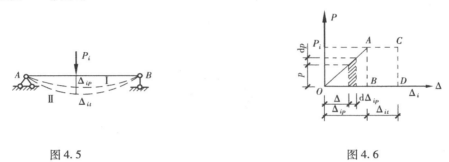

图 4.5　　　　　　　　　　　　　　　　图 4.6

其元功为

$$\mathrm{d}W = P \cdot \mathrm{d}\Delta_{iP}$$

变力 P_i 做功为

$$W = \frac{1}{2} \cdot P \cdot \Delta_{iP} \tag{4.2}$$

式中,Δ_{iP} 表示由 P 引起的沿 P_i 方向的位移。即当力与位移的关系为线性关系时,变力做功等于图 4.6 中 $\triangle OAB$ 的面积。

在做功的两个要素中,若力在自身引起的位移上做功,所做的功称为实功。例如上述力 P_i 在位移 Δ_{iP} 上做功。若力与位移彼此无关,则所做的功称为虚功。虚功具体又有两种情况:其一,在做功的力与位移中,有一个是虚设的,所做的功为虚功。需要注意的是:虚设力系必须满足平衡条件,虚设位移必须是符合约束条件的微小位移。其二,力与位移两者均是实际存在的,但彼此无关,所做的功为虚功。如图 4.5 所示,简支梁在 P_i 作用的基础上,因温度作用又产生新的变形,如图 4.5 中曲线 Ⅱ 所示,沿 P_i 作用方向又产生了新的相应位移 Δ_{it}(由温度变化引起的沿 P_i 方向的位移),Δ_{it} 与 P_i 无关,此时力 P_i 在位移 Δ_{it} 上做功称为虚功。因为在产生 Δ_{it} 的过程中,P_i 的大小和方向不变,因此虚功为常力做功。此时 P_i 所做的功为

$$W = P_i \cdot \Delta_{it}$$

其大小等于图 4.6 中 $ABCD$ 所围面积。

（3）广义力与广义位移

为便于讨论虚功的计算,我们先引入广义力及广义位移的概念。凡是与力相关的因子,均

89

可称为广义力,如集中力、力偶、分布荷载等。与位移相关的因子,称为广义位移,例如线位移、角位移等。在讨论功的计算中,广义力与广义位移在做功的关系上是一一对应的。若广义力 P 代表作用于结构上某一点的集中力,则广义位移 Δ 代表 P 作用点沿 P 方向的线位移;若广义力 P 代表作用于结构上某两个截面处的一对力偶,则广义位移 Δ 代表力偶作用处两个截面的相对角位移。广义力、广义位移可有不同的量纲,而广义力与广义位移的乘积具有功的量纲。

4.2.2 虚功原理

在理论力学中,学习了刚体的虚功原理,现讨论变形体的虚功原理。如图 4.7(a)所示为结构受广义力作用,它满足平衡条件,因而称为力状态。如图 4.7(b)所示为结构由于 k 原因(与 P_i 无关的其他原因)引起的位移,其为满足约束条件的微小位移,因而称为位移状态。在结构上取微段 DE,其受力情况如图 4.7(c)所示。微段 DE 在变形后移到了 $D'E'$,将总位移分为两部分,设想以截面 D 为准,微段 DE 发生刚体位移 u、v、θ 而移到 $D'E$,然后微段产生轴向、剪切和弯曲变形从而使截面 E 移到 E',其变形及位移情况如图 4.7(d)、(e)、(f)、(g)所示(为表示清楚,将微段尺寸放大)。

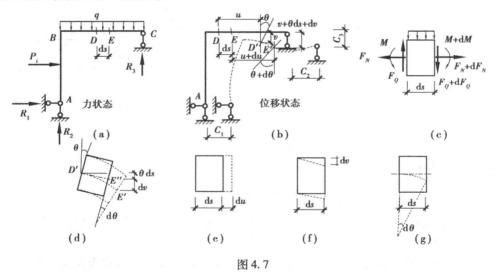

图 4.7

(1)外力虚功与虚变形功

上述力状态中的外力在位移状态中的位移上所做的虚功称为外力虚功,由于外力作用,结构各切割面产生内力,外力引起的切割面内力在与其无关的变形上所做的虚功则称为虚变形功。

对图 4.7 所示结构,外力虚功为

$$W = P_1 \cdot \Delta + \int_B^C qv\mathrm{d}s + R_1 \cdot C_1 + R_2 \cdot C_2 + R_3 \cdot C_3$$

一般情况下,用 P_i 表示广义力,Δ_{ik} 表示 k 原因(与 P_i 无关的其他原因)引起的与 P_i 对应的广义位移,则外力虚功可表示为:

$$W_{外} = \sum P_i \cdot \Delta_{ik} \tag{4.3}$$

下面讨论虚变形功的计算。先讨论微段 DE(图 4.7(c)所示),此时切割面内力(对微段而言为外力)与外荷载构成一平衡力系,由刚体虚功原理,此平衡力系在刚性位移上做功为零。$q\mathrm{d}s$、$\mathrm{d}F_N$、$\mathrm{d}F_Q$、$\mathrm{d}M$ 在微段变形上做功为高阶微量,可忽略不计,则对微段 DE 而言,虚变形功为:

$$\mathrm{d}V_{ik} = F_{Ni} \cdot \mathrm{d}u_k + F_{Qi} \cdot \mathrm{d}u_k + M_i \mathrm{d}\theta_k$$

沿杆件积分,一根杆件的虚变形功为:

$$V_{ik} = \int F_{Ni} \cdot \mathrm{d}u_k + \int F_{Qi} \cdot \mathrm{d}v_k + \int M_i \mathrm{d}\theta_k$$

对一个杆系结构:$V_{ik} = \sum \int F_{Ni} \cdot \mathrm{d}u_k + \sum \int F_{Qi} \cdot \mathrm{d}v_k + \sum \int M_i \mathrm{d}\theta_k$ 　　(4.4)

式中 F_{Ni}、F_{Qi}、M_i 分别为力状态中广义力 P_i 引起的轴力、剪力和弯矩,$\mathrm{d}u_k$、$\mathrm{d}v_k$、$\mathrm{d}\theta_k$ 分别为位移状态中 k 原因(与 P_i 无关的其他原因)引起的微段 DE 的轴向变形、剪切变形和弯曲变形。

(2)变形体系的虚功原理

变形体系的虚功原理实质是从另外一个角度来谈变形体系的平衡条件。可表述如下:

若一变形体在力系作用下处于平衡状态(力状态),由于其他原因使体系产生符合约束条件的微小位移(位移状态),则力状态的外力在位移状态的位移上所作的外力虚功恒等于切割面内力在相应变形上所作的虚变形功,即

$$T_{ik} = V_{ik} \tag{4.5}$$

将其展开,有

$$\sum P_i \cdot \Delta_{ik} + \sum R_i \cdot C_i = \sum \int F_{Ni} \cdot \mathrm{d}u_k + \sum \int F_{Qi} \cdot \mathrm{d}v_k + \sum \int M_i \mathrm{d}\theta_k \tag{4.6}$$

此式称为变形体系的虚功方程。式中 P_i 为广义力,R_i 表示由 P_i 引起的支座反力。

在虚功方程中,存在两个状态:力状态和位移状态。两者彼此无关,故其存在两方面的应用:①如果给定力系,虚设位移,则虚功原理称为虚位移原理。利用虚位移原理,可求出给定力系中的拟求未知力。②如果给定位移,虚设力系,则虚功原理称为虚力原理。利用虚力原理,则可求出给定位移中的拟求未知位移。本章重点讨论虚力原理的运用,对虚位移原理,在下一小节给出示例。

4.2.3　虚位移原理应用示例

如何利用虚位移原理计算静定结构的支座反力,在理论力学中已进行过详细讨论,这里主要举例讨论静定结构的内力计算。

例 4.1　求图 4.8(a)所示静定多跨梁在 D 支座的支座反力 F_{Dy} 及 M_G,F_{QG}(各杆均为刚性杆)。

解　平衡力系状态已给定,为利用虚功原理建立虚功方程需虚设虚位移状态。

①拆除与 F_{Dy} 相应的支座约束,代之以支反力 F_{Dy},如图 4.8(b)所示,原静定结构变为具有一个自由度的机构,沿 F_{Dy} 方向虚设单位位移,AC、CE 杆产生刚性位移,虚位移图如图 4.8(c)所示,因体系只有刚性位移,未产生弹性变形,且无支座移动,故虚功方程为

$$\sum_{i=1}^{n} P_i \Delta_i = 0$$

即

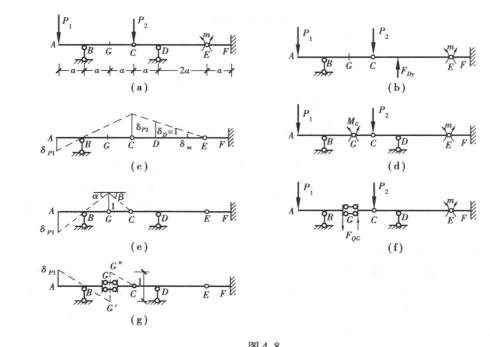

图 4.8

$$F_{Dy} \cdot \Delta_D + P_1 \cdot \Delta_{P1} + P_2 \cdot \Delta_{P2} + m \cdot \Delta_m = 0$$

因为 $\qquad \Delta_D = 1$

所以 $\qquad \Delta_{P1} = \dfrac{3}{4} \quad \Delta_{P2} = -\dfrac{3}{2} \quad \Delta_m = -\dfrac{1}{2a}$

则 $\qquad F_{Dy} \cdot 1 + \dfrac{3}{4}P_1 - \dfrac{3}{2}P_2 - \dfrac{1}{2a}m = 0, F_{Dy} = \dfrac{3}{2}P_2 - \dfrac{3}{4}P_1 + \dfrac{1}{2a}m$

②拆除与 M_C 相应的约束,代之以约束力 M_C 如图 4.8(d) 所示,将静定结构变为具有一个自由度的机构,其虚位移如图 4.8(e) 所示,因为 G 点的竖向位移为单位位移,故

$$\Delta_{P1} = 1 \quad \alpha = \frac{1}{a} \quad \beta = \frac{1}{a}$$

虚功方程为

$$P_1 \cdot \Delta_{P1} + M_G(\alpha + \beta) = 0$$

$$P_1 \cdot 1 + M_G\left(\frac{1}{a} + \frac{1}{a}\right) = 0$$

所以 $\qquad M_G = -\dfrac{1}{2}P_1 a$

上式为负说明 M_C 的实际方向与图 4.8(d) 所设方向相反,M_C 与 α 及 β 方向相同,故乘积为正。

③拆除与 F_{QG} 相应的约束代之以约束力 F_{QG},如图 4.8(f) 所示,将静定结构变为具有一个自由度的机构,其虚位移如图 4.8(g) 所示。

因为 G 左右截面的相对剪切位移为单位位移 1,所以 $GG' = \dfrac{1}{2} \quad \delta_{P1} = -\dfrac{1}{2}$,故虚功方程为

$$P_1 \cdot \left(-\frac{1}{2}\right) + F_{QG} \cdot 1 = 0$$

所以
$$F_{QC} = \frac{1}{2}P_1$$

例 4.2　求图 4.9(a)所示桁架在荷载 P 作用下 CD 杆的轴力。

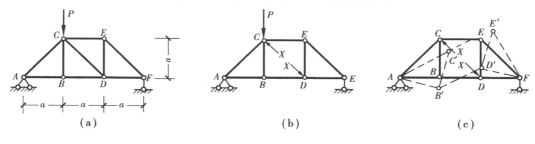

图 4.9

解　拆除与二力杆 CD 的轴力相应的约束代之以轴力 X,如图 4.9(b)所示,将静定结构变为具有一个自由度的机构。其虚位移如图 4.9(c)所示,$\triangle AB'C'$ 与 $\triangle FD'E'$ 具有相同转角,设转角为 θ,则 Δ_P 与 Δ_X 分别为

$$\Delta_P = \theta \cdot a \qquad \Delta_X = (\sqrt{2}a \cdot \theta + a \cdot \theta \cdot \cos 45°)$$

虚功方程为

$$P \cdot \Delta_P + X \cdot \Delta_X = 0$$
$$P \cdot \theta \cdot a + X(\sqrt{2}a \cdot \theta + a \cdot \theta \cdot \cos 45°) = 0$$

所以
$$X = -\frac{P}{(\sqrt{2} + \sqrt{2}/2)} = (-\sqrt{2}/3) \cdot P$$

一般来说,对静定结构由虚位移原理求支座反力或内力可按下述步骤进行。

①拆除与所求未知力相应的约束代之以约束力 X,使原静定结构变为具有一个自由度的机构。

②使机构产生符合约束条件的虚位移,列出虚功方程。

$$X \cdot \Delta_X + \sum P \cdot \Delta_P = 0 \text{ 或 } X \cdot \delta_X + \sum P \cdot \delta_P = 0$$

③由几何法求 Δ_X 与 Δ_P 的几何关系或沿 X 方向虚设单位位移 $\delta_X = 1$,利用几何关系求 δ_P。

④求解 X。

在利用以上步骤计算应注意以下几点:

①拆除约束时,应只拆除与拟求未知力相应的约束,其目的在于暴露 X,使虚功方程中出现 $X \cdot \Delta_X$。

②虚功方程中的 Δ_X 与 Δ_P 或 δ_X 与 δ_P 应该是与 X,P 相应的虚位移。如果 X,P 为集中力,Δ_X 与 Δ_P 或 δ_X 与 δ_P 应为在 X,P 作用点沿其作用方向的线位移;若 X,P 为集中力偶,则 Δ_X 与 Δ_P 或 δ_X 与 δ_P 应为在 X,P 作用点沿其作用方向的角位移,若 X 为广义力 Δ_X 或 δ_X 应为广义位移;若荷载为均布荷载,则在虚位移上做的功应通过积分来求。

③约束力 X 的方向可以任意假设,最后若求得 X 为负,则说明 X 的实际方向与假设方向相反,机构的虚位移方向也可任意假设,不影响计算结果。

4.3　结构位移计算的一般公式

本节讨论利用虚力原理来求解结构实际存在的位移。

4.3.1　结构位移计算的一般公式

如图 4.10(a)所示伸臂梁,在荷载、支座移动及温度变化等因素影响下。产生虚线所示变形,此变形状态称为位移状态。现在计算此位移状态中任意指定截面 i 沿 i-i 方向的位移 Δ_{iK}。

由虚功原理可知,在位移状态已给定的条件下,要应用变形体系虚功原理建立虚功方程还需要建立一平衡力系状态。由于位移状态和平衡力系状态彼此独立无关,故可根据计算需要来假定平衡力系状态。在 i 点沿拟求位移 Δ_{iK} 方向(即 i-i 方向)虚加一集中力 P(目的在于使 P 在 Δ_{iK} 方向做功,使其功等于 $P \cdot \Delta_{iK}$,从而使拟求位移在虚功方程中出现而求解),为了使计算简便,常令 $P=1$,P 力及由 P 引起的虚反力 $\overline{R}_1,\overline{R}_2$,如图 4.10(b)所示,由式(4.3)建立虚功方程得

$$1 \cdot \Delta_{iK} + \sum \overline{R} \cdot C_i = \sum \int \overline{F}_N \cdot \mathrm{d}u_k + \sum \int \overline{F}_Q \cdot \mathrm{d}v_k + \sum \int \overline{M}\mathrm{d}\theta_k \tag{4.7}$$

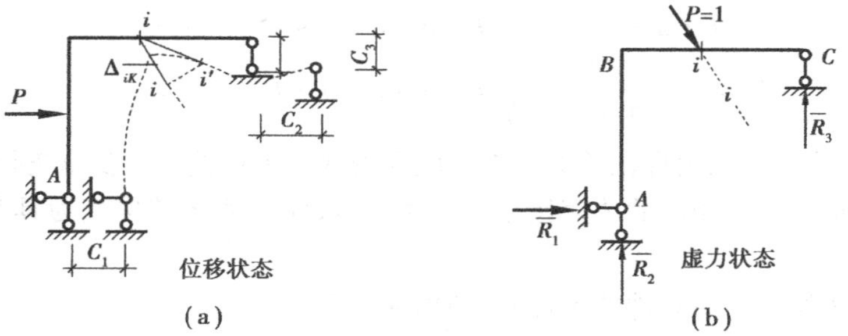

图 4.10

式中 $\overline{R},\overline{M},\overline{F}_Q,\overline{F}_N$ 分别表示虚加单位荷载引起的反力、内力。它们与单位荷载一起共同组成了虚设的平衡力系状态;$\Delta_{iK},\kappa,\gamma_0,\varepsilon,c_i$ 为荷载、温度变化、支座移动等因素引起的与平衡力系状态中各力相对应的位移(或变形),上式又可表述为:

$$\Delta_{iK} = \sum \int_l \overline{F}_N \cdot \mathrm{d}u_k + \sum \int_l \overline{F}_Q \cdot \mathrm{d}v_k + \sum \int_l \overline{M}\mathrm{d}\theta_k - \sum \overline{R} \cdot C_i \tag{4.8}$$

此式即为平面杆件结构位移计算的一般公式。因其是在需求位移处虚加一单位力,利用虚力原理推出的,因此也将此计算结构位移的方法称为单位荷载法。

在运用式(4.8)计算位移时应当注意:式中的 Δ_{iK} 实质是 $1 \times \Delta_{iK}$,表示的是虚加单位力在 Δ_{iK} 上做功。因此若计算结果为正,则表明 Δ_{iK} 的实际方向与虚加单位荷载的方向一致。

由于式(4.8)是根据变形体虚功原理推导而来,刚体体系虚功原理仅是变形体虚功原理的特例。利用式(4.8),可计算结构的任一广义位移,但应注意,所虚加的单位荷载必须是与所求广义位移相对应的广义力。

4.3.2 单位荷载的设置

在推导式(4.8)时,曾沿拟求位移 Δ_{iK} 方向虚设了一单位力。其目的在于使其沿 Δ_{iK} 方向做功。因集中力是在其相应的线位移上做功,力偶是在其相应的角位移上做功,可见单位荷载应随着拟求位移的不同而不同。若拟求位移为绝对线位移,则应在拟求线位移处沿拟求线位移方向虚设相应的单位集中力;若拟求位移为绝对角位移,则应在拟求角位移处沿拟求角位移方向虚设相应的单位集中力偶;若拟求位移为相对位移,则应在拟求相对位移处沿拟求相对位移方向虚设相应的一对单位平衡力或力偶,这样力才能在相应位移上做功。

图 4.11 分别表示了在拟求 Δ_{KV},Δ_{KH},θ_K,Δ_{JK},θ_{AB} 时的单位荷载的设置。

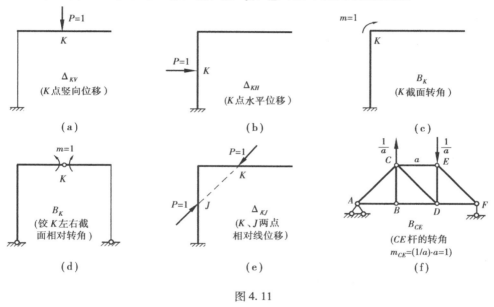

图 4.11

4.4 静定结构荷载作用下的位移计算

4.4.1 荷载作用下位移计算的一般公式

推导荷载作用下静定结构位移计算公式,可从位移计算的一般公式(4.8)出发。当位移仅由荷载 P 引起时($K=P$),式(4.8)可表达为

$$\Delta_{iP} = \sum \int \overline{F}_N \cdot \mathrm{d}u_P + \sum \int \overline{F}_Q \cdot \mathrm{d}v_P + \sum \int \overline{M}\mathrm{d}\theta_P$$

式中,Δ_{iP} 表示由荷载在 i 点沿某方向引起的位移。

由材料力学可知,对线弹性体:$\mathrm{d}u_P = \dfrac{F_{NP}}{EA}\mathrm{d}s$ $\quad \mathrm{d}v_P = K\dfrac{F_{QP}}{GA}\mathrm{d}s$ $\quad \mathrm{d}\theta_P = \dfrac{M_P}{EI}\mathrm{d}s$

故有:

$$\Delta_{iP} = \sum \int \frac{\overline{F}_N \cdot F_{NP}}{EA}\mathrm{d}s + \sum \int K\frac{\overline{F}_Q \cdot F_{QP}}{GA}\mathrm{d}s + \sum \int \frac{\overline{M} \cdot M_P}{EI}\mathrm{d}s \tag{4.9}$$

上式中：E,G 分别为材料的弹性模量和剪切模量。A,I 分别为材料的截面面积和惯性矩。EI,GA,EA 分别为材料的抗弯、抗剪及抗拉压刚度。K 为考虑剪应力分布不均匀而引入的修正系数，与截面形状有关。对矩形截面 K—1.2，圆形截面 K—10/9，工字形截面 K—A/A_P，（A_j 为腹板截面面积）。$\overline{M},\overline{F}_Q,\overline{F}_N$ 为虚加单位力引起的内力，M_P,F_{NP},F_{QP} 为荷载引起的内力。式（4.9）即为荷载作用下结构位移计算的一般公式。计算静定结构荷载作用下的位移时，其计算步骤可归纳如下：

①沿拟求位移方向虚设相应的单位荷载。

②由平衡条件求出虚设单位荷载作用下的结构内力 $\overline{M},\overline{F}_Q,\overline{F}_N$ 及荷载作用下的结构内力 M_P,F_{NP},F_{QP}。

③由公式（4.9）求出 Δ_{iP}。

4.4.2 各类结构位移计算的实用公式

不同的结构形式在荷载作用下其受力特点不同，各内力项对位移的影响也不一样。为简化计算，对不同的结构形式常忽略对其位移影响较小的内力项，这样既满足计算精度的需要，又使计算简化。

（1）梁和刚架

一般情况下对梁和刚架等以受弯为主的构件，结构的位移主要由弯矩引起。为简化计算，常忽略剪力和轴力对位移的影响，故有：

$$\Delta_{iP} = \sum \int_l \frac{\overline{M} \cdot M_P}{EI} \mathrm{d}s \tag{4.10}$$

（2）桁架

对于桁架，各杆只受轴力作用，且杆件一般为直杆，将 $\mathrm{d}s$ 改为 $\mathrm{d}x$

$$\Delta_{iP} = \sum \int_l \frac{\overline{F}_N \cdot F_{NP}}{EA} \mathrm{d}x \tag{4.11}$$

因各杆的轴力 $\overline{F}_N,F_{NP}$ 为常数，当各杆截面面积 A 沿杆长 l 保持不变时，有

$$\Delta_{iP} = \sum \frac{\overline{F}_N F_{NP}}{EA} l \tag{4.12}$$

（3）拱

拱结构的受力特点是拱体内以受压为主，特别对扁平拱 $\left(\frac{f}{l} < \frac{1}{5}\right)$ 要考虑弯矩和轴力对位移的影响，故有

$$\Delta_{iP} = \sum \int_l \left(\frac{\overline{M} \cdot M_P}{EI} + \frac{\overline{F}_N \cdot F_{NP}}{EA}\right) \mathrm{d}s \tag{4.13}$$

其他情况下一般只考虑弯矩对位移的影响，故有

$$\Delta_{iP} = \sum \int_l \frac{\overline{M} \cdot M_P}{EI} \mathrm{d}s \tag{4.14}$$

（4）组合结构

组合结构由部分梁式杆部分析杆（二力杆）组成,梁式杆受弯为主,主要考虑弯矩的影响,桁杆主要承受轴力,仅考虑轴力影响,故有

$$\Delta_{iP} = \sum \int_l \frac{\overline{M} \cdot M_P}{EI} ds + \sum \frac{\overline{F}_N \cdot F_{NP}}{EA} \cdot l \tag{4.15}$$

公式使用中对正负号的说明:计算公式中两套内力的正负号规定应保持一致,而虚加单位力时,单位力的指向可任意假设。计算结果为正,说明实际位移方向与虚加单位力同向;计算结果为负,则说明实际位移方向与虚加单位力反向。

下面举例说明结构的位移计算。

例 4.3　已知图 4.12（a）所示结构中,梁的抗弯刚度 $EI =$ 常数,求 C 截面的转角 θ_C。

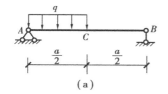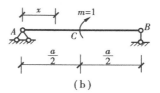

图 4.12

解　对于直杆 $ds = dx$

①沿拟求位移 θ_C 方向虚加单位力偶,如图 4.12（b）所示。

②求 $\overline{M}(x)$,$M_P(x)$。规定下部受拉为正,x 坐标如图。

AC 段:　$\overline{M}(x) = -\frac{1}{a}x$,　$M_P(x) = \frac{3}{8}qax - \frac{1}{2}qx^2$　　$0 \leqslant x \leqslant \frac{a}{2}$

CB 段:　$\overline{M}(x) = \frac{1}{a}x$,　$M_P(x) = \frac{1}{8}qa(a-x)$　　$\frac{a}{2} \leqslant x \leqslant a$

③求 θ_C。

$$\theta_C = \int_0^{\frac{a}{2}} \frac{-(x/a)}{EI}\left(\frac{3}{8}qax - \frac{qx^2}{2}\right)dx + \int_{\frac{a}{2}}^a \frac{(x/a)}{EI}\left(\frac{1}{8}qa(a-x)\right)dx = -\frac{qa^3}{384EI}(\curvearrowleft)$$

例 4.4　已知图 4.13（a）所示刚架,各杆段的抗弯刚度均为 EI,求 B 截面的水平位移 Δ_{BH}。

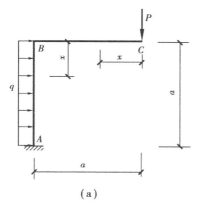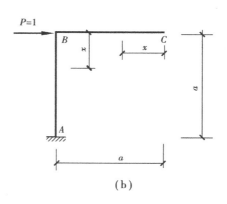

图 4.13

解 BC,BA 杆均为直杆 $ds = dx$，分别对两杆求积分。

①沿拟求位移 Δ_{BH} 方向施加单位力如图 4.13(b)所示。

②求 $\overline{M}(x)$ 及 $M_P(x)$。规定弯矩内侧拉力为正，各杆 x 坐杆如图 4.14(b)所示。

BA 杆： $\overline{M}(x) = -1 \cdot x, M_P(x) = -Pa - \dfrac{1}{2}qx^2$

BC 杆： $\overline{M}(x) = 0, M_P(x) = -Px$

③求 Δ_{BH}。

$$\Delta_{BH} = \int_0^a \frac{-1 \cdot x}{EI}\left(-Pa - \frac{qx^2}{2}\right)dx + \int_0^a \frac{1}{EI} \cdot 0 \cdot (-Px)dx$$

$$= \frac{1}{EI}\left(\frac{Pa^3}{2} + \frac{qa^4}{8}\right)(\rightarrow)$$

例 4.5　求图 4.14(a)所示结构，端点 A 的竖向位移 Δ_{AV} 和转角 θ_A（各杆抗弯刚度均为 EI）。

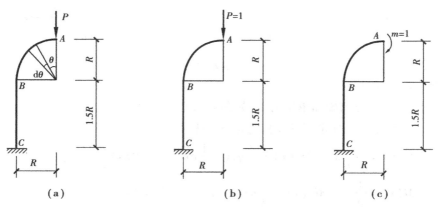

图 4.14

解　AB 段为圆弧，对 AB 段 $ds = R \cdot d\theta$，对 BC 段 $ds = dx$。

1）求 Δ_{AV}。

①沿拟求位移 Δ_{AV} 方向施加单位力如图 4.14(b)所示。

②求 $\overline{M}(x)$ 及 $M_P(x)$。

AB 杆： $\overline{M}(x) = R \cdot \sin\theta, M_P(x) = PR \cdot \sin\theta$

BC 杆： $\overline{M}(x) = R, M_P(x) = PR$

③求 Δ_{AV}。

$$\Delta_{AV} = \frac{1}{EI}\int_0^{\frac{\pi}{2}} R \cdot \sin\theta \cdot PR \cdot \sin\theta \cdot Rd\theta + \frac{1}{EI}\int_0^{1.5R} R \cdot PR \cdot dx$$

$$= \frac{1}{EI}\left(\frac{\pi}{4} + \frac{3}{2}\right)PR^3(\downarrow)$$

2）求 θ_A。

①沿拟求位移 θ_A 方向施加单位力偶如图 4.14(c)所示。

②求 $\overline{M}(x)$ 及 $M_P(x)$。

AB 杆： $\overline{M}(x) = 1, M_P(x) = PR \cdot \sin\theta$

BC 杆：$\overline{M}(x)=1,M_P(x)=PR$

③求 θ_A。

$$\theta_A = \frac{PR^2}{EI}\int_0^{\frac{\pi}{2}}\sin\theta\cdot\mathrm{d}\theta + \frac{PR}{EI}\int_0^{1.5R}\mathrm{d}x$$

$$= \frac{5}{2EI}PR^2(\smallsmile)$$

例 4.6　求图 4.15(a)所示桁架中 CE 杆的转角 θ_{CE}(EA 为常数)。

解　①沿拟求位移 θ_{CE} 方向施加单位力偶。由于计算桁架时假设桁架只受结点集中力作用,因此虚加的单位力偶须由作用在杆 CE 两端节点处的集中力组成,如图 4.15(b)所示。

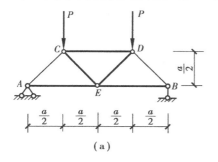 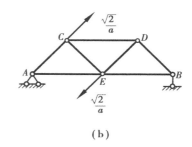

图 4.15

②求 $\overline{F}_N$ 及 F_{NP}。

③计算 θ_{CE}。计算可列表进行。

杆　件	$\overline{F}_N$	F_{NP}	l	$\overline{F}_N\cdot F_{NP}\cdot l$
AC	$\dfrac{\sqrt{2}}{2a}$	$-\sqrt{2}P$	$\dfrac{\sqrt{2}a}{2}$	$-\dfrac{\sqrt{2}P}{2}$
BD	$-\dfrac{\sqrt{2}}{2a}$	$-\sqrt{2}P$	$\dfrac{\sqrt{2}a}{2}$	$\dfrac{\sqrt{2}P}{2}$
CE	$\dfrac{\sqrt{2}}{2a}$	0	$\dfrac{\sqrt{2}a}{2}$	0
DE	$\dfrac{\sqrt{2}}{2a}$	0	$\dfrac{\sqrt{2}a}{2}$	0
EB	$\dfrac{1}{2a}$	P	a	$\dfrac{P}{2}$
AE	$-\dfrac{1}{2a}$	P	a	$-\dfrac{P}{2}$
CD	$-\dfrac{1}{a}$	$-P$	a	P

$$\sum \overline{F}_N\cdot F_{NP}\cdot l = P$$

所以
$$\theta_{CE} = \sum \frac{\overline{F}_N\cdot F_{NP}}{EA}\cdot l = \frac{P}{EA}(\smallsmile)$$

例 4.7　求图 4.16(a)所示组合结构在 B 点的竖向位移 Δ_{BV}(EA 为常数)。

解　分析:此结构中 BC 杆受弯,其余杆为二力杆,属于组合结构。在计算位移时,受弯构

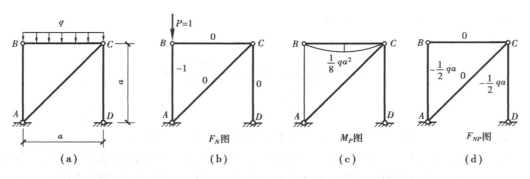

图 4.16

件要考虑弯矩对位移的影响。二力杆只考虑轴力对位移的影响。计算公式为

$$\Delta_{BV} = \sum \int \frac{\overline{M} \cdot M_P}{EI}\mathrm{d}x + \sum \int \frac{\overline{F}_N \cdot F_{NP}}{EA} \cdot \mathrm{d}x$$

①沿拟求位移 Δ_{BV} 方向施加单位力如图 4.16(b)所示。

②求 $\overline{M}$ 和 $\overline{F}_N$。

在 $P = 1$ 作用下此结构为一桁架,各杆只有轴力,故

$\overline{M} = 0$ $\overline{F}_N$ 的值如图 4.16(b)所示。

③求 M_P 和 F_{NP}。

在荷载作用下 BC 杆有 M、F_Q,其余杆只有轴力,M_P 图及各杆轴力如图 4.16(c)、(d)所示。

④求 Δ_{BV}。

$$\Delta_{BV} = \sum \int \frac{\overline{M} \cdot M_P}{EI}\mathrm{d}x + \sum \int \frac{\overline{F}_N \cdot F_{NP}}{EA} \cdot \mathrm{d}x$$

$$= \sum \int \frac{0 \cdot M_P}{EI}\mathrm{d}x + \sum \int \frac{\overline{F}_N \cdot F_{NP}}{EA} \cdot \mathrm{d}x$$

$$= \frac{1}{EA}\left[-1\left(-\frac{ql}{2} \right)l \right] + 0 + 0 + 0$$

$$= \frac{ql^2}{2EA} \quad (\downarrow)$$

4.5　图　乘　法

在计算梁和刚架这类以受弯为主的杆件的位移时,通常采用式(4.10)即

$$\Delta_{iP} = \sum \int_l \frac{\overline{M} \cdot M_P}{EI}\mathrm{d}s$$

此式在形式上虽然简单,但需要分别写出单位荷载下相应杆件的 $\overline{M}(x)$ 的表达式和实际荷载下相应杆件的 $M_P(x)$ 的表达式,然后逐杆积分再求和。当结构中杆件较多且荷载分布不规则时,计算就很麻烦,在满足以下条件的前提下,式(4.10)的积分运算可用四则运算代替。图乘法必须满足的两个基本条件为:

①等截面直杆(杆件的 EI 为常数或可分为若干常数段,杆轴为直线 $\mathrm{d}s = \mathrm{d}x$)。

②$\overline{M}(x)$ 和 $M_P(x)$ 图中至少有一个为直线图形（直线图形中可有若干不同斜率段）。

下面来推导图乘法的计算方法。

设等截面直杆 AB 的 $\overline{M}(x)$ 和 $M_P(x)$ 图已作出，并建立坐标系，如图 4.17 所示，在距原点 O 的距离为 x 处

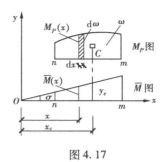

图 4.17

$$\overline{M}(x) = x \cdot \tan \alpha \qquad (a)$$

由于 AB 杆为等截面直杆，所以 EI 为常数 $ds = dx$，将式（a）代入式（4.10）得

$$\Delta_{iP} = \int_n^m \frac{x \cdot \tan \alpha}{EI} M_P(x) \cdot ds = \frac{\tan \alpha}{EI} \int_n^m x \cdot M_P(x) \cdot dx \qquad (b)$$

设 $M_P(x) \cdot dx = d\omega$，故有

$$\Delta_{iP} = \frac{\tan \alpha}{EI} \int_n^m x \cdot d\omega \qquad (c)$$

上式中，$x \cdot d\omega$ 表示微分面积 $d\omega$ 对 y 轴的面积矩，$\int_n^m x \cdot d\omega$ 表示 $M_P(x)$ 图面积对 y 轴的面积矩。设 $M_P(x)$ 图的形心 C 距 y 轴的距离为 x_c，$M_P(x)$ 图面积为 ω，由材料力学知

$$\int_n^m x \cdot d\omega = \omega \cdot x_c \qquad (d)$$

将式（d）代入式（c），得

$$\Delta_{iP} = \frac{\tan \alpha}{EI} \omega \cdot x_c = \frac{1}{EI} \omega \cdot y_c \qquad (e)$$

上式中的 $y_c = x_c \cdot \tan \alpha$，它表示 $M_P(x)$ 图的形心 C 所对应的 $\overline{M}(x)$ 图的竖距，对于整个结构而言

$$\Delta_{iP} = \sum \frac{1}{EI} \omega \cdot y_c \qquad (4.16)$$

上式把积分运算简化为一个图形面积 ω，与其形心 C 相对应的另一个图形的竖距 y_c 的乘积，再除以 EI。此方法称之为图形互乘法，简称为图乘法。

在运用式（4.16）时应当注意：

①竖距必须取自相同斜率段的直线图形中，面积取自于另一图形。若 $\overline{M}(x)$ 和 $M_P(x)$ 图均为直线图形，则可在任意图形中取竖距，另一图形中取面积。

②$\overline{M}(x)$ 和 $M_P(x)$ 图在基线同侧时，图乘结果为正，反之为负。

③若直杆各段的 EI 为不同的常数，应当分段图乘。

在实际计算中，可能会求各种图形的面积和形心，这里给出一些常见图形的面积和形心，见图 4.18。在套用抛物线图形面积、形心计算式时，注意抛物线顶点处的切线必须与基线平行。

在实际计算中还可能会遇到更为复杂的图形，处理的方法是：将其分解为几个简单图形，图乘后再叠加，下面以图 4.19 说明。

例 4.8　求图 4.20（a）所示梁截面 C 的挠度。已知 $E = 2.06 \times 10^4 \mathrm{kN/m}^2$，$I_1 = 0.656 \ \mathrm{m}^4$，$I_2 = 1.243 \ \mathrm{m}^4$。

解　沿拟求位移方向施加单位荷载，作出 $\overline{M}(x)$ 和 $M_P(x)$ 图，如图 4.20（b）、（c）所示。

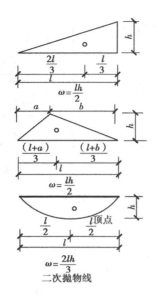
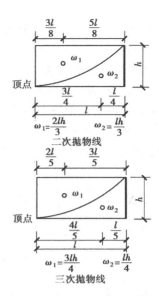

图 4.18

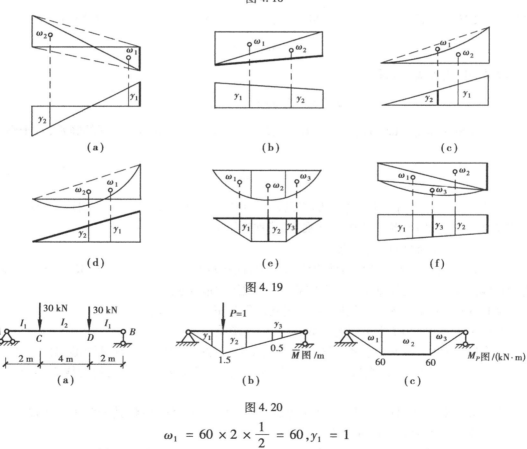

图 4.19

图 4.20

$$\omega_1 = 60 \times 2 \times \frac{1}{2} = 60, y_1 = 1$$

$$\omega_2 = 60 \times 4 = 240, y_2 = 1$$

$$\omega_3 = 60 \times 2 \times \frac{1}{2} = 60, y_3 = \frac{1}{3}$$

由图乘法得

$$\Delta_{CV} = \frac{1}{EI_1}(\omega_1 \cdot y_1 + \omega_3 \cdot y_3) + \frac{1}{EI_2}\omega_2 \cdot y_2$$

$$= \frac{80}{EI_1} + \frac{240}{EI_2}$$

$$= (0.59 + 0.947)\,\mathrm{cm} = 1.53\ \mathrm{cm}(\downarrow)$$

例 4.9　求图 4.21(a)所示刚架，C,D 两点沿 C,D 连线方向的相对线位移，设 $EI =$ 常数。

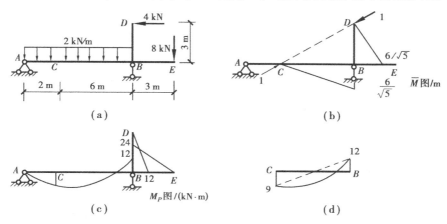

图 4.21

解　沿拟求位移方向施加一对单位力，并作出 $\overline{M}(x)$ 和 $M_P(x)$ 图，如图 4.21(b)、(c)所示。由于 $\overline{M}(x)$ 图中 AC 和 BE 段弯矩为零，图乘结果为零。对 CB 段在图乘时为计算简便，将其 $M_P(x)$ 图分解为一个抛物线图形和一个位于基线两侧的三角形，如图 4.21(d)所示，对于抛物线图形，其中点弯矩值为 $\frac{1}{8}ql^2$，由图乘法得

$$\Delta_{CD} = \frac{1}{EI}\left[\left(-\frac{12\times6}{2}\times\frac{2}{3}\times\frac{6}{\sqrt5}+\frac{9\times6}{2}\times\frac{1}{3}\times\frac{6}{\sqrt5}\right)+\left(\frac{2}{3}\times6\times9\right)\left(\frac{1}{2}\times\frac{6}{\sqrt5}\right)\right]+$$

$$\left(\frac{1}{2}\times3\times12\right)\left(\frac{2}{3}\times\frac{6}{\sqrt5}\right) = \frac{1}{EI}18\sqrt5(\ \searrow\nwarrow\ )$$

例 4.10　求图 4.22(a)所示悬臂刚架 C 点的竖向位移。

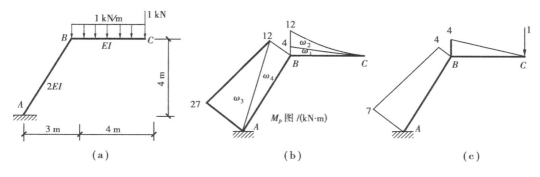

图 4.22

解　沿拟求位移方向施加单位荷载并作出 $\overline{M}(x)$ 和 $M_P(x)$ 图，如图 4.22(b)、(c)所示，其中

$$\omega_1 = \frac{1}{2} \times 4 \times 4 = 8, y_1 = \frac{2}{3} \times 4 = \frac{8}{3}$$

$$\omega_2 = \frac{1}{3} \times 4 \times 8 = \frac{32}{3}, y_2 = \frac{3}{4} \times 4 = 3$$

$$\omega_3 = \frac{1}{2} \times 27 \times 5 = \frac{135}{2}, y_3 = \frac{18}{3} = 6$$

$$\omega_4 = \frac{1}{2} \times 12 \times 5 = 30, y_4 = \frac{15}{3} = 5$$

由图乘法得

$$\Delta_{CV} = \frac{1}{EI}(\omega_1 \cdot y_1 + \omega_2 \cdot y_2) + \frac{1}{2EI}(\omega_3 \cdot y_3 + \omega_4 \cdot y_4)$$

$$= \frac{1}{EI}\left(8 \times \frac{8}{3} + \frac{32}{3} \times 3\right) + \frac{1}{2EI}\left(\frac{135}{2} \times 6 + 30 \times 5\right)$$

$$= \frac{160}{3EI} + \frac{555}{2EI} = \frac{1\,985}{6EI} \quad (\downarrow)$$

注意:$M_P(x)$图中 BC 段的弯矩不能直接按二次抛物线图形计算其面积,因为该弯矩是由集中力和均布荷载共同引起,其顶点处切线与基线不平行。

4.6 静定结构支座移动、温度变化等原因引起的位移计算

讨论支座移动、温度变化等因素引起的位移计算时,出发点为由虚力原理推出的位移计算一般公式,即式(4.8)。分别考虑静定结构在温度变化、支座移动等广义荷载作用时的内力、变形特点,可推出具体的位移计算公式。

4.6.1 静定结构支座移动时的位移计算

由于静定结构在支座移动时不会引起结构产生内力和变形,只会有结构的刚性位移,故由式(4.8)得

$$\Delta_{KC} = -\sum_{i=1}^{n} \overline{R}_i \cdot C_i \tag{4.17}$$

式中:Δ_{KC} 表示由支座移动引起的结构在 K 点沿某方向的位移;

C_i 表示支座的支座位移;

$\overline{R}_i$ 表示虚设单位荷载所引起的相应支座位移处的支座反力。

当 $\overline{R}_i$ 与 C_i 同向时,乘积为正,反之为负。

例4.11 图 4.23(a)所示刚架,B 支座发生位移,向下移动距离 $a = 1$ cm,向右移动距离 $b = 2.4$ cm,试求 C 铰的竖向位移 Δ_{CV} 和 C 铰左右两截面的相对转角 θ_C。

解 1)求 C 点的竖向位移 Δ_{CV}。

①沿拟求位移方向虚加单位力并求出与 C_i 相应的支座反力 $\overline{R}_i$,如图 4.23(b)所示。

②由式(4.17)得

$$\Delta_{CV} = -\sum_{i=1}^{n} \overline{R}_i \cdot C_i = -\left[\left(-\frac{1}{2}\right)a - \frac{1}{6}b\right] = \left(\frac{1}{2} \times 1 + \frac{1}{6} \times 2.4\right) \text{cm} = 0.9 \text{ cm} \quad (\downarrow)$$

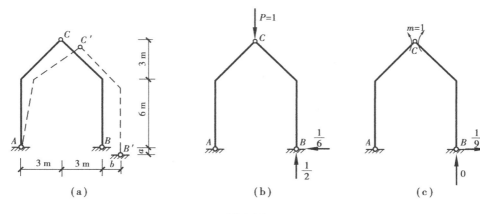

图 4.23

2)求铰 C 左右截面的相对转角 θ_C。

①沿拟求位移方向虚加一对方向相反的单位力偶并求出与 C_i 相应的支座反力 $\overline{R}_i$,如图 4.23(c)所示。

②由式(4.17)得

$$\theta_C = -\sum_{i=1}^{n} \overline{R}_i \cdot C_i = -\left(\frac{1}{9}b + 0 \times a\right) = -\frac{1}{9} \times 2.4 \times 10^{-2} \text{rad} = -0.002\ 67 \text{ rad}$$

4.6.2　静定结构温度变化时的位移计算

静定结构在温度变化(与施工时的温度相比)时,不产生内力。但由于材料的热胀冷缩性能,要产生弯曲变形和轴向变形,所以要引起结构的位移。对于其位移计算,由式(4.8)可知

$$\Delta_{it} = \sum \int_l (\overline{M} \cdot \kappa + \overline{F}_Q \cdot \gamma_0 + \overline{F}_N \cdot \varepsilon) \mathrm{d}s \tag{a}$$

式中:Δ_{it} 表示由温度变化引起的结构在 K 点沿某方向的位移;

$\overline{M}, \overline{F}_Q, \overline{F}_N$ 表示由虚设单位荷载引起的杆件各微段的内力;

$\kappa, \gamma_0, \varepsilon$ 表示由温度变化引起的杆件各微段的变形。

为简化计算,假设温度沿截面高度线性变化,则截面变形后仍保持为平面。

现从结构某杆件中任取一微段 $\mathrm{d}s$ 如图 4.24 所示,设其上边缘温度升高 t_1,下边缘温度升高 $t_2(t_2 > t_1)$,材料线膨胀系数为 α。则由比例关系可知,中性轴处温度变化为

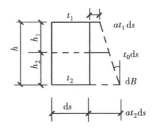

$$t_0 = \frac{h_1 \cdot t_2 + h_2 \cdot t_1}{h} \tag{b}$$

图 4.24

若 $h_1 = h_2$,则

$$t_0 = \frac{t_1 + t_2}{2} \tag{c}$$

微段的轴向伸长应变

$$\varepsilon = \alpha \cdot t_0 \tag{d}$$

上下边缘温差的绝对值

$$\Delta_t = |\ t_2 - t_1\ | \tag{e}$$

微段 ds 的弯曲变形

$$\mathrm{d}\theta = \frac{|\ \alpha t_2 \mathrm{d}s - \alpha t_1 \mathrm{d}s\ |}{h\mathrm{d}s}\mathrm{d}s = \frac{\alpha}{h}\Delta_t \mathrm{d}s \tag{f}$$

将式(d),(f)代入式(a)得

$$\Delta_{it} = \sum \int \overline{M} \cdot \frac{\alpha \cdot \Delta_t}{h}\mathrm{d}s + \sum \int \overline{F}_N \cdot \alpha \cdot t_0 \cdot \mathrm{d}s$$

$$= \sum \frac{\alpha \cdot \Delta_t}{h}\int \overline{M}\mathrm{d}s + \sum \alpha \cdot t_0 \int \overline{F}_N \mathrm{d}s \tag{4.18}$$

公式使用时,$\overline{F}_N$ 以拉为正,t_0 以温度升高为正。

$\overline{M}$ 和 Δ_t 当它们引起的弯曲方向相同时,乘积为正,反之为负。

对于在结点荷载作用下的桁架,只有轴力作用且各杆轴力为常数,故由式(4.18)得桁架在温度变化时的位移计算公式

$$\Delta_{Kt} = \sum \overline{F}_N \cdot \alpha \cdot t_0 \cdot l \tag{4.19}$$

例4.12 求图4.25(a)所示刚架各杆截面为矩形,截面高度为 h,刚架施工时的温度为 20 ℃。现在其内侧温度为 10 ℃,外侧温度为 –20 ℃,材料的线膨胀系数为 α,求其 C 点的竖向位移 Δ_{CV},EI 为常数。

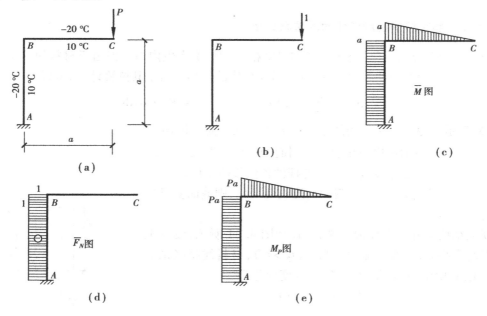

图 4.25

解 沿拟求位移方向虚加单位力,并作出 $\overline{M},\overline{F}_N,M_P$ 图,如图4.25(c)、(d)、(e)所示。

①由荷载引起的 C 点的竖向位移。

$$\Delta_{CV} = \frac{1}{EI}\Big[\Big(Pl \cdot l \cdot \frac{1}{2} \cdot \frac{2}{3}l\Big) + Pl \cdot l \cdot l\Big] = \frac{4Pl^3}{3EI} \quad (\downarrow)$$

②由温度变化引起的 C 点的竖向位移。

由题意各杆外侧温度下降

$$t_1 = -20 \text{ ℃} - 20 \text{ ℃} = -40 \text{ ℃}$$

各杆内侧温度下降

$$t_2 = 10 \text{ ℃} - 20 \text{ ℃} = -10 \text{ ℃}$$

故得

$$t_0 = \frac{t_1 + t_2}{2} = \frac{-40 \text{ ℃} - 10 \text{ ℃}}{2} = -25 \text{ ℃}$$

$$\Delta t = |t_2 - t_1| = |-10 + 40| \text{ ℃} = 30 \text{ ℃}$$

$$\Delta''_{CV} = \sum \frac{\alpha \cdot \Delta_t}{h} \int \overline{M} \mathrm{d}s + \sum \alpha \cdot t_0 \int \overline{F}_N \mathrm{d}s$$

$$= \alpha \cdot (-25) \cdot (-l) + \frac{-\alpha \cdot 30}{h} \cdot \frac{l^2}{2} + \frac{-\alpha \cdot 30}{h} \cdot l^2$$

$$= 25\alpha l - \frac{45}{h} \alpha l^2 (\uparrow)$$

③由温度和荷载共同对 C 点引起的竖向位移。

$$\Delta_{CV} = \Delta'_{CV} + \Delta''_{CV}$$
$$= \frac{4Pl^3}{3EI} - \left(25\alpha l - \frac{45}{h} \alpha l^2\right)$$

4.7　线性变形体系的互等定理

对线性变形体系,由虚功原理可推导出四个互等定理,即虚功互等定理、位移互等定理、反力互等定理和反力位移互等定理。其中虚功互等定理是最基本的,其他几个互等定理皆可由它导出。

4.7.1　虚功互等定理

图 4.26 为同一线变形体的两种状态,在 Ⅰ 状态中,作用有广义力 P_i;在 Ⅱ 状态中,作用有广义力 P_j。图中:Δ_{ji} 表示 P_i 引起的与 P_j 相应的广义位移;Δ_{ij} 表示 P_j 引起与 P_i 相应的广义位移。

图 4.26

该变形体系处于平衡状态,由虚功原理 Ⅰ 状态的力系在 Ⅱ 状态的位移上作虚功时,由式(4.3)有

$$P_i \cdot \Delta_{ij} = \sum \int (M_i \cdot \kappa_j + F_{Qi} \cdot \gamma_{0j} + F_{Ni} \cdot \varepsilon_j) \mathrm{d}s$$

$$= \sum \int \left(\frac{M_i \cdot M_j}{EI} + \frac{k \cdot F_{Qi} \cdot F_{Qj}}{GA} + \frac{F_{Ni} \cdot F_{Nj}}{EA} \right) ds \tag{4.20a}$$

同理 II 状态的力系在 I 状态的位移上作虚功时,有

$$P_j \cdot \Delta_{ji} = \sum \int (M_j \cdot \kappa_i + F_{Qj} \cdot \gamma_{0i} + F_{Nj} \cdot \varepsilon_i) ds$$

$$= \sum \int \left(\frac{M_j \cdot M_i}{EI} + \frac{k \cdot F_{Qj} \cdot F_{Qi}}{GA} + \frac{F_{Nj} \cdot F_{Ni}}{EA} \right) ds \tag{4.20b}$$

由于(a),(b)两式右边相等,故有

$$P_i \cdot \Delta_{ij} = P_j \cdot \Delta_{ji} \tag{4.20c}$$

若 I,II 状态分别作用有 n 个广义力,则有

$$\sum P_i \cdot \Delta_{ij} = \sum P_j \cdot \Delta_{ji} \tag{4.21}$$

这就是功的互等定理。它表明:满足平衡条件的某一线性变形体,若存在两种任意的荷载状态,则 I 状态的力系在 II 状态的位移上所作的虚功,等于 II 状态的力系在 I 状态的位移上所作的虚功。需要说明的是:在图示的两种状态中,还可包含支座移动,此时的虚功也应包含支座反力做功。

4.7.2 位移互等定理

设图 4.27 所示的两状态中,P_i,P_j 均为广义单位荷载。其中:δ_{ji} 表示由 $P_i = 1$ 引起的与 $P_j = 1$ 相对应的广义位移,δ_{ij} 表示由 $P_j = 1$ 引起的与 $P_i = 1$ 相对应的广义位移。

图 4.27

由功的互等定理式(4.21)得

$$P_i \cdot \delta_{ij} = P_j \cdot \delta_{ji}$$

因为 $P_i = 1$,$P_j = 1$,故有

$$\delta_{ij} = \delta_{ji} \tag{4.22}$$

这就是位移互等定理。它表明:满足平衡条件的某一线性变形体,若存在两种任意的广义单位荷载作用状态,则由 I 状态的广义单位荷载 $P_i = 1$ 引起的与 II 状态的广义单位荷载 $P_j = 1$ 相对应的广义位移 δ_{ji},等于由 II 状态的广义单位荷载 $P_j = 1$ 引起的与 I 状态的广义单位荷载 $P_i = 1$ 相对应的广义位移 δ_{ij}。

注意:由于位移互等定理中的荷载和位移均是广义的,所以它既可以是线位移互等,也可以是角位移互等,还可以是角位移和线位移互等。例如图 4.28 所示两个状态,由位移互等定理,有

$$\delta_{ij} = \theta_{ji}$$

请读者用图乘法进行验证。

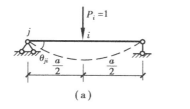

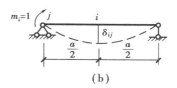

图 4.28

4.7.3 反力互等定理

在图 4.29 所示超静定的两种状态中，i 支座及 j 支座分别产生单位广义位移。超静定结构支座移动将引起支座反力。其中：r_{ii} 表示由 $c_i = 1$ 引起的与 $c_i = 1$ 相应的广义反力；r_{ji} 表示由 $c_i = 1$ 引起的与 $c_j = 1$ 相应的广义反力；r_{jj} 表示由 $c_j = 1$ 引起的与 $c_j = 1$ 相应的广义反力；r_{ij} 表示由 $c_j = 1$ 引起的与 $c_i = 1$ 相应的广义反力。

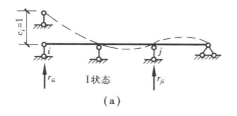

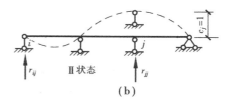

图 4.29

由功的互等定理得

$$r_{ii} \cdot 0 + r_{ji} \cdot c_j = r_{ij} \cdot c_i + r_{jj} \cdot 0$$

因为 $c_i = 1, c_j = 1$，故有

$$r_{ji} = r_{ij} \tag{4.23}$$

这就是反力互等定理。它表明：满足平衡条件的某一超静定的线变形体，若存在两种任意的广义支座位移状态，则由 I 状态的广义单位支座位移 $c_i = 1$ 引起的与 II 状态的广义单位支座位移 $c_j = 1$ 相应的广义反力 r_{ji}，等于由 II 状态的广义单位支座位移 $c_j = 1$ 引起的与 I 状态的广义单位支座位移 $c_i = 1$ 相应的广义反力 r_{ij}。

注意：由于反力互等定理中的位移和反力均是广义的，所以反力互等既可是反力之间的互等，也可是反力矩之间的互等，还可是反力与反力矩互等。但在两种状态中，对于同一支座，反力与位移在做功的关系上应是对应的。

例如图 4.30(a)、(b)所示两种状态，由反力互等定理可知

$$r_{ji} = r_{ij}$$

即(a)图中 j 支座处的反力偶等于(b)图中 i 支座处的反力 r_{ij}。

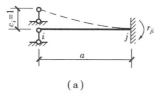

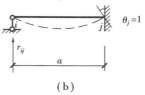

图 4.30

本章小结

● 本章主要知识点

1. 实功与虚功的概念、外力虚功与虚变形功的计算、虚功原理的概念及虚功方程。
2. 位移计算的一般公式、单位力的设置。
3. 各类静定结构荷载作用下位移计算的具体公式及公式的应用。
4. 图乘法计算结构位移的条件、计算公式及应用。
5. 温度变化、支座移动等原因引起的位移计算公式及应用。
6. 线性变形体系三个互等定理的概念,相互关系及用途。

● 可深入讨论的几个问题

1. 关于虚功原理,本书未进行推导或证明,请读者参阅杨天祥主编的《结构力学》教材。
2. 在计算梁和刚架等的位移时,通常忽略剪力和轴力对位移的影响,为什么?（参见清华大学龙驭球、包世华主编的《结构力学》教材。）
3. 静定结构在制造误差、材料收缩等因素影响下也不会产生内力,但结构要产生位移,其位移如何计算,请读者自行推导或参看其他结构力学教材。
4. 线性变形体系的互等定理除本教材中所介绍的虚功互等定理、位移互等定理、反力互等定理外,还有反力位移互等定理,请读者参见其他结构力学教材。

概 念 题

1. 试从应用范围、计算方法等方面对材料力学中位移计算公式与结构力学中位移计算一般公式进行比较分析。
2. 用虚位移原理计算静定结构的内力及支座反力,与用静力平衡方程计算静定结构的内力及支座反力有何区别? 虚位移原理能否用于计算超静定结构的内力及支座反力,为什么?
3. 在结构位移计算的单位荷载法中,为什么虚设的是单位力系,而求出的是实际位移? 若虚设非单位力系,求出的是否是实际位移?
4. 图乘法是否适用于所有的杆系结构?
5. 在虚功互等定理所涉及的两种状态中,可否包含支座移动各温度变化?

习 题

4.1　试用虚功原理求图示静定多跨梁的 F_{Cy}, F_{Fy}, M_B, M_C。

4.2　试用虚功原理求图示静定结构支座 B 的水平推力 H 和竖向反力 F_{By}。

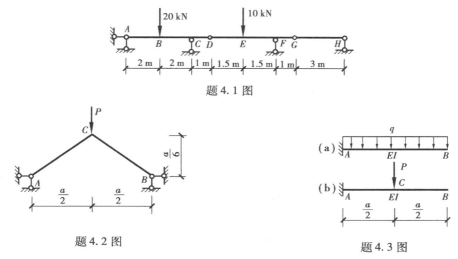

题 4.1 图

题 4.2 图　　　　　　　　　　　　　题 4.3 图

4.3　试用积分法求悬臂梁 B 的竖向位移和转角(忽略剪切变形的影响)。

4.4　用积分法求图示结构 D 点的水平位移 Δ_{DH}。

4.5　如图所示的求等截面半圆形曲梁在 B 点的水平位移 Δ_{BH},忽略轴向变形及剪切变形的影响,$EI = $ 常数。

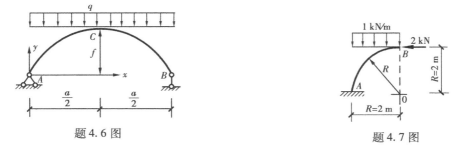

题 4.4 图　　　　　　　　　　　　　题 4.5 图

4.6　已知题 4.6 图曲梁的轴线方程为 $y = \dfrac{4f}{a^2}x(a-x)$,$EI = $ 常数,忽略轴向变形及剪切变形的影响,近似地取 $\mathrm{d}s = \mathrm{d}x$,求 B 点水平位移 Δ_{BH}。

题 4.6 图　　　　　　　　　　　　　题 4.7 图

4.7　试求图示等截面圆弧形曲杆 B 截面的转角 θ_B。

4.8　图示桁架中,已知各杆截面相同,横截面面积 $A = 30 \text{ cm}^2$,$E = 20.6 \times 10^6 \text{ N/cm}^2$,$P = 98.1 \text{ kN}$。求 C 点竖向位移 Δ_{CV}。

4.9　试求图示桁架中杆件 DB 与 EB 之间的相对转角。已知各杆截面积均为 $A = 20 \text{ cm}^2$,

111

$d = 2$ m, $P = 40$ kN, $E = 21\ 000$ kN/cm^2。

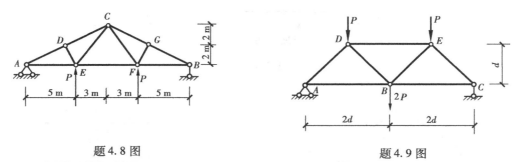

题 4.8 图   题 4.9 图

4.10 用图乘法求下列各梁 C 点处的竖向位移及 B 截面的转角。

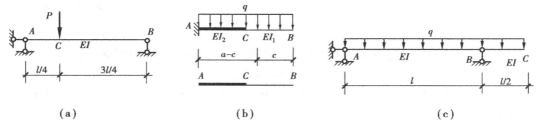

（a）   （b）   （c）

题 4.10 图

4.11 用图乘法计算下列结构指定点处的位移，各杆 EI 等于常数。

（a）计算 C 点处的水平位移 Δ_{CH}；

（b）计算 A 截面的转角 θ_A；

（c）计算 C 铰左右两截面的相对转角及 C 点的竖向位移。

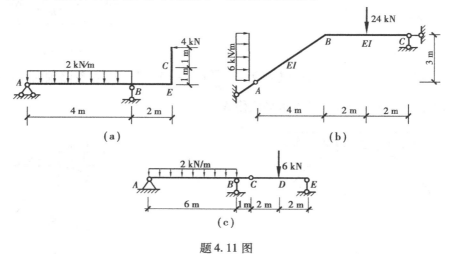

（a）   （b）

（c）

题 4.11 图

4.12 用图乘法求图示刚架 D 点水平位移 Δ_{DH},已知 $EI = 1\,000$ kN·m²。

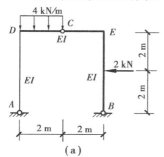

（a）

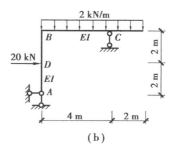

（b）

题 4.12 图

4.13 用图乘法求图示刚架 C 铰左右两截面相对角位移,并求图(b)中 DE 两点的相对位移。$EI = 2.1 \times 10^4$ kN·m²。

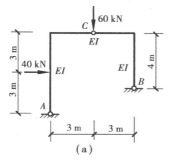

（a）

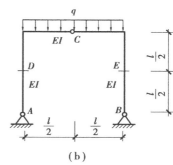

（b）

题 4.13 图

4.14 某矩形钢筋混凝土渡槽的计算简图如图示。试求 C,D 两点的相对水平位移 Δ_{CD}。已知:各杆抗弯刚度均为 $EI,E = 2.0 \times 10^7$ kN/m²,$I = 2.25 \times 10^{-3}$ m⁴,水的比重 $\gamma = 10$ kN/m³（截取 1 m 长渡槽进行计算）。

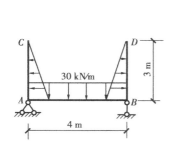

题 4.14 图

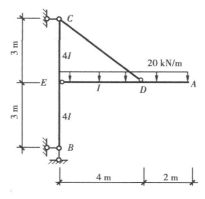

题 4.15 图

4.15 用图乘法求 A 点的竖向位移 Δ_{AV}。已知 $E = 210$ GPa,$A = 12$ cm²,$I = 3\,600 \times 10^{-8}$ m⁴。

4.16 试求图示组合结构 D 点的竖向位移。$EA = 2EI\left(\dfrac{1}{\mathrm{m}^2}\right)$。

4.17 求图示结构中 A,B 两点距离的改变值 Δ_{AB}。设各杆截面相同。

4.18 试求图示组合结构 C 点的竖向位移 Δ_{CV} 和横梁 BC 右端角位移 θ_C。横梁的 EI 为常数,各立柱的 EA 为常数。

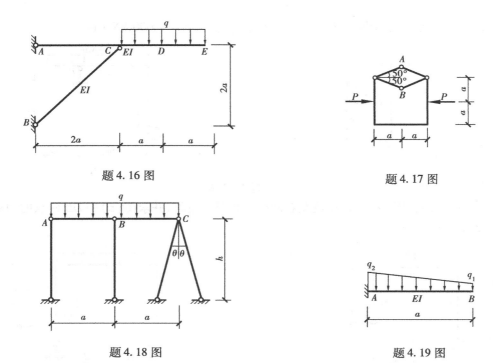

题 4.16 图 题 4.17 图

题 4.18 图 题 4.19 图

4.19 用图乘法求图示梁在 B 点处的竖向位移。

*4.20 试求图示结构铰 C 左右两截面的相对转角。弹簧铰 B 的抗转刚度系数 $k_1 = \dfrac{8EI}{a}$。

弹性支承 D 的刚度系数 $k_2 = \dfrac{48EI}{a^3}$。

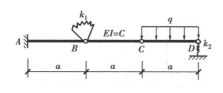

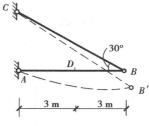

题 4.20 图 题 4.21 图

4.21 已知图示结构由于荷载作用发生变形。杆件 AB 有向下凹的弯曲变形,曲率为常数 $\dfrac{1}{\rho} = 6 \times 10^{-7}/\text{cm}$,$BC$ 杆伸长 0.08 cm。试求 AB 杆中点竖向位移 Δ_{DV}。

4.22 图示多跨静定梁支座 A,B,D 下沉量分别为 $a = 3$ cm,$b = 8$ cm,$c = 5$ cm。试求铰 C 左右两截面的相对转角。

4.23 试求图示刚架由于温度改变而引起的 C,F 两点距离改变量。已知 $\alpha = 8 \times 10^{-6}$,$a = 2$ m,各杆均为矩形截面,$h = 20$ cm。

4.24 图示桁架,CD 杆温度升高 t ℃,试求 C 点水平位移 Δ_{CH}。已知材料线膨胀系数为 α。

4.25 图示桁架,AB 杆制造时较设计长度长了 0.5 cm,试求由此引起 C 点的竖向位移 Δ_{CV}。

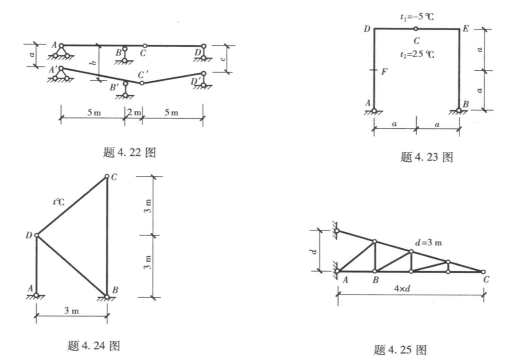

题 4.22 图　　　　　　　　　　　题 4.23 图

题 4.24 图　　　　　　　　　　　题 4.25 图

*4.26　图示静定梁中,由于制造误差 AB 和 BC 两段均成为半径为 $R = 400$ m 的圆弧形,装配时 AB 段上凸,BC 段下凹,试求 BC 中点的竖向位移 Δ_{DV}。

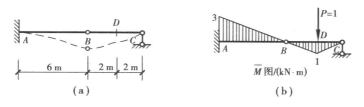

（a）　　　　　　　　　　　　（b）

题 4.26 图

*4.27　已知图（a）所示悬臂梁的挠曲线 $y(x) = \dfrac{Mx^2}{2EI}$。试利用功的互等定理求在图（b）所示荷载作用下 B 截面的转角。

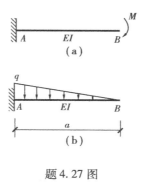

题 4.27 图

第 **5** 章
力 法

内容提要 超静定结构是在工程实际中大量采用的结构形式。进行受力分析时,需求的未知力总数多于独立平衡方程数,因此,满足平衡条件的解答有无穷多解,仅用静力平衡条件不可能求出全部未知量。本章主要介绍超静定结构的有关概念、特性及超静定结构的分析方法之一——力法。力法以力作为基本未知量,是求解超静定结构最基本的方法。

5.1 超静定结构概述

5.1.1 超静定结构的概念

在前两章中讨论了静定结构的计算,但在工程实际中大量采用的结构形式是超静定结构。什么是超静定结构呢? 在绪论中,曾经从结构静力分析方法特征的角度来定义超静定结构,认为仅由静力平衡条件不能求出全部反力及内力的结构称之为超静定结构。学习了体系的几何组成分析后,也可从几何组成方面来定义超静定结构,把具有多余联系的几何不变体系称之为超静定结构。须指出的是:这里所说的多余联系是对组成几何不变体系而言,多余联系可出现在结构内部或外部。多余联系中产生的力我们把它称为多余力。例如,图 5.1 中 B 支座可视为多余联系,它出现在结构的外部,其支座反力称为多余力,一般用 X_1 表示。

图 5.1

在图 5.2 中 1,2 杆可视为多余联系,它出现在结构的内部,其内力 X_1,X_2 称为多余力。

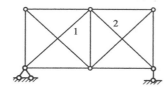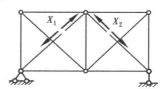

图 5.2

实际应用中,常见的超静定结构类型举例如图 5.3 所示。

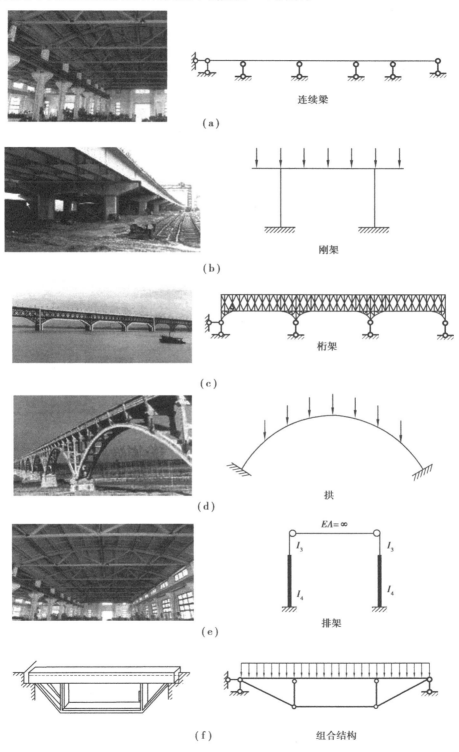

(a)

连续梁

(b)

刚架

(c)

桁架

(d)

拱

(e)

排架

(f)

组合结构

图 5.3

5.1.2　超静定次数的确定

超静定结构具有多余联系,因此具有多余未知力,把超静定结构中多余联系的数目称之为超静定次数,用 n 表示。图5.1所示连续梁有一个多余联系,即 $n=1$,称为一次超静定结构。图5.2所示超静定桁架有两个多余联系,即 $n=2$,称为二次超静定结构。确定结构超静定次数的方法,常采用的是取消多余联系法。即采用去掉多余联系的方法,将原结构转化为静定结构,所取消的多余联系数即为超静定次数。常用去掉多余联系的方式有以下四种:

①去掉一个链杆支座或切断一根链杆,相当于去掉一个联系,如图5.1,图5.2所示。

②去掉一个单铰或固定铰支座,相当于去掉两个联系,如图5.4,图5.5所示。

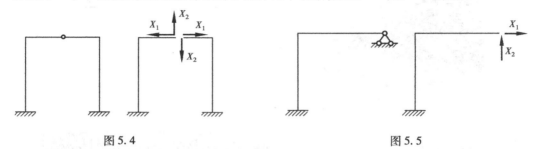

图5.4　　　　　　　　　　　　　　　　图5.5

③去掉一个固定端支座或将一梁式杆切断,相当于去掉三个联系,如图5.6所示。

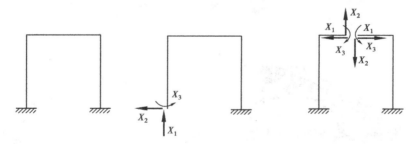

图5.6

④将一固定端支座改为固定铰支座或将一刚性结点改为铰结点,相当于去掉一个联系,如图5.7所示。

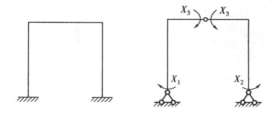

图5.7

需指出的是:对一个超静定结构,去掉多余联系的方式可能有多种,在去掉多余联系时,必须注意只能取消多余联系,取消多余联系后所得体系必须是几何不变体系。

例5.1　确定图5.8所示超静定结构的超静定次数。

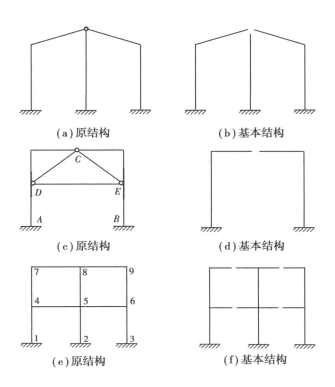

图 5.8

对 5.8(a)图,去掉铰结点 B,体系为图 5.8(b)所示静定结构。因 B 结点为连接三个刚片的复铰,相当于两个单铰,共去掉四个联系,故超静定次数 $n=4$。对 5.8(c)图,去掉 CD,CE,DE 三根链杆及铰结点 C,体系为图 5.8(d)所示静定结构。共去掉五个联系,故超静定次数 $n=5$。对 5.8(e)图,切断四根横梁,体系为图 5.8(f)所示静定结构。故超静定次数 $n=12$。以上例题也可通过去掉其他多余联系来确定其超静定次数,请读者思考。

图 5.9

问题:若将图 5.8(e)所示结构中 5 结点改为铰结点,如图 5.9 所示,超静定次数 n 等于多少?

5.2　力法的基本原理及三要素

5.2.1　力法的基本原理

力法是计算超静定结构的一种基本方法,其基本思想是将一个未知问题转化为已知问题来解决。通过第 3,4 章的学习,已经掌握了静定结构的计算。对于超静定结构,力法的计算思路是:将超静定结构转化为静定结构进行分析计算。下面以一简例加以说明:

图 5.10(a)所示一单跨超静定梁,为一次超静定结构。若去掉 B 支座处的链杆,以多余力 X_1 代替。则得图 5.10(b)所示的静定结构——悬臂梁,称为原结构的基本结构。此时基本结构与原结构受力相同。若能设法求出多余力 X_1,则原结构的内力就等于悬臂梁在外荷载和多余力 X_1

共同作用下的内力。如何计算多余力 X_1 呢？若仅从平衡的角度来考虑,在基本结构中截取任何脱离体,除 X_1 之外还有三个未知反力或内力,故平衡方程数总少于未知力个数,其解答是不定的。实际上,就原结构而言,X_1 是在荷载作用下 B 支座的反力,具有固定值,而对基本结构而言,X_1 已成为主动力,只要能满足强度条件,X_1 给定任何值都能满足平衡条件,由基本结构均可得出一组反力及内力。因此,要确定多余力 X_1,必须进一步考虑变形协调条件。原结构在 B 支座处,由于多余联系的约束,其竖向位移为零。在基本结构中,B 点的竖向位移由荷载和多余力 X_1 共同引起,但要用基本结构来代替原结构进行计算,除受力相同外,还必须满足变形相同的条件。因此,基本结构上 X_1 方向的位移(B 点的竖向位移)Δ_1 也必须为零,即

$$\Delta_1 = 0$$

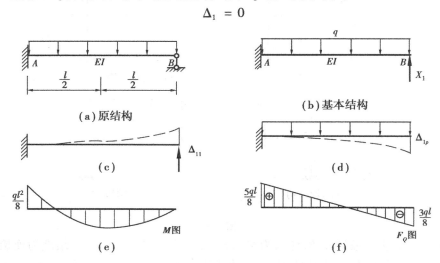

图 5.10

若以 Δ_{11} 及 Δ_{1P} 分别表示基本结构上 X_1 和荷载单独作用时引起的 X_1 方向的位移,根据叠加原理,有

$$\Delta_{11} + \Delta_{1P} = 0 \tag{5.1}$$

因基本结构为静定结构,由第 4 章所述方法,可计算出 Δ_{11} 及 Δ_{1P} 分别为

$$\Delta_{11} = \frac{X_1 l^3}{3EI}, \quad \Delta_{1P} = -\frac{ql^4}{8EI}$$

代入式(5.1),有

$$\frac{X_1 l^3}{3EI} - \frac{ql^4}{8EI} = 0$$

解方程得

$$X_1 = \frac{3}{8}ql$$

求出了多余力 X_1,则基本结构在 X_1 和荷载共同作用下引起的弯矩图可由叠加法绘出(见图 5.10(e)所示),再由弯矩图绘剪力图(见图 5.10(f)所示),其内力全部确定。由于基本结构与原结构受力、变形均相同,所以基本结构在 X_1 和荷载共同作用下引起的内力,也就是原结构的内力。

由上例可看出两点:第一,用力法求解超静定结构的内力,是以多余力为基本未知量,去掉多余联系,用一静定的基本结构(对于高次超静定结构,也可以是用较低次的超静定结构为基本结构)来代替原结构,使基本结构与原结构受力相同;再根据基本结构的变形必须与原结构

变形相同的变形协调条件,建立力法方程求解多余力,然后由平衡条件求反力、内力。整个计算过程自始至终都是在基本结构上进行,从而把一个超静定结构的计算问题转化为静定结构的计算问题来分析计算。第二,在力法的计算过程中,关键是确定三个要素:基本未知量、基本结构、力法典型方程。下面逐一讨论。

5.2.2　力法的基本未知量与基本结构

力法的基本未知量是多余力。一个超静定结构,其基本未知量数目就等于结构的超静定次数。取消多余联系后所得的静定结构是力法的基本结构。力法的基本未知量和基本结构密切相关,确定基本结构的同时也确定了基本未知量。需要指出的是,基本未知量、基本结构的确定具有一定的随意性,也即一个超静定结构,可取不同的基本结构来进行分析。如图 5.10(a)所示一次超静定结构,基本未知力除取 B 支座反力为 X_1,用悬臂梁作为基本结构进行分析外,也可取 A 支座反力偶作为 X_1,用简支梁作为基本结构进行分析;如图 5.11(a),也可采用5.11(b)、(c)的基本结构进行分析。其计算结果是相同的。读者可自行验证。但取不同的基本结构,计算工作量是不相同的。如何选取合适的基本结构,使计算工作量减少,读者可根据后面的例题及习题加以归纳总结。

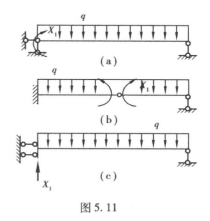

图 5.11

5.2.3　力法的典型方程

力法的典型方程即求解多余力的变形协调方程(位移方程)。下面以二次超静定结构为例,讨论力法方程的建立。

图 5.12(a)为一个二次超静定结构,用力法分析时,去掉 B 端的固定铰支座以多余力 X_1,X_2 代替,则图 5.12(b)所示悬臂刚架为基本结构。考虑基本结构的变形与原结构变形相同,即基本结构上 X_1,X_2 方向的位移均应等于零。

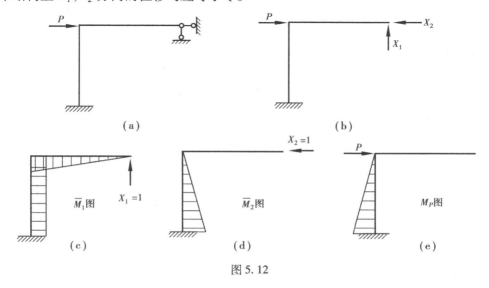

图 5.12

121

有 $\qquad \Delta_1 = 0 \qquad \Delta_{11} + \Delta_{12} + \Delta_{1P} = 0$

$\qquad\qquad\qquad \Delta_2 = 0 \qquad \Delta_{21} + \Delta_{22} + \Delta_{2P} = 0$

在弹性范围内,力与变形呈线性关系为

$$\Delta_{ik} = \delta_{ik} X_k$$

则典型方程为

$$\delta_{11} X_1 + \delta_{12} X_2 + \Delta_{1P} = 0$$
$$\delta_{21} X_1 + \delta_{22} X_2 + \Delta_{2P} = 0 \tag{5.2}$$

推广:对 n 次超静定结构,力法典型方程为

$$\delta_{11} X_1 + \delta_{12} X_2 + \cdots + \delta_{1n} X_n + \Delta_{1P} = 0$$
$$\delta_{21} X_1 + \delta_{22} X_2 + \cdots + \delta_{2n} X_n + \Delta_{2P} = 0 \tag{5.3}$$
$$\cdots$$
$$\delta_{n1} X_1 + \delta_{n2} X_2 + \cdots + \delta_{nn} X_n + \Delta_{nP} = 0$$

写成矩阵形式

$$\begin{bmatrix} \delta_{11} & \delta_{12} & \cdots & \delta_{1n} \\ \delta_{21} & \delta_{22} & \cdots & \delta_{2n} \\ \vdots & \vdots & & \vdots \\ \delta_{n1} & \delta_{n2} & \cdots & \delta_{nn} \end{bmatrix} \begin{Bmatrix} X_1 \\ X_2 \\ \vdots \\ X_n \end{Bmatrix} + \begin{Bmatrix} \Delta_{1P} \\ \Delta_{2P} \\ \vdots \\ \Delta_{nP} \end{Bmatrix} = \begin{Bmatrix} 0 \\ 0 \\ \vdots \\ \end{Bmatrix} \tag{5.4}$$

方程中:δ_{ik} 表示基本结构上,$\overline{X}_k = 1$ 引起的 X_i 作用点沿其方向的位移,称为柔度系数,只与结构本身和基本未知力的选择有关,与外荷载无关。

下面就力法方程进行一些讨论:

①力法方程就其性质而言,是位移方程,或称变形协调方程。等式左边表示的是基本结构上多余力及荷载共同引起的某一多余力方向的位移,方程右边表示原结构相应多余联系方向的位移,方程右边不一定为零。

②方程中 δ_{ii} 称为主系数,δ_{ik} 称为副系数,Δ_{iP} 称为自由项。由位移互等定理,有 $\delta_{ik} = \delta_{ki}$,这样可减少副系数的计算工作量。

③系数及自由项的计算。

因 δ_{ii},δ_{ik},Δ_{iP} 均为静定结构的位移,故可按第 4 章静定结构位移计算的方法进行计算。对梁及刚架等以受弯为主的构件组成的结构,首先分别绘出基本结构(静定结构)上由于 $\overline{X}_i = 1$,$\overline{X}_k = 1$ 及荷载引起的弯矩图:$\overline{M}_i$、$\overline{M}_k$ 及 M_P 图。δ_{ii} 表示基本结构上由于多余力 $\overline{X}_i = 1$ 引起的 X_i 方向的位移,可由 $\overline{M}_i$ 图自乘。δ_{ik} 表示基本结构上 $\overline{X}_k = 1$ 引起的 X_i 方向的位移,可由 $\overline{M}_i$ 与 $\overline{M}_k$ 图互乘。Δ_{iP} 表示基本结构上荷载引起的 X_i 方向的位移,可由 $\overline{M}_i$ 与 M_P 图互乘。公式计算可表示为

$$\left. \begin{aligned} \delta_{ii} &= \sum \int \frac{\overline{M}_1^2}{EI} \mathrm{d}s \\ \delta_{ik} &= \sum \int \frac{\overline{M}_i \overline{M}_k}{EI} \mathrm{d}s \\ \Delta_{iP} &= \sum \int \frac{\overline{M}_i M_P}{EI} \mathrm{d}s \end{aligned} \right\} \tag{5.5}$$

例如,对图 5.12(a)所示结构,$\overline{M}_1$、$\overline{M}_2$ 及 M_P 图见图 5.12(c)、(d)、(e)。方程(5.2)中:

δ_{11} 为 $\overline{M}_1$ 图自乘，δ_{12}，δ_{21} 为 $\overline{M}_1$ 与 $\overline{M}_2$ 图互乘，Δ_{1P} 为 $\overline{M}_1$ 与 M_P 图互乘，Δ_{2P} 为 $\overline{M}_2$ 与 M_P 图互乘。

在各系数及自由项求出后，将其代入力法典型方程，即可求出所有多余力。再由平衡条件求出其余反力及内力。也可先由下述叠加公式计算出弯矩，再根据弯矩求剪力和轴力，由平衡条件求出其余反力。弯矩计算公式为

$$M = \overline{M}_1 X_1 + \overline{M}_2 X_2 + \cdots + \overline{M}_n X_n + M_P = \sum \overline{M}_i X_i + M_P \tag{5.6}$$

5.3 力法计算示例

本节主要以上一节为基础，介绍力法计算超静定结构的解题步骤及应用示例。

5.3.1 力法计算步骤

用力法计算超静定结构的步骤可归纳如下：

①确定超静定次数，选择基本未知量，同时确定基本结构。

②建立力法典型方程。

③绘出由于 $\overline{X}_i = 1$，$\overline{X}_k = 1$ 及荷载引起的 $\overline{M}_i$，$\overline{M}_k$ 及 M_P 图，计算柔度系数及自由项。

④将 δ_{ii}，δ_{ik}，Δ_{iP} 代入力法典型方程，解方程求得基本未知量 X_i。

⑤绘 M 图，F_Q 图，F_N 图。$M = \sum \overline{M}_i X_i + M_P$

5.3.2 力法应用示例

用力法计算各类超静定结构，方法步骤相同，应注意在计算过程中系数及自由项计算的区别。

（1）力法计算超静定梁及刚架

对梁及刚架，其构件主要以受弯为主，系数及自由项可按式（5.5）计算

例 5.2 作图 5.13（a）所示超静定刚架的内力图。

解 ①该结构为二次超静定结构，现取图 5.13（b）所示的简支刚架为基本结构。

②力法典型方程为

$$\delta_{11} X_1 + \delta_{12} X_2 + \Delta_{1P} = 0$$
$$\delta_{21} X_1 + \delta_{22} X_2 + \Delta_{2P} = 0$$

③绘出 $\overline{M}_1$，$\overline{M}_2$ 及 M_P 图，如图 5.13（c）、（d）、（e）所示，利用图乘法求得系数及自由项为

$$\delta_{11} = \frac{1}{EI_1} 1 \cdot a \cdot 1 + \frac{1}{2EI_1} \frac{1}{2} \cdot a \cdot 1 \cdot \frac{2}{3} \cdot 1 = \frac{7a}{6EI_1}$$

$$\delta_{22} = \frac{1}{EI_1} \cdot \frac{1}{2} a^2 \cdot \frac{2}{3} a + \frac{1}{2EI_1} \cdot \frac{1}{2} a^2 \cdot \frac{2}{3} a = \frac{a^3}{2EI_1}$$

$$\delta_{12} = \delta_{21} = -\left[\frac{1}{EI_1} \cdot \frac{1}{2} a^2 \cdot 1 + \frac{1}{2EI_1} \cdot \frac{1}{2} a^2 \cdot \frac{2}{3} \cdot 1 \right] = -\frac{2a^2}{3EI_1}$$

$$\Delta_{1P} = -\frac{1}{2EI_1} \cdot \frac{1}{2} a \cdot \frac{Pa}{4} \cdot \frac{1}{2} = -\frac{Pa^2}{32EI_1}$$

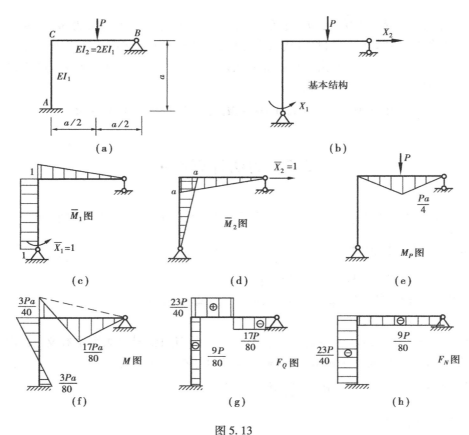

图 5.13

$$\Delta_{2P} = \frac{1}{2EI_1} \cdot \frac{1}{2}a \cdot \frac{Pa}{4} \cdot \frac{1}{2}a = \frac{Pa^3}{32EI_1}$$

④将以上各值代入力法方程并求解得

$$X_1 = -\frac{3}{80}Pa , X_2 = -\frac{9P}{80}$$

⑤绘弯矩图。由公式：$M = \sum \overline{M}_i X_i + M_P$，以刚架外部受拉为正

$$M_{AC} = -\frac{3Pa}{80} \cdot 1 + 0 + 0 = -\frac{3}{80}Pa(内部受拉)$$

$$M_{CA} = -\frac{3Pa}{80} \cdot 1 + \frac{9P}{80} \cdot a + 0 = \frac{6}{80}Pa(外部受拉)$$

$$M_{CB} = -\frac{3Pa}{80} \cdot 1 + \frac{9P}{80} \cdot a + 0 = \frac{6}{80}Pa(外部受拉)$$

$$M_{BC} = 0$$

由此绘制的弯矩图如图 5.13(f)所示。

⑥根据弯矩图可绘出剪力图(图 5.13(g)所示),由平衡条件绘轴力图(图 5.13(h)所示)。

从该例可看出,在荷载作用下,超静定结构多余力及内力的大小都只与结构中各杆抗弯刚度的相对值有关,与绝对值无关。

例 5.3 作图 5.14(a)所示单跨超静定梁的弯矩图。设 B 端弹簧支座的弹簧刚度为 k,杆

件的抗弯刚度 EI 为常数。

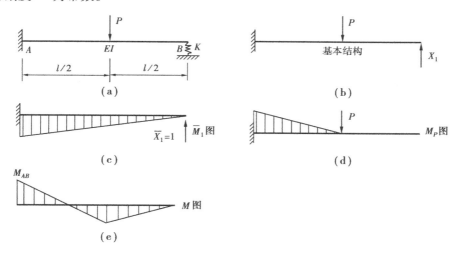

图 5.14

解 ①该梁为一次超静定,去掉 B 支座,以 X_1 代替,得图 5.14(b)所示的基本结构。

②建立力法方程。对于该梁,由于 B 支座为弹簧支座,在荷载作用下,B 点的竖向位移等于 $-\dfrac{1}{k}X_1$(负号表示位移方向与多余力 X_1 的方向相反),故方程的右边不等于零。力法方程如下

$$\delta_{11}X_1 + \Delta_{1P} = -\frac{1}{k}X_1$$

③绘 $\overline{M}_1$ 及 M_P 图,求 δ_{11}, Δ_{1P}。$\overline{M}_1$ 及 M_P 图如图 5.14(c)、(d)所示。

$$\delta_{11} = \frac{l^3}{3EI}, \qquad \Delta_{1P} = -\frac{5l^3}{48EI}$$

④解方程,求 X_1。

$$X_1 = -\frac{\Delta_{1P}}{\delta_{11} + \dfrac{1}{k}} = \frac{5P}{16\left(1 + \dfrac{3EI}{kl^3}\right)}$$

⑤绘 M 图。以梁下部受拉为正

$$M_{AB} = \overline{M}_1 X_1 + M_P = -\frac{3Pl\left(1 + \dfrac{8EI}{kl^3}\right)}{16\left(1 + \dfrac{3EI}{kl^3}\right)}$$

M_{AB} 上部受拉,弯矩图如图 5.14(e)所示。

讨论: 由该题可看出,当 B 端为弹簧支座时,多余力的值不仅与弹簧刚度有关而且与梁 AB 的抗弯刚度 EI 的绝对值有关。当 $k = \infty$ 时,相当于 B 端为刚性支承,此时,$X_1 = \dfrac{5P}{16}$,与 EI 的绝对值无关;当 $k = 0$ 时,相当于 B 端为自由端,$X_1 = 0$。

(2)力法计算超静定桁架

桁架的特点是各杆仅受轴力作用,因此在计算系数及自由项时,只考虑轴力的影响,计算公式为

$$\delta_{ii} = \sum \frac{\overline{F}_{Ni}^2}{EA}l, \delta_{ik} = \sum \frac{\overline{F}_{Ni}\overline{F}_{Nk}}{EA}l, \Delta_{iP} = \sum \frac{\overline{F}_{Ni}F_{NP}}{EA}l \tag{5.7}$$

例 5.4　计算图 5.15(a)所示超静定桁架的内力。

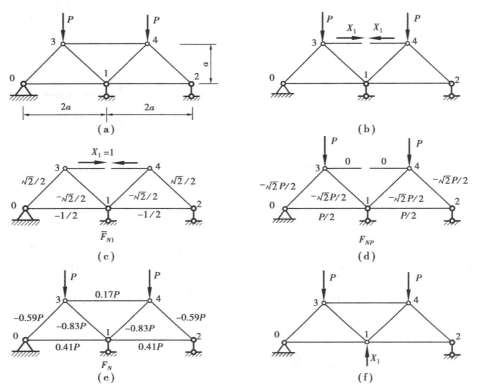

图 5.15

解　①该桁架为一次超静定,切断上弦杆以 X_1 代替,得图 5.15(b)所示的基本结构。

②建立力法方程。由于切口处两侧截面沿 X_1 方向的相对位移为零,力法方程为

$$\delta_{11}X_1 + \Delta_{1P} = 0$$

③计算基本结构。由于 $X_1 = 1$ 及荷载引起的内力 $\overline{F}_{N1}$ 及 F_{NP}(图 5.15(c)、(d)所示),求 δ_{11} 时,注意要把 $Z_1 = 1$ 作用的被截切断杆当一根杆参与计算

$$\delta_{11} = \frac{1}{EA}\Big[1^2 \cdot 2a + \Big(-\frac{1}{2}\Big)^2 \cdot 2a \cdot 2 + \Big(\frac{\sqrt{2}}{2}\Big)^2 \cdot \sqrt{2}a \cdot 2 + \Big(-\frac{\sqrt{2}}{2}\Big)^2 \cdot \sqrt{2}a \cdot 2 \Big] = \frac{(3 + 2\sqrt{2})a}{EA}$$

$$\Delta_{1P} = \frac{1}{EA}\Big[\Big(-\frac{1}{2}\Big)\frac{P}{2} \cdot 2a \cdot 2 + \frac{\sqrt{2}}{2}\Big(-\frac{\sqrt{2}P}{2}\Big)\sqrt{2}a \cdot 2 + \Big(-\frac{\sqrt{2}}{2}\Big)\Big(-\frac{\sqrt{2}P}{2}\Big)\sqrt{2}a \cdot 2 \Big] = -\frac{Pa}{EA}$$

④解方程,求 X_1。

$$X_1 = -\frac{\Delta_{1P}}{\delta_{11}} = \frac{P}{3 + 2\sqrt{2}}$$

⑤计算各杆轴力。

$$F_N = \overline{F}_{N1}X_1 + F_{NP}$$

计算结果如图 5.15(e)所示。

讨论:在计算该桁架时,若去掉结点 1 处的支杆以 X_1 代替,得图 5.15(f)所示的基本结

构。此时力法方程应是什么形式？最终计算结果是否相同？请读者思考回答。

（3）力法计算超静定组合结构

在工程实际中,有时也采用组合结构。在前面已介绍过这种结构。它的组成构件一部分属梁式杆,以受弯为主;一部分属桁架杆(也称桁杆),只受轴力。此时力法方程中的系数及自由项的计算也应由两部分组成,对梁式杆,主要考虑弯矩的影响,对桁杆,考虑轴力的影响。计算公式为:

$$\delta_{ii} = \sum \int \frac{\overline{M_i}^2}{EI} ds + \sum \frac{\overline{F}_{Ni}^2}{EA} l$$

$$\delta_{ik} = \sum \int \frac{\overline{M_i}\overline{M_k}}{EI} ds + \sum \frac{\overline{F}_{Ni}\overline{F}_{Nk}}{EA} l \tag{5.8}$$

$$\Delta_{iP} = \sum \int \frac{\overline{M_i}M_P}{EI} ds + \sum \frac{\overline{F}_{Ni}F_{NP}}{EA} l$$

例5.5　图5.16(a)所示超静定组合结构,计算各桁杆的轴力。横梁抗弯刚度为EI,桁架杆抗拉压刚度为EA。

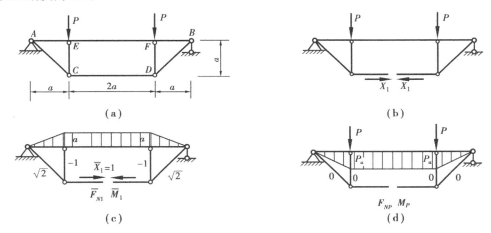

图 5.16

解　①该组合结构为一次超静定结构,切断下弦杆CD以X_1代替,得图5.16(b)所示的基本结构。

②建立力法方程。由于切口处两侧截面沿X_1方向的相对位移为零,力法方程为

$$\delta_{11}X_1 + \Delta_{1P} = 0$$

③绘出$\overline{M}_1$及M_P图并计算各桁杆的$\overline{F}_{N1}$及F_{NP}(见图5.16(c)、(d)),求δ_{11},Δ_{1P}。

$$\delta_{11} = \frac{1}{EI}\Big[a \cdot 2a \cdot a + \frac{1}{2}a^2 \cdot \frac{2}{3}a \cdot 2 \Big] + \frac{1}{EA}\Big[1^2 \cdot 2a + (-1)^2 \cdot a \cdot 2 + (\sqrt{2})^2 \cdot \sqrt{2}a \cdot 2 \Big]$$

$$= \frac{8a^3}{3EI} + \frac{4(1+\sqrt{2})a}{EA}$$

$$\Delta_{1P} = -\frac{1}{EI}\Big[\frac{1}{2}Pa \cdot a \cdot \frac{2}{3}a \cdot 2 + Pa \cdot 2a \cdot a \Big] + 0 = -\frac{8Pa^3}{3EI}$$

④解方程,求X_1。

$$X_1 = -\frac{\Delta_{1P}}{\delta_{11}} = \frac{8Pa^3}{3EI}\frac{1}{\dfrac{8a^3}{3EI}+\dfrac{4(1+\sqrt{2})a}{EA}} = \frac{P}{1+K} \qquad K = \frac{3(1+\sqrt{2})EI}{2EAa^2}$$

⑤计算各桁架杆的轴力。

计算出 X_1 后,可根据公式 $F_N = \overline{F}_{N1}X_1 + F_{NP}$ 计算各桁杆的轴力,请读者自行完成。

讨论: 分析该题中 K 的计算公式,当桁架杆抗拉压刚度 EA 较大,而梁式杆抗弯刚度 EI 较小时,$K \to 0$,$X_1 \to P$,结构的内力接近于三跨连续梁的情况。反之,当桁架杆 EA 较小,而梁式杆 EI 较大时,K 很大,$X_1 \to 0$,结构的内力接近于简支梁的情况。

单层工业厂房中排架结构也属于一种组合结构。它是由屋架(屋面大梁)、柱子、基础等构件组成的结构(图 5.17(a)所示),在取计算简图进行分析时,一般考虑屋架与柱顶铰结,柱与基础为刚结。同时设两个柱顶的相对位移为零,也就是说把屋架(或屋面大梁)看作一根抗拉刚度 $EA = \infty$ 的链杆,如图 5.17(b)所示。这样在计算时,式(5.7)中的后一项为零,计算同超静定梁及刚架。

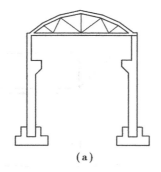

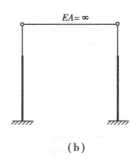

图 5.17

例 5.6 用力法计算图 5.18(a)所示铰接排架,$EI_2 = 6EI_1$。

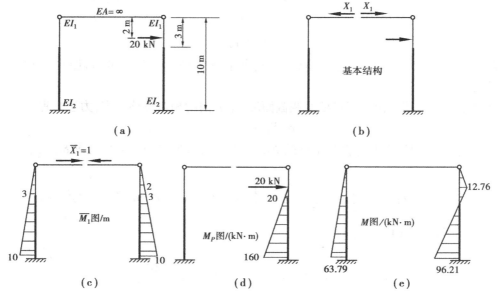

图 5.18

解 该排架属一次超静定。切断链杆,得图 5.18(b)所示基本结构,根据切口处两侧截面相对位移为零的条件,可建立典型方程

$$\delta_{11}X_1 + \Delta_{1P} = 0$$

绘出 $\overline{M}_1$ 及 M_P 图(图 5.18(c)、(d)所示),可求 δ_{11},Δ_{1P}。

$$\delta_{11} = \frac{2}{EI_1}\left(\frac{1}{2} \cdot 3 \cdot 3 \cdot \frac{2}{3} \cdot 3\right) +$$

$$\frac{2}{EI_2}\left[\frac{1}{2} \cdot 7 \cdot 3\left(\frac{2}{3} \cdot 3 + \frac{1}{3} \cdot 10\right) + \frac{1}{2} \cdot 7 \cdot 10\left(\frac{2}{3} \cdot 10 + \frac{1}{3} \cdot 3\right)\right]$$

$$= \frac{2\,270}{3EI_2}$$

$$\Delta_{1P} = -\frac{1}{EI_2}\left[\frac{1}{2} \cdot 7 \cdot 160\left(\frac{2}{3} \cdot 10 + \frac{1}{3} \cdot 3\right) + \frac{1}{2} \cdot 7 \cdot 20\left(\frac{2}{3} \cdot 3 + \frac{1}{3} \cdot 10\right)\right] -$$

$$\frac{1}{EI_1} \cdot \frac{1}{2} \cdot 1 \cdot 20\left(\frac{2}{3} \cdot 3 + \frac{1}{3} \cdot 2\right) = -\frac{14\,480}{3EI_2}$$

代入典型方程求解,得

$$X_1 = -\frac{\Delta_{1P}}{\delta_{11}} = 6.379 \text{ kN}$$

多余力求出后可由 $M = \sum \overline{M}_i X_i + M_P$ 绘出最终弯矩图,如图 5.18(e)所示。

5.4 超静定结构的位移计算、最终弯矩图的校核

5.4.1 位移计算

在第 4 章中,我们已根据虚功方程推导出结构位移计算的一般公式,它对超静定结构也同样适用。例如对超静定梁,求跨中竖向位移时,可用力法先绘出荷载作用下的 M 图,再虚设力状态,在所求位移处虚加单位力,用力法绘出 $\overline{M}$ 图,然后根据图乘法计算位移。显然这种方法计算量是很大的。回忆用力法计算超静定结构的内力时,计算思路是将超静定结构的计算转化为静定结构进行计算,即认为超静定结构的内力及变形等于静定的基本结构在多余力及荷载共同作用下的内力变形。因此,计算超静定结构的位移时,也可用静定的基本结构的位移计算来代替,即将超静定结构的位移计算也转化为静定结构的位移计算。在荷载作用时,对梁、刚架等由受弯为主的构件组成的结构,计算公式为

$$\Delta_{iP} = \sum \int_l \frac{\overline{M}M}{EI}\mathrm{d}x \quad \text{或} \quad \Delta_{iP} = \sum \frac{1}{EI}\omega y_C \tag{5.9}$$

对桁架

$$\Delta_{iP} = \sum \int_l \frac{\overline{F}_N F_N}{EA}\mathrm{d}x \qquad 若 EA = 常数,\Delta_{iP} = \sum \frac{\overline{F}_N F_N}{EA}l \tag{5.10}$$

式中,$\overline{F}_N$,$\overline{M}$ 表示基本结构上虚加单位力引起的轴力、弯矩,为静定结构的轴力、弯矩。而式中的 F_N,M 表示基本结构上荷载及多余力共同引起的轴力、弯矩,即原超静定结构的轴力、弯矩。

计算步骤如下：

①计算超静定结构在荷载作用下的 F_N,M。

②任选一基本结构,在需求位移处虚加单位力,求 $\overline{F}_N,\overline{M}$。

③按公式计算所求位移 Δ_{iP}。

例5.7 计算图5.19(a)所示超静定刚架 C 结点的转角 φ_c。

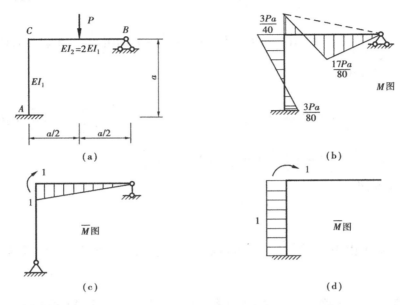

图 5.19

解 该刚架的弯矩图已由例5.1绘出(图5.19(b)),即超静定结构位移计算的第一步已完成。现分别选图5.19(c)所示的简支刚架和图5.19(d)所示的悬臂刚架为基本结构,在需求位移处虚加单位力,绘 $\overline{M}$ 图。

由图5.19(b)、(c)互乘,得

$$\varphi_c = \frac{1}{2EI_1}\left(-\frac{1}{2}a\cdot\frac{3Pa}{40}\cdot\frac{2}{3}\cdot1+\frac{1}{2}a\cdot\frac{Pa}{4}\cdot\frac{1}{2}\cdot1\right)=\frac{3Pa}{160EI_1}(\circlearrowleft)$$

由图5.19(b)、(d)互乘,得

$$\varphi_c = \frac{1}{EI_1}\left(\frac{1}{2}a\cdot\frac{3Pa}{40}\cdot1-\frac{1}{2}a\cdot\frac{3Pa}{80}\cdot1\right)=\frac{3Pa}{160EI_1}(\circlearrowleft)$$

由以上计算结果可看出,虚力状态取不同的基本结构,最终的内力图相同,因此可任选一基本结构来计算位移,以使计算更简便。

5.4.2 最终弯矩图的校核

关于弯矩图的校核,在第3章中曾介绍结构的内力图可根据平衡条件(整体平衡、局部平衡)进行校核。但由于用力法计算超静定结构内力时,多余力是根据位移条件计算的,因此,由平衡条件不可能校核多余力的正确性。也就是说,根据力法计算出结构的弯矩,仅满足平衡条件时,不能确保最终弯矩图是正确的,还必须看是否满足位移条件。校核位移条件,就是计算结构上一些已知位移的特殊点的位移,看是否与实际相符。计算时,由于 $\overline{M}_i,M$ 图均为已知,可用 $\overline{M}_i$ 图与

M 图互乘。即求出多余力方向的位移,若与原结构的已知位移相符,则满足位移条件,最终弯矩图正确。

例5.8　校核例5.2所示刚架最终弯矩图是否正确。

在例题5.2绘制最终弯矩图的过程中,已绘出了 $\overline{M}_1$,$\overline{M}_2$ 及 M 图,如图 5.20 所示。现只需用 $\overline{M}_1$ 图与 M 图互乘,计算 φ_A,或用 $\overline{M}_2$ 与 M 图互乘,计算 Δ_{BH}。

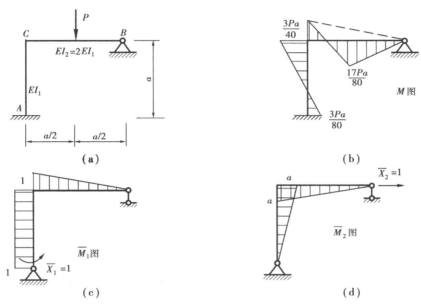

图 5.20

$$\varphi_A = \frac{1}{EI_1} \cdot 1 \cdot a \cdot \frac{1}{2}\left(\frac{6Pa}{80} - \frac{3Pa}{80}\right) + \frac{1}{2EI_1}\left(\frac{1}{2}a \cdot \frac{6Pa}{80} \cdot \frac{2}{3} \cdot 1 - \frac{1}{2}a \cdot \frac{Pa}{4} \cdot \frac{1}{2} \cdot 1\right) = 0$$

或

$$\Delta_{BH} = \frac{1}{EI_1} \frac{a^2}{2}\left(\frac{2}{3} \cdot \frac{6Pa}{80} - \frac{1}{3} \cdot \frac{3Pa}{80}\right) + \frac{1}{2EI_1}\left(\frac{1}{2}a \cdot \frac{6Pa}{80} \cdot \frac{2}{3} \cdot 1 - \frac{1}{2}a \cdot \frac{Pa}{4} \cdot \frac{1}{2} \cdot a\right) = 0$$

由计算结果看,所求位移与实际位移相符,说明最终弯矩图正确。

值得指出的是,校核位移条件时,从理论上讲,对于一个 n 次超静定结构,由于需要利用 n 个位移条件才能求出其多余力,因此应进行 n 次校核。但实际上,一般只需进行少数几次校核,且不一定校核多余联系处的位移,可校核原结构的任一已知位移。

例5.9　校核图5.21(a)所示超静定刚架的 M 图。

用力法绘出结构的弯矩图如图5.21(b)。取一对称的基本结构,验算切口处两侧截面的相对转角 φ 是否为零。

绘出 $\overline{M}$ 图如图5.21(c)所示,按位移计算公式

$$\varphi = \sum \frac{\omega y_C}{EI} \quad 因为 \quad \overline{M} = 1 \Rightarrow y_C = 1 \quad 所以 \quad \varphi = \sum \frac{\omega}{EI}$$

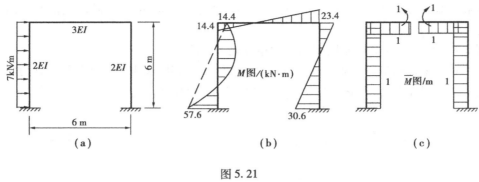

图 5.21

$$\varphi = \frac{1}{2EI}\left(\frac{1}{2} \cdot 6 \cdot 14.4 - \frac{1}{2} \cdot 6 \cdot 57.6 + \frac{2}{3} \cdot 6 \cdot 90 + \frac{1}{2} \cdot 6 \cdot 30.6 - \frac{1}{2} \cdot 6 \cdot 23.4\right) +$$

$$\frac{1}{3EI}\left(\frac{1}{2} \cdot 6 \cdot 14.4 - \frac{1}{2} \cdot 6 \cdot 23.4\right) = 0$$

因为计算所得切口处两侧截面的相对转角为零,与实际相符,所以 M 图正确。

推论: 对刚架的任一无铰封闭框格,若各杆最终 M 图的面积除以其刚度后的代数和为零,则 M 图正确。若各杆 EI 相同,则只要 M 图总面积为零,(框格内外 M 图面积相等),则 M 图正确。

5.5 温度变化和支座移动时超静定结构的内力计算

对于静定结构,温度变化和支座移动虽可引起变形或位移,但不引起内力。而对于超静定结构,由于多余联系的存在,因此温度变化和支座移动不仅可引起变形和位移,还可引起内力。如图 5.22(a)、(b)所示悬臂梁,当上下表面温度分别升高 t_1,t_2 度(设 $t_1 > t_2$),或支座 A 产生转动时,梁将自由地伸长及弯曲,或随支座 A 产生刚性转动。其变形和位移如图 5.22 中虚线所示。

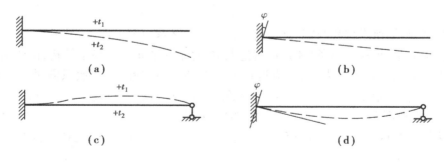

图 5.22

而对图 5.22(c)、(d)所示超静定梁,梁的变形将受到两端支座的限制,因此必将产生反力,同时产生内力。用力法分析超静定结构由于温度变化和支座移动引起的内力,其原理,计算步骤与计算荷载作用引起的内力相同。下面着重讨论计算方法中的不同点并举例说明计算方法。

5.5.1　温度变化时超静定结构的计算

温度变化引起的内力与荷载作用引起的内力在用力法计算时,第一个不同点是力法方程中的自由项。仅考虑温度变化时,引起超静定结构产生内力的原因不是主动作用的外力,而是温度变化 t。此时,力法方程中的 Δ_{iP} 应改为 Δ_{it}。Δ_{it} 表示基本结构上,温度变化引起的 X_i 方向的位移。这样力法方程组中第 i 个方程为

$$\delta_{i1}X_1 + \delta_{i2}X_2 + \cdots + \delta_{in}X_n + \Delta_{it} = 0$$

根据 Δ_{it} 的物理意义及第 4 章可知,Δ_{it} 的计算公式为

$$\Delta_{it} = \sum (\pm)\alpha t_0 \overline{F}_N l + \sum (\pm)\alpha \frac{\Delta t}{h}\omega_{\overline{M}_i}, \left(t_0 = \frac{t_1 + t_2}{2}, \Delta t = |t_1 - t_2|\right)$$

第二个不同点是因为基本结构为静定结构,而温度变化时静定结构不产生内力,所以 M_t 为零,结构最终弯矩为:$M = \sum \overline{M}_i X_i$

例 5.10　图 5.23(a)所示超静定刚架,设刚架内侧温度升高 10 ℃,外侧温度无变化,计算刚架的内力。已知各杆抗弯刚度为 EI,矩形截面,截面高度为 h,线膨胀系数为 α。

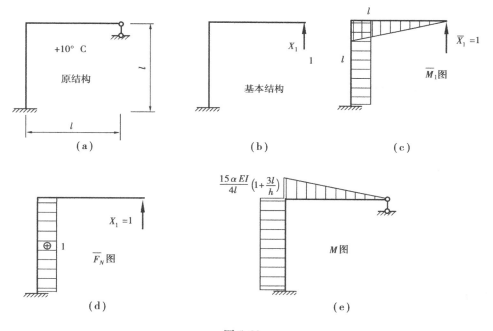

图 5.23

解　此刚架为一次超静定,取图 5.23(b)所示的基本结构,力法方程为

$$\delta_{11}X_1 + \Delta_{1t} = 0$$

绘出 $\overline{M}_1$,$\overline{F}_{N1}$ 图分别如图 5.23(c)、(d)所示,计算系数和自由项

$$\delta_{11} = \frac{1}{EI}\left(l^2 \cdot l + \frac{1}{2}l^2 \cdot \frac{2}{3}l\right) = \frac{4l^3}{3EI}$$

$$t_0 = \frac{1}{2}(0 + 10) = 5 \qquad \Delta t = |0 - 10| = 10$$

$$\Delta_{1t} = \alpha \cdot 5 \cdot l + \alpha \cdot \frac{10}{h}\left(l^2 + \frac{1}{2}l^2\right) = 5\alpha l\left(1 + \frac{3l}{h}\right)$$

代入力法方程式,求得

$$X_1 = -\frac{\Delta_{1t}}{\delta_{11}} = -\frac{15\alpha EI}{4l^2}\left(1 + \frac{3l}{h}\right)$$

由 $M = \overline{M}_1 X_1$,绘出最终弯矩图(图 5.23(e))。

5.5.2 支座移动时超静定结构的计算

与温度变化时相似,支座移动引起的内力与荷载作用引起的内力在用力法计算时,也存在两个不同点。第一个不同点仍是方程中的自由项。仅考虑支座移动时,引起超静定结构产生内力的原因不是主动作用的外力,而是支座移动量。此时,力法方程中的 Δ_{iP} 应改为 Δ_{ic}。Δ_{ic} 表示基本结构上,支座移动引起的 X_i 方向的位移。则力法方程组中第 i 个方程为

$$\delta_{i1}X_1 + \delta_{i2}X_2 + \cdots + \delta_{in}X_n + \Delta_{ic} = 0$$

根据 Δ_{ic} 的物理意义及第 4 章可知,Δ_{ic} 的计算公式为

$$\Delta_{ic} = -\sum \overline{R}_i C_V$$

在建立力法方程时,特别要注意方程的物理意义及 Δ_{ic} 的物理意义。基本结构不同,所建立的方程不同,等式右边不一定为零。

例对图 5.24(a)所示的超静定结构,计算 A 端转角引起的内力时,若取图 5.24(b)所示的悬臂刚架为基本结构,则力法方程为

$$\delta_{11}X_1 + \Delta_{1c} = 0$$

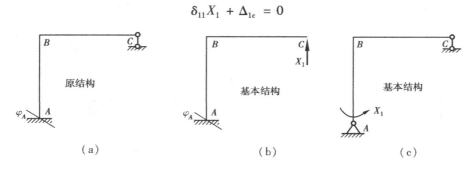

图 5.24

若取图 5.23(c)所示的简支刚架为基本结构,力法方程为

$$\delta_{11}X_1 = -\varphi_A$$

请读者解释上述两个方程的物理意义。

与温度变化时相同,计算中的第二个不同点同样是因为静定的基本结构在支座移动时不产生内力,结构最终弯矩为:$M = \sum \overline{M}_i X_i$。

例 5.11 计算并绘出图 5.25(a)所示单跨超静定梁由于支座移动引起的内力图。

解 该梁为三次超静定,取图 5.25(b)所示的简支梁为基本结构,多余力为杆端弯矩 X_1,X_2 和水平反力 X_3。因在计算过程中未考虑轴向变形,X_3 对梁的弯矩无影响,可不考虑。力法方程为

$$\delta_{11}X_1 + \delta_{12}X_2 + \Delta_{1c} = 0$$

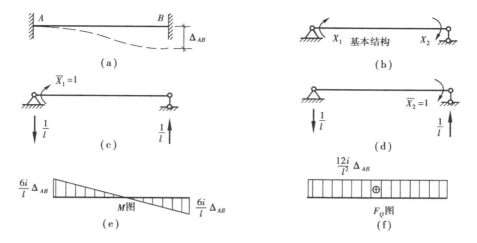

图 5.25

$$\delta_{21}X_1 + \delta_{22}X_2 + \Delta_{2c} = 0$$

式中的系数可由前述图乘法求得

$$\delta_{11} = \frac{l}{3EI} = \delta_{22} \qquad \delta_{12} = \delta_{21} = -\frac{l}{6EI}$$

自由项可由公式 $\Delta_{ic} = -\sum \overline{R}_i C$ 计算

$$\Delta_{1c} = -\left(-\frac{1}{l} \cdot \Delta_{AB}\right) = \frac{\Delta_{AB}}{l} = \Delta_{2c}$$

将所求系数及自由项代入力法方程,解出多余力

$$X_1 = X_2 = -\frac{6EI}{l^2}\Delta_{AB}$$

令 $i = \dfrac{EI}{l}$,称为杆件的线抗弯刚度,简称线刚度。

则

$$X_1 = X_2 = -\frac{6i}{l}\Delta_{AB}$$

由公式 $M = \sum \overline{M}_i X_i$,可知:$M_{AB} = X_1$,$M_{BA} = X_2$,绘出 M,F_Q 图分别如图 5.25(e),图 5.25 (f)所示。

5.6 超静定结构的特性

根据前面的讨论结果,将超静定结构与静定结构比较,可看出超静定结构具有以下一些重要的特性:

①从几何组成看,静定结构去掉任一联系后,即成为可变体系,因而不能再承受荷载,而超静定结构由于具有多余联系,在去掉多余联系后,仍能维持几何不变性,还具有一定的承载能力,从这一角度说,超静定结构比静定结构安全可靠。

②从静力分析看,静定结构的内力分析只需通过静力平衡条件就可唯一确定,因此,静定

结构的内力与结构的材料性质及截面尺寸无关,而超静定结构的内力仅由静力平衡条件则不能唯一确定,必须同时考虑位移条件。所以,超静定结构的内力与结构的材料性质及截面尺寸有关。在设计超静定结构时,须事先确定截面尺寸。从前面的计算还可看出:荷载作用时,超静定结构的内力仅与结构各杆的相对刚度有关;若有温度变化和支座移动,其内力与结构各杆刚度的绝对值有关。

③从引起内力的原因看,静定结构除荷载外,其他因素,例如支座移动、温度变化、材料收缩、制造误差等原因均不会引起内力。而对于超静定结构,上述任何原因都将使结构产生内力。这主要是因为上述原因都将使结构产生变形,而这种变形将受到多余联系的限制,因而使结构产生内力。介于这一特性,在设计制作超静定结构时,要采取相应措施,消除或减轻这种内力的不利影响。另一方面,又可利用这种内力来调整结构的整个内力状态,使得内力分布更为合理。

④从荷载对结构的影响看,对静定结构,若荷载作用在局部,部分结构能平衡该荷载时,其余部分不受影响(图 5.26(a)所示);若在某一几何不变部分上外荷载作等效变换,也仅影响荷载变换部分的内力,其他部分不受影响(图 5.26(b)、(c)所示)。可以说,荷载作用对静定结构的影响是局部的,或者说静定结构在局部荷载作用下,影响范围小,但峰值较大。而对于超静定结构,由于多余联系的存在,结构任何部分受力或所受力有所变化,都将影响整个结构,也就是说荷载作用对超静定结构的影响是全局的,或者说超静定结构在局部荷载作用下,影响范围广,但内力分布较均匀(图 5.26(d)所示)。

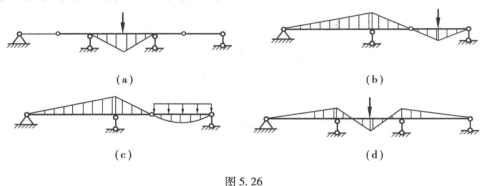

图 5.26

5.7 对称性的利用——力法计算的简化

在结构工程中,有很多结构其几何形状、支座形式、杆件截面和材料(EI、EA、GA)均对称于某一几何轴线,我们将这一轴线称为对称轴,这一类结构称为对称结构(5.27(a)所示)。另外,对于作用在结构上的荷载及结构产生的内力、变形,也有正对称、反对称两种情况。正对称指将结构绕对称轴对折后,其图形、数值等能完全重合。反对称时其数值相等,但符号或方向相反。

在力法计算中,结构超静定次数越高,其计算工作量也越大。能否进行简化计算呢? 我们先讨论力法计算简化的可能性及简化方向。

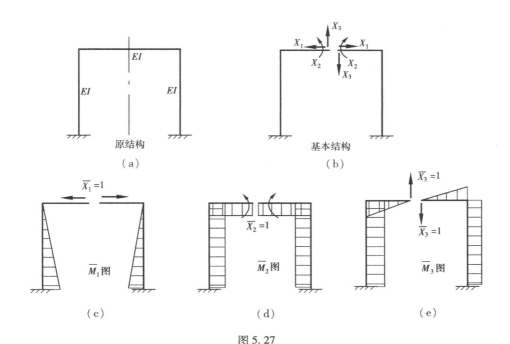

图 5.27

由力法方程中系数及自由项的计算可知，δ_{ii} 恒大于零，而 δ_{ik}，Δ_{iP} 可大于等于零或小于零。因此可想办法使尽可能多的 δ_{ik}，Δ_{iP} 为零，从而使力法计算得到简化。另外，也可想办法减少基本未知量数目，使力法计算得到简化。针对简化方向的不同，下面介绍常用的两种简化方法。

5.7.1　利用对称性，选择对称的基本结构——使尽可能多的 δ_{ik}，Δ_{iP} 为零

讨论图 5.27(a) 所示对称结构，为三次超静定。切断横梁对称轴上的截面，得图 5.27(b) 所示对称的基本结构。此时，多余力一部分正对称：弯矩 X_1，轴力 X_2；一部分反对称：剪力 X_3。绘出单位弯矩图 $\overline{M}_1$，$\overline{M}_2$ 及 $\overline{M}_3$（图 5.27(c)、(d)、(e) 所示），可见 $\overline{M}_1$，$\overline{M}_2$ 正对称，$\overline{M}_3$ 反对称。由于正、反对称的两图相乘时恰好正负抵消使结果为零，即有

$$\delta_{13} = \delta_{31} = 0, \delta_{23} = \delta_{32} = 0$$

则力法方程便简化为

$$\delta_{11}X_1 + \delta_{12}X_2 + \Delta_{1P} = 0$$
$$\delta_{21}X_1 + \delta_{22}X_2 + \Delta_{2P} = 0 \qquad\qquad (a)$$
$$\delta_{33}X_3 + \Delta_{3P} = 0 \qquad\qquad (b)$$

由此，可得出第一个结论。

结论 I：对于对称结构，若选择对称的基本结构，使多余力部分正对称，部分反对称，则力法方程可分为两组，一组只含正对称多余力，一组只含反对称多余力。

显然这比选择非对称的基本结构计算要简便得多。

若作用在结构上的荷载为正对称荷载（图 5.28(a) 所示），则 M_P 也是正对称的（图 5.28(b) 所示），此时 $\overline{M}_3$ 与 M_P 图互乘为零，即 $\Delta_{3P} = 0$。

代入式(a)，有

$$X_3 = 0$$

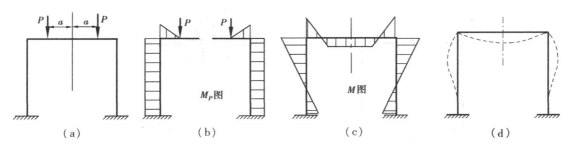

图 5.28

结构的最终弯矩图为

$$M = \overline{M}_1 X_1 + \overline{M}_2 X_2 + M_P$$

因 $\overline{M}_1$，$\overline{M}_2$ 及 M_P 均为正对称图形，所以 M 为正对称图形(图 5.28(c)所示)。由此得出第二个结论。

结论 II：对称结构，正对称荷载作用，则反对称多余力为零，结构的内力及变形是正对称的。

关于结构内力、变形正对称，需注意三点：第一，从内力图与变形图来看，M，F_N 图正对称，F_Q 图反对称；变形图正对称(见图 5.28(d))。第二，考虑对称轴上各截面的内力，应只有轴力 F_N，弯矩 M，而剪力 $F_Q = 0$。第三，考虑对称轴上各点的位移，由图 5.28(d)可看出对称轴上的点只有垂直于杆轴方向的位移(正对称的位移)，无轴向位移及转角(反对称的位移)。

若作用在结构上的荷载为反对称荷载(图 5.29(a)所示)，则 M_P 为反对称(图 5.29(b)所示)，有 $\Delta_{1P} = 0$，$\Delta_{2P} = 0$。

代入式(a)，因其系数行列式不等于零，只有 $X_1 = X_2 = 0$。

结构的最终弯矩图为

$$M = \overline{M}_3 X_3 + M_P$$

因 $\overline{M}_3$，M_P 均为反对称图形，所以 M 为反对称图形(图 5.29(c)所示)。由此得出第三个结论。

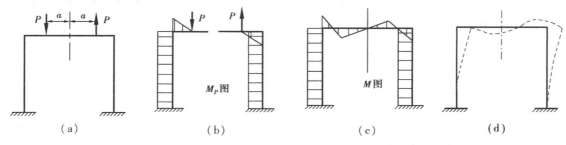

图 5.29

结论 III：对称结构，反对称荷载作用，则正对称多余力为零，结构的内力及变形是反对称的。

同理，关于结构内力、变形反对称，也需注意三点：第一，从内力图与变形图来看，M，F_N 图反对称，F_Q 图正对称；变形图反对称。第二，考虑对称轴上各截面的内力，只有剪力 F_Q，而弯矩、轴力为零($M = 0$，$F_N = 0$)(见图 5.28(d))。第三，对称轴上各点的位移，由图 5.28(d)可看出对称轴上的点只有转角和轴向位移(反对称的位移)，而垂直于杆轴方向的位移为零。

例 5.12 绘图 5.30(a)所示刚架的弯矩图。设 $EI = $ 常数。

解　该结构为四次超静定,且为一对称结构,反对称荷载作用。取图 5.30(b)所示的对称结构为基本结构,由结论Ⅲ,只有反对称多余力。这样就将一个四次超静定问题转化为一个一次超静定问题,使计算大为简化。计算过程请读者自行完成,最终弯矩图如图 5.30(c)所示。

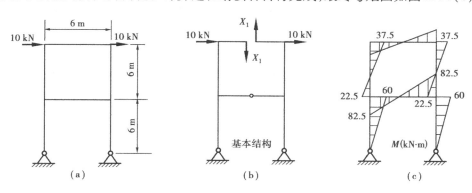

图 5.30

5.7.2　等值半结构法——减少未知量数目

所谓等值半结构法,是利用对称结构在正对称或反对称荷载作用下的内力、变形条件,将原结构用等效的半结构代替,从而减少未知量数目,简化计算。下面分别就正对称荷载、反对称荷载,奇数跨、偶数跨两种对称结构进行讨论。

对称结构在正对称荷载作用时,由结论 2,内力、变形正对称。讨论图 5.31(a)所示奇数跨结构,在对称轴 C 处,只可能有弯矩和轴力,有竖向线位移。取一半刚架计算时,C 点处内力、变形与定向支承对其的约束相吻合,因此可用定向支承代替,得图 5.31(b)所示的半刚架,从而将一个三次超静定问题转化为两次超静定问题。而对图 5.32(a)所示的偶数跨结构,忽略中柱的轴向变形,中柱上端的竖向位移、水平位移、转角全为零。因此可用固定端支承替代原约束,得图 5.32(b)所示半刚架,将一个六次超静定问题转化为三次超静定问题。

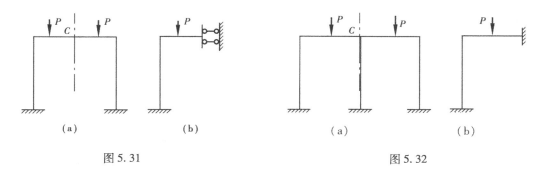

图 5.31　　　　　　　　　　　　图 5.32

对称结构在反对称荷载作用时,由结论 3,内力、变形反对称。讨论图 5.33(a)所示奇数跨结构,在对称轴 C 处,只可能有剪力,有水平线位移及转角。取一半刚架计算时,可用竖向链杆支承代替原约束,得图 5.33(b)所示的半刚架,将一个三次超静定问题转化为一次超静定问题。而对图 5.34(a)所示的偶数跨结构,可设想中柱由两根各具 $\frac{I}{2}$ 的分柱组成,两分柱分别在

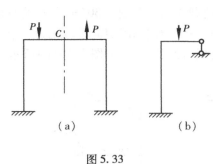

图 5.33

对称轴的两侧,与横梁刚结,如图 5.34(b)所示。这样可将原结构视为奇数跨的对称结构。由结论 3,横梁在对称轴截面只有剪力,如图 5.34(c)所示。在忽略轴向变形时,这一对剪力只对两分柱产生大小相等而性质相反的轴力,对其他各杆均不产生内力。又由于中柱的内力应是两分柱内力之和,故剪力对原结构的内力和变形都无影响。可略去剪力取原结构的一半进行分析,如图 5.34(d)所示。将一个六次超静定问题转化为三次超静定问题。

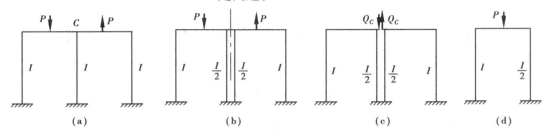

图 5.34

例 5.13　绘出如图 5.35 所示结构的等值半刚架。

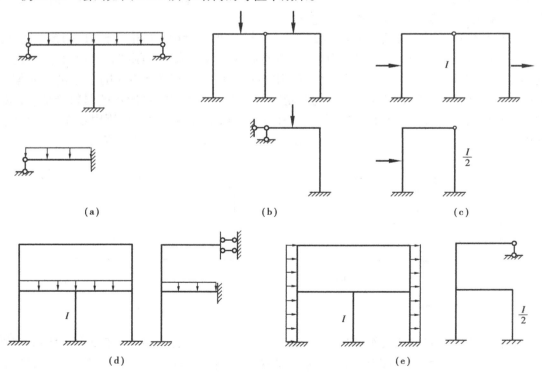

图 5.35

需要指出的是:等值半结构法应用面很广,不仅可在力法中应用,还可在后续介绍的其他方法中应用。

用适当方法在等值半结构上完成内力图后,可根据结论 2,3 所述内力图的对称性值,画出另一半结构上的内力图。

此外,对称结构在受到非对称荷载作用时,可将荷载分解为正对称和反对称荷载,利用前述对称性简化方法进行计算,最终再进行叠加。如图 5.36 举例如下:

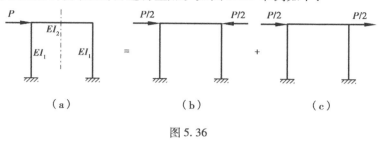

图 5.36

*5.8 超静定拱的计算

在第 3 章中已对拱结构进行了介绍,除三铰拱外,两铰拱及无铰拱均为超静定拱。在建筑中,屋盖、支承双曲扁壳的边缘构件,以及混凝土的人字形屋架等多采用有拉杆的二铰拱结构。由于无铰拱弯矩分布较均匀,且构造简单,在桥梁、隧道等工程中应用较多。本节将对用力法求解两铰拱及无铰拱的计算方法作一简单介绍。

超静定拱的计算与刚架的计算比较有两个显著的特点:一是拱体内以受压为主,计算时应考虑轴向变形的影响。二是拱轴为曲线,严格说应考虑曲率的影响。但对一般拱桥,通常拱顶截面高 $h_c < \dfrac{l}{10}$,计算结果表明,曲率对变形的影响很小,可略去不计。在计算系数时,由于拱轴为曲线,积分是曲线积分,计算复杂。在工程实际中,一般采用下列三种处理方法:

①拱轴为圆曲线时,考虑 $ds = Rd\varphi$。

②拱轴曲线平缓时 $\left(\dfrac{f}{l} < \dfrac{1}{4}\right)$　令 $ds \approx dx$。

③采用近似计算,用求和代替积分。常用方法有梯形法和辛卜生法(抛物线法)。

5.8.1 两铰拱的计算

两铰拱为一次超静定结构,通常以简支曲梁为基本结构(图 5.37(b)所示),水平推力为多余力 X_1,力法方程为

$$\delta_{11}X_1 + \Delta_{1P} = 0$$

对于系数及自由项的计算,经验指出:在一般情况下,当 $\dfrac{f}{l} \leqslant \dfrac{1}{5}$ 时,计算 δ_{11} 应考虑轴向变形的影响。

$$
\begin{aligned}
\delta_{11} &= \int \frac{\overline{M}_1^2}{EI}ds + \int \frac{\overline{F}_{N1}^2}{EA}ds \\
\Delta_{1P} &= \int \frac{\overline{M}_1 M_P}{EI}ds
\end{aligned}
\tag{5.11}
$$

设弯矩以使拱体内侧受拉为正,轴力以使拱轴受压为正,则基本结构上 $X_1 = 1$ 所引起的弯

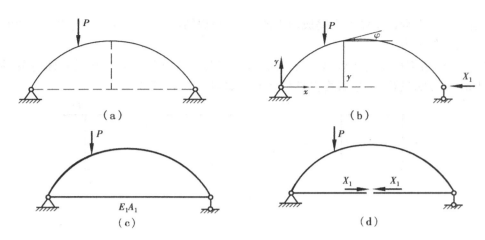

图 5.37

矩、轴力为

$$\overline{M}_1 = -y, \quad \overline{F}_{N1} = \cos\varphi$$

代入公式(5.11)

$$\delta_{11} = \int \frac{y^2}{EI}ds + \int \frac{\cos^2\varphi}{EA}ds, \quad \Delta_{1P} = -\int \frac{yM_P}{EI}ds$$

则

$$X_1 = -\frac{\Delta_{1P}}{\delta_{11}} = \frac{\int \dfrac{yM_P}{EI}ds}{\int \dfrac{y^2}{EI}ds + \int \dfrac{\cos^2\varphi}{EA}ds} \tag{5.12}$$

X_1 求出后,可由平衡条件求两铰拱的反力。两铰拱任意截面上的内力计算同三铰拱

即

$$\left.\begin{array}{l} M_K = M_K^0 - X_1 y_K \\ F_{QK} = F_{QK}^0 \cos\varphi_K - X_1 \sin\varphi_K \\ F_{NK} = F_{QK}^0 \sin\varphi_K + X_1 \cos\varphi_K \end{array}\right\} \tag{5.13}$$

对于带拉杆的两铰拱,通常切断拉杆,以拉杆中的拉力为多余力,如图 5.36(d)。这样计算 δ_{11}^*(与(5.11)中的 δ_{11} 比较)时应多一项:$\int_0^l \dfrac{X_1^2}{E_1A_1}dx = \int_0^l \dfrac{1^2}{E_1A_1}dx = \dfrac{l}{E_1A_1}$,即 $\delta_{11}^* = \delta_{11} + \dfrac{l}{E_1A_1}$ 所以有

$$X_1 = -\frac{\Delta_{1P}}{\delta_{11}^*} = \frac{\int \dfrac{yM_P}{EI}ds}{\int \dfrac{y^2}{EI}ds + \int \dfrac{\cos^2\varphi}{EA}ds + \dfrac{l}{E_1A_1}} \tag{5.14}$$

其余计算与无拉杆的两铰拱相同。

通过合理的设置拉杆,减少了水平推力,使拱肋弯矩减小,同时,在建筑结构中,墙体或柱子将不受弯矩。

例 5.14 计算图 5.38(a)所示等截面两铰拱。已知拱轴方程为 $y = \dfrac{4f}{l^2}x(l-x)$,跨度 $l = 18$ m,拱高 $h = 3.6$ m,拱截面面积 $A = 384 \times 10^{-3}$ m^2,惯性矩 $I = 1\,843 \times 10^{-6}$ m^4,$E = 192$ GPa。

解 取图 5.38(b)所示的基本体系。因 $\dfrac{f}{l} = \dfrac{3.6}{18} = \dfrac{1}{5}$,所以需考虑轴向变形的影响,同时

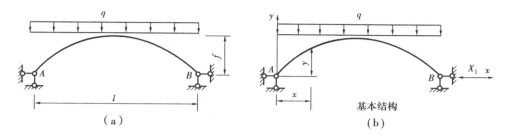

图 5.38

可近似地取 $ds \approx dx, \cos\varphi \approx 1$。这样系数和自由项的公式简化为

$$\delta_{11} = \frac{1}{EI}\int_0^l y^2 dx + \frac{1}{EA}\int_0^l dx \tag{a}$$

$$\Delta_{1P} = -\frac{1}{EI}\int_0^l yM_P dx \tag{b}$$

已知　$y = \dfrac{4f}{l^2}x(l-x)$，由基本结构，

$$\sum M_B = 0, 得 \ M_P = \frac{q}{2}x(l-x)$$

将 y, M_P 代入式(a)、式(b)，得

$$\delta_{11} = \frac{1}{EI}\int_0^l \left[\frac{4f}{l^2}x(l-x)\right]^2 dx + \frac{1}{EA}\int_0^l dx = \frac{16f^2l}{30EI} + \frac{1}{EA}$$

$$= \left(\frac{16 \times 3.6^2 \times 18}{30 \times 192 \times 10^9 \times 1\,843 \times 10^{-6}} + \frac{18}{192 \times 10^9 \times 384 \times 10^{-3}}\right) m/N$$

$$= 3\,518.45 \times 10^{-10} m/N$$

$$\Delta_{1P} = -\frac{1}{EI}\int \frac{4f}{l^2}x(l-x) \cdot \left[\frac{q}{2}x(l-x)\right] dx = -\frac{qfl^3}{15EI}$$

$$= \left(-\frac{8 \times 10^3 \times 3.6 \times 18^3}{15 \times 192 \times 10^9 \times 1\,843 \times 10^{-6}}\right) m$$

$$= -316.44 \times 10^{-4} m$$

$$X_1 = -\frac{\Delta_{1P}}{\delta_{11}} = 89\,940 \qquad N = 89.94 \ kN$$

求出多余力 X_1 后，可将拱分为若干等分，按公式(5.13)计算拱体内各截面的内力，作内力图，这里从略。

5.8.2　无铰拱的计算——弹性中心法

对无铰拱，超静定次数为 3。将拱顶处切开，取对称的基本结构如图 5.39(b)所示，则：
$\delta_{13} = \delta_{31} = 0, \delta_{23} = \delta_{32} = 0, \delta_{12} = \delta_{21} \neq 0$，力法方程为

$$\delta_{11}X_1 + \delta_{12}X_2 + \Delta_{1P} = 0$$
$$\delta_{21}X_1 + \delta_{22}X_2 + \Delta_{2P} = 0$$
$$\delta_{33}X_3 + \Delta_{3P} = 0$$

若能设法使 $\delta_{12}(=\delta_{21}) = 0$，则可使计算进一步简化。弹性中心法的核心就是通过添加"刚臂"的方法，使 $\delta_{12} = \delta_{21} = 0$。

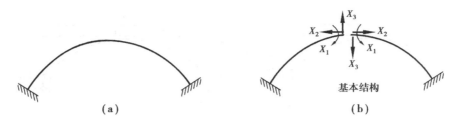

图 5.39

这种方法的思路是设想在切口处添加两刚度无穷大的伸臂,称为刚臂,如图 5.40(a)所示。因刚臂本身不变形,从而保证了切口处的变形与原基本结构相同,用它来代替原基本结构。适当选择刚臂长度,使 $\delta_{12} = \delta_{21} = 0$。下面讨论 δ_{12},δ_{21} 的计算:在忽略曲率对变形的影响时,由荷载作用下位移计算的一般公式,

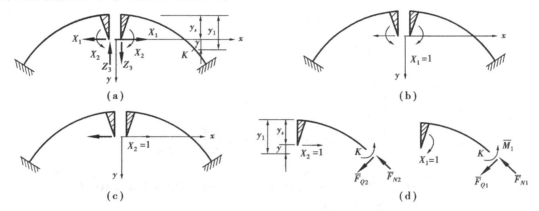

图 5.40

$$\delta_{12} = \delta_{21} = \int \frac{\overline{M}_1 \overline{M}_2}{EI} ds + \int k \frac{\overline{F}_{Q1} \overline{F}_{Q2}}{GA} ds + \int \frac{\overline{F}_{N1} \overline{F}_{N2}}{EA} ds$$

为此,须先求出 $X_1 = 1$,$X_2 = 1$ 引起的内力。现以刚臂端点 O 为坐标原点,x 轴向右为正,y 轴向下为正,弯矩以使拱体内侧受拉为正,剪力以使脱离体顺时针转为正,轴力以使拱轴受压为正,则由图 5.40(b)、(c)、(d)有

$$\overline{M}_1 = 1 \qquad \overline{F}_{Q1} = 0 \qquad \overline{F}_{N1} = 0$$

$$\overline{M}_2 = y \qquad \overline{F}_{Q2} = \sin \varphi \qquad \overline{F}_{N2} = \cos \varphi$$

代入公式(a),有

$$\delta_{12} = \delta_{21} = \int \frac{y}{EI} ds = \int \frac{1}{EI}(y_1 - y_s) ds$$

要使 $\delta_{12} = \delta_{21} = 0$,必有

$$\int y_1 \frac{1}{EI} ds - ys \int \frac{1}{EI} ds = 0$$

即刚臂的长度 y_s 应为

$$y_s = \frac{\int y_1 \frac{1}{EI} \mathrm{d}s}{\int \frac{1}{EI} \mathrm{d}s} \qquad (5.15)$$

若设想沿拱轴以 $\frac{1}{EI}$ 为截面宽作一图形

（图 5.41），则 $\int \frac{1}{EI} \mathrm{d}s$ 为图形的面积，称为弹性

面积，$\int y_1 \frac{1}{EI} \mathrm{d}s$ 为弹性面积对 x_1 轴的静矩，y_s 为
弹性面积形心至 x_1 轴的距离。或说 O 点是弹性
面积的形心，称为弹性中心，故称这种方法为
弹性中心法。

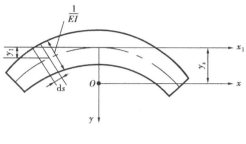

图 5.41

用弹性中心法计算时，所有副系数均为零，故力法方程为

$$\delta_{11} X_1 + \Delta_{1P} = 0$$
$$\delta_{22} X_2 + \Delta_{2P} = 0 \qquad (5.16)$$
$$\delta_{33} X_3 + \Delta_{3P} = 0$$

以弹性中心为坐标原点，各系数及自由项的计算公式为

$$\left. \begin{aligned}
E\delta_{11} &= \int \overline{M}_1^2 \frac{\mathrm{d}s}{I} = \int \frac{\mathrm{d}s}{I} \\
E\delta_{22} &= \int \overline{M}_2^2 \frac{\mathrm{d}s}{I} + \int \overline{N}_2^2 \frac{\mathrm{d}s}{A} = \int y^2 \frac{\mathrm{d}s}{I} + \int \cos^2 \varphi \frac{\mathrm{d}s}{A} \\
E\delta_{33} &= \int \overline{M}_3^2 \frac{\mathrm{d}s}{I} = \int x^2 \frac{\mathrm{d}s}{I} \\
E\Delta_{1P} &= \int \overline{M}_1 M_P \frac{\mathrm{d}s}{I} = \int M_P \frac{\mathrm{d}s}{I} \\
E\Delta_{2P} &= \int \overline{M}_2 M_P \frac{\mathrm{d}s}{I} = \int y M_P \frac{\mathrm{d}s}{I} \\
E\Delta_{3P} &= \int \overline{M}_3 M_P \frac{\mathrm{d}s}{I} = \int x M_P \frac{\mathrm{d}s}{I}
\end{aligned} \right\} \qquad (5.17)$$

计算系数及自由项时，若 $\frac{f}{l} > \frac{1}{5}$，可只考虑弯曲变形的影响；当 $\frac{f}{l} \leqslant \frac{1}{5}$ 时，对 δ_{22} 还应考虑
轴向变形的影响。

解方程求出多余力后，用静力平衡条件即可求出各截面内力。

例 5.15　图 5.42(a) 所示对称变截面无铰拱的轴线方程为 $y_1 = \frac{4f}{l^2} x^2$。截面为矩形，拱顶

截面高度 $h_C = 0.6$ m，取宽度 $b = 1$ m 计算。$I = \frac{I_C}{\cos \varphi}$，并取 $A = \frac{A_C}{\cos \varphi}$。求 K 截面的内力。

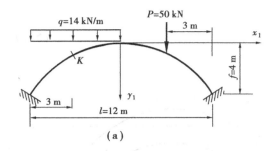
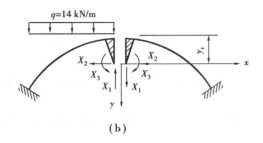

图 5.42

解 ①求多余未知力。

采用弹性中心法,取基本结构如图 5.42(b)所示,拱轴方程为

$$y_1 = \frac{4f}{l^2}x^2 = \frac{4 \times 4}{12^2}x^2 = \frac{x^2}{9}$$

由式(5.15),注意到 $\dfrac{\mathrm{d}s}{I} = \dfrac{\mathrm{d}x}{I_C}$,可得

$$y_s = \frac{\displaystyle\int y_1 \frac{\mathrm{d}s}{EI}}{\displaystyle\int \frac{\mathrm{d}s}{EI}} = \frac{\dfrac{1}{EI_C}\displaystyle\int y_1 \mathrm{d}x}{\dfrac{1}{EI_C}\displaystyle\int \mathrm{d}x} = \frac{\displaystyle\int_{-6}^{6} \frac{x^2}{9}\mathrm{d}x}{\displaystyle\int_{-6}^{6} \mathrm{d}x} = \frac{4}{3}$$

根据式(5.17),$y = y_1 - y_s = \dfrac{x^2}{9} - \dfrac{4}{3}$,$\dfrac{f}{l} = \dfrac{4}{12} = \dfrac{1}{3} > \dfrac{1}{5}$,忽略轴向变形的影响,可求得各系数为

$$EI_C\delta_{11} = \int \mathrm{d}x = l = 12$$

$$EI_C\delta_{22} = \int y^2 \mathrm{d}x = \int_{-6}^{6}\left(\frac{x^2}{9} - \frac{4}{3}\right)^2 \mathrm{d}x = 17.07$$

$$EI_C\delta_{33} = \int x^2 \mathrm{d}x = \int_{-6}^{6} x^2 \mathrm{d}x = 144$$

根据静力平衡条件,写出基本结构在荷载作用下 M_P 的表达式为

$$当 -6 \le x \le 0, M_P = -\frac{1}{2}qx^2 = -7x^2$$

$$当 0 \le x \le 3, M_P = 0$$

$$当 3 \le x \le 6, M_P = -50(x-3)$$

由式(5.17),得

$$EI_C\Delta_{1P} = \int M_P \mathrm{d}x = \int_{-6}^{0} -7x^2 \mathrm{d}x - \int_{3}^{6} 50(x-3)\mathrm{d}x = 729$$

$$EI_C\Delta_{2P} = \int y M_P \mathrm{d}s$$

$$= \int_{-6}^{0}\left(\frac{x^2}{9} - \frac{4}{3}\right)(-7x^2)\mathrm{d}x - \int_{3}^{6}\left(\frac{x^2}{9} - \frac{4}{3}\right) \cdot 50(x-3)\mathrm{d}x = -875.1$$

$$EI_C\Delta_{3P} = \int x M_P \mathrm{d}x = \int_{-6}^{0} x(-7x^2)\mathrm{d}x - \int_{3}^{6} x \cdot 50(x-3)\mathrm{d}x = 1\ 143$$

由式(5.16),得

$$X_1 = -\frac{\Delta_{1P}}{\delta_{11}} = \frac{729}{12}\text{kN} \cdot \text{m} = 60.8 \text{ kN} \cdot \text{m}$$

$$X_2 = -\frac{\Delta_{2P}}{\delta_{22}} = \frac{875.1}{17.07}\text{kN} = 51.26 \text{ kN}$$

$$X_3 = -\frac{\Delta_{3P}}{\delta_{33}} = \frac{1\,143}{144}\text{kN} = -7.9 \text{ kN}$$

②求 K 截面内力。

当 3 个多余未知力求出后,可将无铰拱视为在荷载和多余力共同作用下的悬臂曲梁,用叠加法即可计算 K 截面的内力。

对 K 截面,$x_K = -3$,$y_K = \dfrac{x^2}{9} - \dfrac{4}{3} = -\dfrac{1}{3}$,

$\tan \varphi_K = y' \big|_{x=-3} = -0.667$,$\cos \varphi_K = 0.832$,$\sin \varphi_K = -0.555$

$$\begin{aligned}
M_K &= X_1 + X_2 y_K + X_3 x_K + M_P \\
&= \left[60.8 + 51.26\left(-\frac{1}{3}\right) - 7.9(-3) - \frac{1}{2} \times 14 \times (-3)^2 \right]\text{kN} \cdot \text{m} = 4.41\text{kN} \cdot \text{m}
\end{aligned}$$

$$\begin{aligned}
F_{QK} &= X_2 \sin \varphi_K + X_3 \cos \varphi_K + F_{QP} \\
&= \left[51.26(-0.555) - 7.9 \times 0.832 - 14(-3)0.832 \right]\text{kN} = 0.08 \text{ kN}
\end{aligned}$$

$$\begin{aligned}
F_{NK} &= X_2 \cos \varphi_K - X_3 \sin \varphi_K + F_{NP} \\
&= \left[51.26 \times 0.832 + 7.9(-0.555) + 14(-3)(-0.555) \right]\text{kN} = 61.57 \text{ kN}
\end{aligned}$$

本章小结

● **本章主要知识点**

1. 超静定结构的概念、性质和作用。

2. 力法的基本概念,掌握去掉多余约束形成基本结构的方法。

3. 建立力法典型方程;计算系数和自由项;绘制内力图。

4. 用力法计算荷载、温度改变和支座移动作用下超静定结构的内力和位移。

5. 利用对称性简化力法计算的方法和原理。

● **可深入讨论的几个问题**

1. 用力法求解超静定结构时,一般取对应的静定结构作为基本结构。根据力法的基本思想,将未知问题转化为已知问题来解决,是否只能取静定结构为基本结构呢? 还可取什么样的结构为基本结构?

2. 本章仅讨论了荷载作用下超静定结构的位移计算,如何计算温度变化或支座移动引起的超静定结构的位移? 应考虑哪些因素? 计算公式如何? 请参阅其他结构力学教材。

3. 若对称结构上所承受的荷载既非正对称,也非反对称,如何简化计算呢? 一般可采用两种方法来解决:一是对荷载进行分组,分为一组正对称,一组反对称,利用结论进行分析;二是对未知力进行分组,一组为正对称的未知力,一组为反对称的未知力,这样可使方程中的一些副系数等于零。请参阅其他结构力学教材。

4. 拱结构在桥梁工程中应用很多,除本章介绍的外,从结构形式来说,还有各种系杆拱、桁架拱,对超静定拱,除荷载作用产生内力外,温度变化、支座移动同样会使其产生内力。要进一步深入了解拱结构的内力计算,请参阅李廉锟主编结构力学教材。

概　念　题

1. 静定结构解答的唯一性与超静定结构解答的唯一性有什么区别?

2. 对于超静定结构,只考虑_____条件不能求出全部反力及内力的唯一解。如果再考虑_____条件,可以求出全部反力及内力的唯一解。

3. 为什么在力法典型方程中主系数恒大于零,而副系数和自由项可能为正、负或零?

4. 在支座位移和温度变化的情况下,如何校核超静定结构的最终弯矩图?

5. 对例题 5.3,若将 EI_1 增大为原来的 10 倍,弯矩图是否会改变? 若改变 BC 杆的抗弯刚度,使各杆抗弯刚度相同,弯矩图是否会改变?

6. 利用对称性,直接判断图示结构 CE 杆 E 截面的剪力。

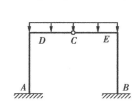

概念题 6 图　　　　　　　　　　　概念题 7 图

7. 图示结构用力法解时,是否可选切断 1、2、3、4 杆中任一杆件后的体系作为基本结构?

8. 用力法分析图示超静定梁时,可选 b、c、d、e 四种形式的静定梁作为基本结构。哪一种形式计算最简便? 如何选取基本结构可使计算较为简单?

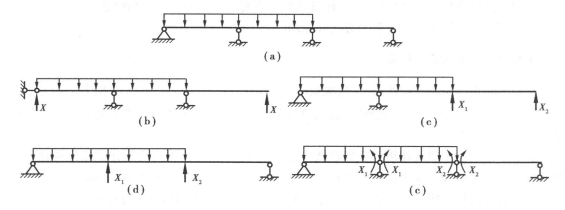

概念题 8 图

9. 图示正方形封闭框 EI 为常数,四个角点上的弯矩相等且均为外侧受拉,如何简便的算出其大小?

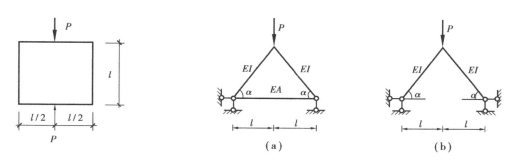

概念题 9 图　　　　　　　　　　概念题 10 图

10. 图(a)所示结构在什么情况下可简化为图(b)计算?

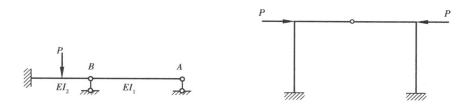

概念题 11 图　　　　　　　　　　概念题 12 图

11. 图示结构中,取 A、B 支座反力为力法基本未知量 X_1,X_2。当 EI_1 增大时,力法方程中 Δ_{1P}、Δ_{2P}、δ_{22}、δ_{12} 如何变化?

12. 在_____条件下,图示结构弯矩为零。

13. 在计算图示结构的 Δ_{CH} 时,欲使计算最简便,所选用的虚拟力状态应是:

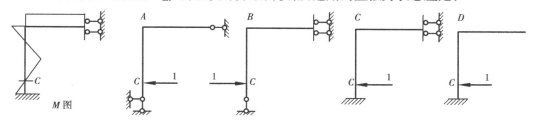

概念题 13 图

习　题

5.1　确定下列结构的超静定次数。

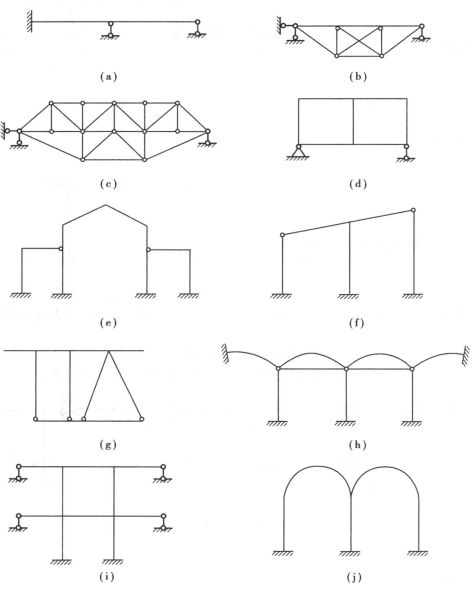

题 5.1 图

5.2　计算下列超静定梁,绘 M,F_Q 图。

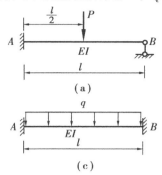
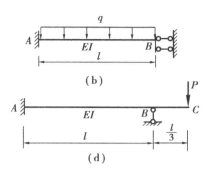

题 5.2 图

5.3　计算下列超静定刚架,绘内力图。

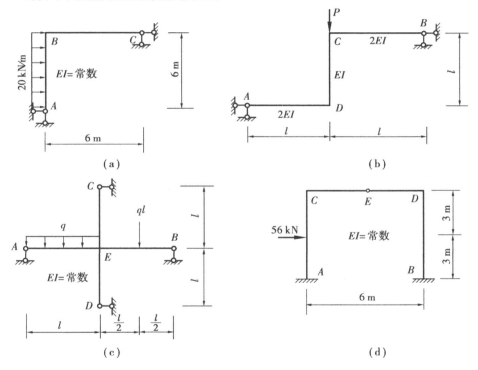

题 5.3 图

5.4　计算下列超静定桁架,求各杆轴力。各杆 EA = 常数。

5.5　计算下列超静定组合结构。(a)$A = \dfrac{10I}{l^2}$,求 CD 杆轴力;(b)$A = \dfrac{3I}{2l^2}$,绘 M 图,并讨论 $A \rightarrow 0$ 和 $A \rightarrow \infty$ 时的情况。

5.6　计算下列排架,绘 M 图。

5.7　作图示梁的 M 图并计算 C 点的竖向位移。已知 EI = 常数,弹性支座的刚度 $k = \dfrac{EI}{a^3}$。

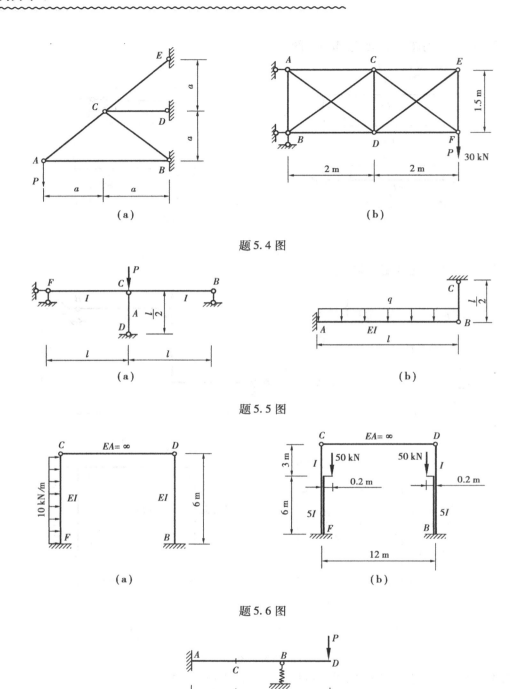

题 5.4 图

题 5.5 图

题 5.6 图

题 5.7 图

5.8 对题 5.3(d)进行最终弯矩图校核。若 $EI = 1.08 \times 10^5 \text{kN} \cdot \text{m}^2$,计算 C 结点的转角及 D 点的水平位移。

5.9 作图示连续梁的 M 图并进行校核,计算 K 点的竖向位移和截面 C 的转角。

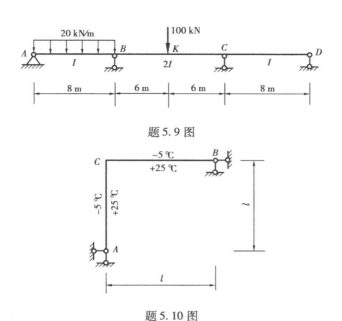

题 5.9 图

题 5.10 图

5.10 结构的温度改变如图所示，$EI =$ 常数，$EA = \dfrac{EI}{l^2}$ 截面对称于形心轴，其高度 $h = l/10$，材料的线膨胀系数为 α，作 M 图。

5.11 图示单跨超静定梁，A 端产生转角 φ_A，作梁的 $M，F_Q$ 图。

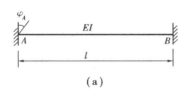

(a)

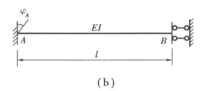

(b)

题 5.11 图

5.12 图示单跨超静定梁，B 支座下沉如图，以两种不同的基本结构进行计算，绘 M 图。

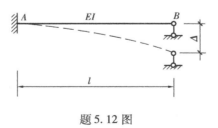

题 5.12 图

5.13 利用对称性计算下列结构，绘 M 图。

5.14 图示抛物线二铰拱，$y = \dfrac{4f}{l^2} x(l-x)$，$l = 30$ m，$f = 5$ m，截面高度 $h = 0.5$ m，$EI = 10^5$ kN·m^2，$EA = 2 \times 10^6$ kN，近似取 $\cos \varphi = 1$，$\mathrm{d}s = \mathrm{d}x$。计算水平推力及拱顶 C 截面的内力。

5.15 用积分法计算图示等截面半圆无铰拱的支座反力。

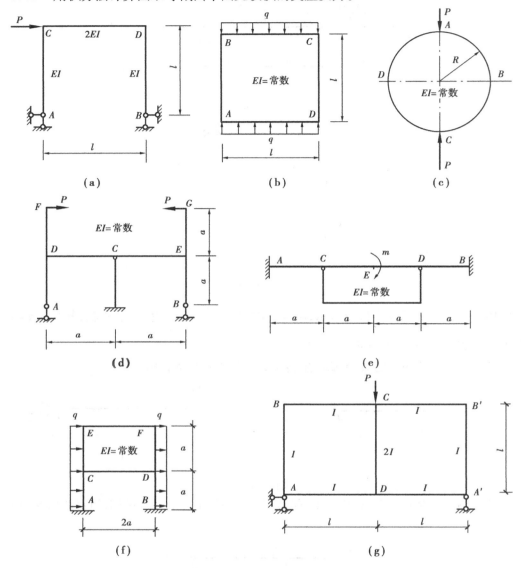

题 5.13 图

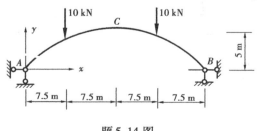

题 5.14 图

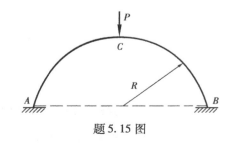

题 5.15 图

第**6**章
位 移 法

内容提要 本章介绍求解超静定结构的第二种基本方法——位移法。该方法以结点位移作为基本未知量,通过转角位移方程求出各杆杆端弯矩,从而求出结构的内力、反力。随着计算机的普及,结构计算分析的自动化程度越来越高,在结构分析中常用的方法是矩阵位移法,其力学原理即是本章所介绍的位移法。

6.1 概 述

力法和位移法是分析超静定结构的两种基本方法。力法是在 19 世纪末提出的,它以结构的某些反力或内力作为基本未知量,按位移条件将它们求出后,据此求出结构的其他内力和位移。由第 5 章的讨论可看出,对于大量高次超静定刚架结构,用力法计算显得烦琐。于是在 20 世纪初,人们在力法的基础上又提出了位移法。

同理,由于确定的内力只与确定的位移对应,取结点位移(角位移、线位移)为基本未知量,根据求得的结点位移,利用转角位移方程求解结构的未知内力,这种方法称为位移法。对于一些超静定次数较高的结构,位移法未知量的个数常常比超静定次数要少,用位移法解题要比力法解题的计算简单得多。

力法的解题思路主要是将超静定结构转换为静定结构求解。在位移法中,也存在转换的思想,但两者不同,位移法的转换是"先化整为零,再集零成整",即将一个复杂的问题化解为若干简单问题的分析及组合的问题。

6.2 等截面直杆的转角位移方程

由第 5 章的讨论,已知荷载、支座移动等都将使超静定结构产生内力。本节主要讨论等截面单跨超静定梁的杆端内力与荷载、杆端位移之间的关系。表明这种关系的表达式称为等截面直杆的转角位移方程。

在推导转角位移方程之前,先说明几个有关规定:

（1）关于内力符号的规定

在转角位移方程中，杆端内力用 S_{ik} 表示，对其下标，两个下标一起表示内力所属杆段，其

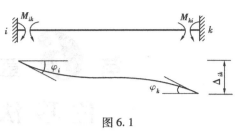

图 6.1

中第一个下标表示内力所属杆端。如 M_{ik} 表示 ik 杆 i 端的弯矩，F_{Qki} 表示 ik 杆 k 端的剪力。

（2）关于杆端内力及杆端位移的正负号规定

对杆端转角，以顺时针转为正；对杆件 i,k 两端的相对线位移 Δ_{ik}，以绕另一端顺时针转为正；至于杆端弯矩，对杆端而言，顺时针转为正，对支座或结点而言，逆时针转为正；对杆端剪力，以使杆件顺时针转为正。在图 6.1 中，所给出的杆端位移 $\varphi_i,\varphi_k,\Delta_{ik}$ 均为正值，M_{ki} 为正，M_{ik} 为负。

超静定结构各杆的杆端内力除因荷载引起外，由于杆端位移也会引起。单跨超静定梁仅由荷载引起的杆端弯矩和杆端剪力分别称为固端弯矩和固端剪力，用 M^f_{ik}，F^f_{Qik} 表示。固端弯矩和固端剪力通常也称为载常数。而单跨超静定梁由于杆端单位位移引起的弯矩和剪力称为形常数。常见的单跨超静定梁有三种：两端固定梁、一端固定一端铰支梁和一端固定一端定向支承梁，如图 6.2 所示。

图 6.2

对这三种单跨超静定梁，形常数和载常数均可由力法求出，现将常见的形常数和载常数列于表 6.1 中，请读者自行验证。

对荷载及支座移动共同作用时，单跨超静定梁的杆端内力，可根据叠加原理进行计算。如对两端固定梁（图 6.3），当 A,B 端分别产生转角 φ_A,φ_B，两端有相对位移 Δ_{AB}，且跨中作用有荷载时，由叠加法有

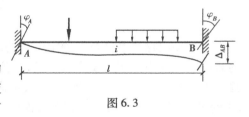

图 6.3

$$M_{AB} = 4i\varphi_A + 2i\varphi_B - \frac{6i}{l}\Delta_{AB} + M^f_{AB}$$

$$M_{BA} = 2i\varphi_A + 4i\varphi_B - \frac{6i}{l}\Delta_{AB} + M^f_{BA}$$

$$F_{QAB} = -\frac{6i}{l}\varphi_A - \frac{6i}{l}\varphi_B + \frac{12i}{l^2}\Delta_{AB} + F^f_{QAB}$$

$$F_{QBA} = -\frac{6i}{l}\varphi_A - \frac{6i}{l}\varphi_B + \frac{12i}{l^2}\Delta_{AB} + F^f_{QBA}$$

(6.1)

上式称为两端固定梁的转角位移方程。对一端固定一端铰支梁、一端固定一端定向支承梁，同样可推出其转角位移方程。请读者自行推导。

上述单跨超静定梁的转角位移方程，其实质是反映了等截面直杆的杆端内力与杆端位移、荷载之间的关系。从中可推想，荷载是已知的，若能求出杆端位移，代入转角位移方程，即可求出杆端力，从而绘出超静定结构的内力图。也就是说，求解超静定结构，除了以多余力为基本未知量，用力法计算外，也可以以杆端位移作为基本未知量进行求解。这一思路就是本章所要介绍的位移法的解题思路。

表 6.1 等截面直杆的形常数与载常数 $\left(i = \dfrac{EI}{l}\right)$

编号	梁的简图	弯 矩		剪 力	
		M_{AB}	M_{BA}	F_{QAB}	F_{QBA}
1		$4i$	$2i$	$-\dfrac{6i}{l}$	$-\dfrac{6i}{l}$
2		$-\dfrac{6i}{l}$	$-\dfrac{6i}{l}$	$\dfrac{12i}{l^2}$	$\dfrac{12i}{l^2}$
3		$-\dfrac{Pab^2}{l^2}$	$\dfrac{Pa^2b}{l^2}$	$\dfrac{Pb^2(l+2a)}{l^3}$	$-\dfrac{Pa^2(l+2b)}{l^3}$
		当 $a=b=l/2$ 时 $-\dfrac{Pl}{8}$	$\dfrac{Pl}{8}$	$\dfrac{P}{2}$	$-\dfrac{P}{2}$
4		$-\dfrac{ql^2}{12}$	$\dfrac{ql^2}{12}$	$\dfrac{ql}{2}$	$-\dfrac{ql}{2}$
5		$3i$	0	$-\dfrac{3i}{l}$	$-\dfrac{3i}{l}$
6		$-\dfrac{3i}{l}$	0	$\dfrac{3i}{l^2}$	$\dfrac{3i}{l^2}$
7		$-\dfrac{Pab(l+b)}{2l^2}$	0	$\dfrac{Pb(3l^2-b^2)}{2l^3}$	$-\dfrac{Pa^2(2l+b)}{2l^3}$
		当 $a=b=l/2$ 时 $-\dfrac{3Pl}{16}$	0	$\dfrac{11P}{16}$	$-\dfrac{5P}{16}$
8		$-\dfrac{ql^2}{8}$	0	$\dfrac{5ql}{8}$	$-\dfrac{3ql}{8}$
9		$\dfrac{l^2-3b^2}{2l^2}m$	0	$-\dfrac{3(l^2-b^2)}{2l^3}m$	$-\dfrac{3(l^2-b^2)}{2l^3}m$
		当 $a=l,b=0$ 时 $\dfrac{m}{2}$	m	$-\dfrac{3m}{2l}$	$-\dfrac{3m}{2l}$

157

续表

编号	梁的简图	弯　矩		剪　力	
		M_{AB}	M_{BA}	F_{QAB}	F_{QBA}
10	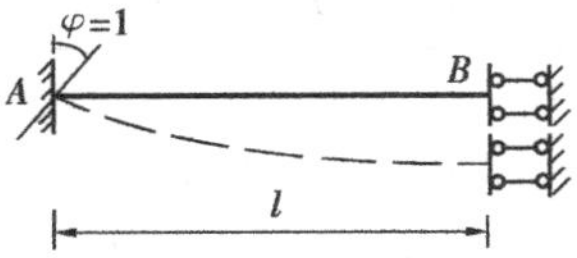	i	$-i$	0	0
11		$-\dfrac{Pa}{2l}(2l-a)$ 当 $a=l/2$ 时 $-\dfrac{3Pl}{8}$	$-\dfrac{Pa^2}{2l}$ $-\dfrac{Pl}{8}$	P P	0 0
12	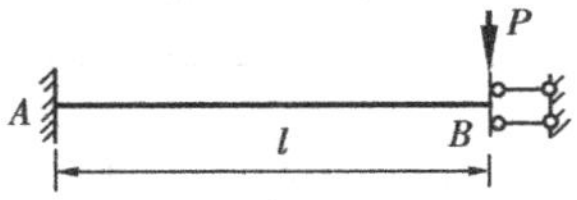	$-\dfrac{Pl}{2}$	$-\dfrac{Pl}{2}$	P	$F^l_{QBA}=P$ $F^r_{QBA}=0$
13	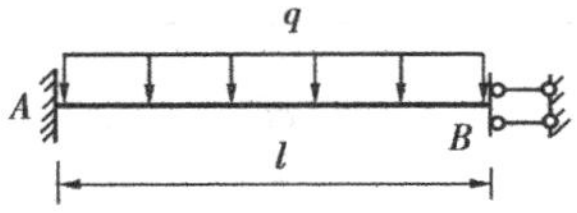	$-\dfrac{ql^2}{3}$	$-\dfrac{ql^2}{6}$	ql	0

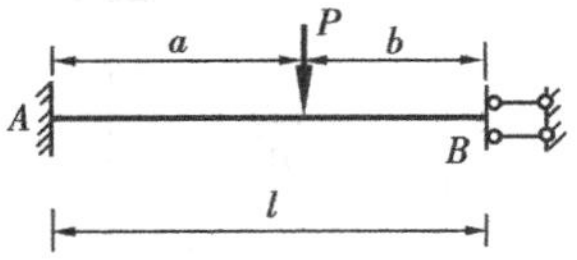

6.3　位移法的基本原理

6.3.1　位移法的基本假定

在用位移法计算刚架、连续梁时,为简化计算,作如下基本假定:

①杆端连线长度不变假定:对于受弯杆件,通常可略去轴向变形和剪切变形的影响,并认为弯曲变形是微小的,因而可假定各杆端之间的连线长度在变形后仍保持不变。

②小变位假定:即结点切向线位移的弧线可用垂直于杆件初始状态的切线来代替。

6.3.2　位移法的基本原理

为了说明位移法的基本概念,我们来分析图 6.4(a)所示刚架。它在荷载 P 作用下,将发生虚线所示变形。其中固定端 A 无任何位移;结点 B 是刚结点,所以杆 BA 和杆 BC 在 B 端的转角相同,即均等于结点 B 的转角 θ_B(用 Z_1 表示);铰支座 C 处无线位移。如果能设法求得 Z_1,则刚架的内力就可以确定。

在图 6.4 中,图(a)所示刚架的变形情况可用图(b)和图(e)所示的两个单跨超静定梁来表示。其中杆件 AB 相当于两端固定的单跨梁,固定端 B 发生了转角 Z_1;杆件 BC 相当于一端固定另一端铰支的单跨梁,除了受荷载 P 作用外,固定端还发生转角 $\theta_B(Z_1)$。这样,对图(a)

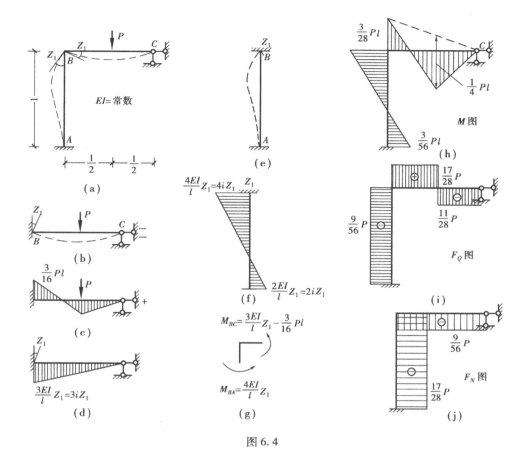

图 6.4

所示刚架的计算,就变为对图(b)和图(e)所示的两单跨超静定梁的分析及两单跨超静定梁的组合问题。对每一单跨超静定梁,根据转角位移方程,可写出其杆端弯矩表达式,即

$$M_{BA} = \frac{4EI}{l}Z_1$$

$$M_{AB} = \frac{2EI}{l}Z_1$$

$$M_{BC} = \frac{3EI}{l}Z_1 - \frac{3}{16}Pl$$

$$M_{CB} = 0$$

由以上各式可见,若 Z_1 已知,则 M_{AB},M_{BA} 和 M_{BC} 即可求出。因此,在计算该刚架时,若以结点转角 Z_1 为基本未知量,以单跨超静定梁为计算单元,设法求出 Z_1 后,则各杆杆端弯矩即可确定。至于 Z_1 的计算,考虑到两杆件组成一个结构,必须满足平衡条件。为此,取结点 B 为隔离体,如图 6.4(g)所示,由平衡条件得

$$\sum M_B = 0; M_{BA} + M_{BC} = 0$$

$$\frac{4EI}{l}Z_1 + \frac{3EI}{l}Z_1 - \frac{3}{16}Pl = 0$$

$$Z_1 = \frac{3Pl^2}{112EI}(顺时针转动)$$

将 Z_1 代入 M_{AB}, M_{BA} 和 M_{BC} 表达式, 得

$$M_{AB} = \frac{2EI}{l} \times Z_1 = \frac{3}{56}Pl(右侧受拉)$$

$$M_{BA} = \frac{4EI}{l}Z_1 = \frac{3}{28}Pl(左侧受拉)$$

$$M_{BC} = \frac{3EI}{l}Z_1 - \frac{3}{16}Pl = -\frac{3}{28}Pl(上侧受拉)$$

已知各杆杆端弯矩,由简支梁思路可绘出刚架的弯矩图,如图6.4(h)所示。有了弯矩图则可进一步画出刚架的剪力图和轴力图,如图6.4(i)、(j)所示。由此例可看出,位移法解题的关键在于计算结点位移。

上述结构只有一个刚结点,变形后该刚结点只有角位移,计算时取该结点的角位移为基本未知量。对图6.5(a)所示的刚架,C,D 两刚结点除发生转角 Z_1 和 Z_2 外,同时还发生一个独立的水平线位移 Z_3。同样,可先由转角位移方程写出各杆的杆端弯矩及剪力表达式,由结构的平衡条件求解 Z_1,Z_2 和 Z_3 3个未知量,然后确定全部杆端弯矩和剪力。本例中取结点 C 和 D 为隔离体,如图6.5(b)所示,列出两个力矩平衡方程

$$\sum M_C = 0; M_{CD} + M_{CB} = 0$$

$$\sum M_D = 0; M_{DC} + M_{DB} = 0$$

再截开柱顶以上横梁 CD 部分为隔离体,如图6.5(b)所示,列剪力平衡方程,得

$$\sum F_x = 0; P - F_{QCA} - F_{QDB} = 0$$

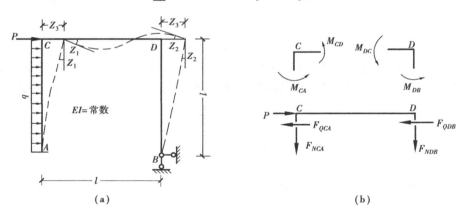

(a) (b)

图 6.5

将杆端内力表达式代入上述三个平衡方程后,就可得到包含 Z_1,Z_2 和 Z_3 3个未知量的方程组,解之,则结构的内力就迎刃而解了。请读者按此思路试算。

通过以上例子,位移法求解超静定结构的要点可归纳为:

①根据结构的变形分析,确定某些结点位移(线位移和角位移)为基本未知量。

②把每根杆件视为单跨超静定梁,并以之为计算单元,建立内力与结点位移之间的关系(转角位移方程)。

③根据结点力矩平衡条件和杆件剪力平衡条件,建立关于结点位移为未知量的方程,即可求得结点位移未知量。

④由转角位移方程求出结构的杆端内力,并作内力图。

6.3.3　位移法的基本未知量和基本结构

由以上讨论可知,在位移法中,基本未知量是独立的结点角位移和线位移,故计算时,应首先确定结构独立的结点角位移和线位移的数目。

(1)结点角位移

确定结构独立的结点角位移的数目比较容易。由于在同一刚结点处,各杆端的转角都是相等的,因此每一个刚结点只有一个独立的角位移未知量;在固定端支座处,其转角已知为零;在铰结点和铰支座处,各杆端可自由转动,因对一端固定另一端铰支的等截面直杆,有相应的转角位移方程,即在确定其杆端内力时,不需计算铰支座处的转角,故铰结点或铰支座处的角位移一般不取为基本未知量。所以结构独立结点角位移未知量的数目就等于结构刚结点的数目。如图 6.6(a)所示刚架,具有两个刚性结点,其独立的结点角位移数目为 2。

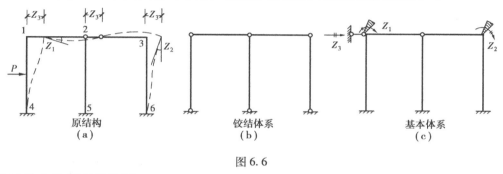

图 6.6

(2)独立的结点线位移

确定结构独立的结点线位移时,一般情况下每个结点均可能有水平和竖向两个位移。根据杆端连线长度不变假定,认为杆件两端之间的距离在变形后仍保持不变,这样,每一根杆件就相当于一个约束,因而减少了一个沿杆端连线方向的独立的结点线位移的数目。图 6.6(a)中,固定端 4,5,6 均为固定点,三根竖杆的长度又保持不变,因而结点 1,2,3 均无竖向位移。又因两根横杆也保持长度不变,故三个结点均有相同的水平线位移。因而刚架只有一个独立的结点线位移。

确定较复杂刚架结点线位移数目还可以采用下述方法:根据已提出的假定,认为任一受弯直杆两端之间的距离在变形后仍保持不变。由此可知,在结构中,由两个已知不动的结点(或支座)引出两根不在同一直线上的杆形成的结点,是不能发生移动的。这与第 2 章平面体系的二元体组成相似。因此,为了确定结构独立的线位移,可把原结构中所有刚结点、固定端支座均视为铰结点、固定铰支座,从而得到一个相应的铰结链杆体系。若该体系为几何不变,则原结构的各结点均无线位移;若该体系是几何可变或瞬变的,则用添加链杆的方法(通常用水平链杆或竖向链杆),使其成为几何不变体系,此时所需添加的最少支杆数目就是原结构独立的结点线位移数目。添加支杆处结点沿链杆方向的线位移就是原结构独立的结点线位移。图 6.6(a)所示刚架,其相应铰结链杆体系如图 6.6(b)所示,这是几何可变的,必须在某结点处添一根水平的支杆才能成为几何不变体系,故知原结构的结点线位移数目为 1。

由于位移法是以单跨超静定梁为计算单元,为此,可以假想在每一个刚结点上加一个附加刚臂(用符号 ◥ 表示)以阻止刚结点的转动,同时在有线位移的结点上加一个附加支杆以阻止结点的移动,原结构就变成一个由若干单跨超静定梁组成的组合体。因原结构是具有这些结点转角和线位移的,为使组合体的变形与原结构相同,让各附加刚臂及支杆产生与原结构相同的角位移及线位移,这样得到的组合体称为原结构的基本结构。如图 6.6(a)所示刚架,在两刚结点 1,3 处分别加上附加刚臂,并让其产生角位移 Z_1,Z_2,在结点 1 处加上一根水平链杆,同时让其产生水平位移 Z_3,则原结构的每根杆件就都成为两端固定或一端固定另一端铰支的单跨超静定梁。其基本结构如图 6.6(c)所示,它是单跨超静定梁的组合体。

对图 6.7(a)所示结构,要确定其位移法的基本结构,除需要在 1,2 结点增加两个附加刚臂外,还要在结点 3 处增加一根竖直方向的附加支杆,如图 6.7(b)所示。这是因为原结构变为相应的铰结链杆体系时,1,2,3 铰共线,体系为瞬变体系,需在 3 结点处增加一竖向支杆,体系才能成为几何不变体系。

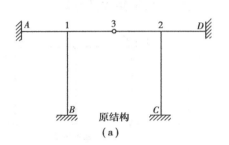

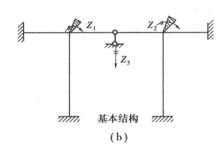

图 6.7

图 6.8(a)中所示结构,需要增加 4 个附加刚臂和 2 根附加链杆,其基本结构见图 6.8(b)。

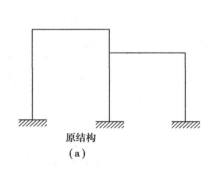

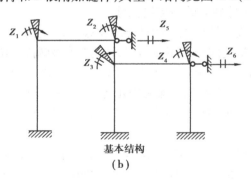

图 6.8

图 6.9(a)中所示排架,确定角位移时,要注意竖杆 2B 上的结点 3 是一个组合结点,杆 2B 应视为 23 和 3B 两杆在 3 处刚性联接而形成的,故结点 3 处应加一附加刚臂;确定线位移时,作几何组成分析可知结点 2 和 4 处有水平线位移,需增加两个附加支杆。基本结构如图 6.9(b)所示。

图 6.10(a)所示刚架,需要在 1,2 刚结点处增加两个附加刚臂;其铰结链杆体系为几何不变体变,故不需增加附加支杆。基本结构如图 6.10(b)所示。

图 6.11(a)所示的双铰门式刚架,其上有 3 个刚结点 1,2,3,需加 3 个附加刚臂阻止其转动;为了控制结点的移动,需要在 1、3 结点处加两个附加链杆。图 6.11(b)为其基本结构。

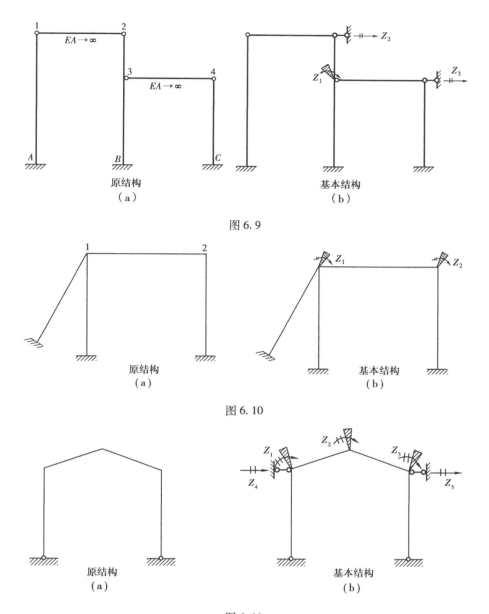

图 6.9

图 6.10

图 6.11

值得注意的是,上述确定独立的结点线位移数目的方法,是以受弯直杆变形后两端连线长度不变的假定为依据的。对于需要考虑轴向变形的二力杆或受弯杆,则其两端连线长度不能看做是不变的。因此,对于图 6.12(a)、(b)所示两结构,若考虑横杆和曲杆的轴向变形,则其独立的结点线位移的数目均等于 2 而不是 1。

6.3.4 位移法的典型方程

用位移法计算超静定结构,具体处理有两种方法。其一是确定结构的基本未知量后,根据转角位移方程写出各杆杆端内力表达式,直接利用结点或截面的平衡条件求解;其二是确定结构的基本未知量后,仿照力法,取一基本结构代替原结构,列出位移法典型方程并求解,用叠加

163

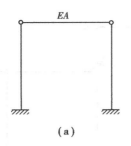

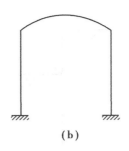

图 6.12

法绘弯矩图。前者已作介绍(见 6.3.2),后一处理方法称为典型方程法。下面以图 6.13(a)所示刚架为例,来说明位移法典型方程的建立和计算步骤。

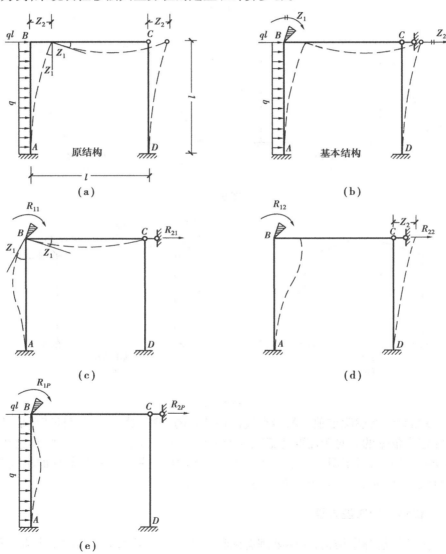

图 6.13

此刚架共有两个基本未知量。在结点 B 处加一附加刚臂并让其产生角位移 Z_1（顺时针方向转动为正），在结点 C 处（也可在结点 B 处）加一水平附加支杆并让其产生水平线位移 Z_2（绕杆件另一端顺时针转为正），得到基本结构，如图 6.13（b）所示，它是三根单跨超静定梁的组合体。

在形成基本结构的过程中，主要考虑了原结构与基本结构的变形相同，为了在计算中能用基本结构代替原结构，除使二者具有完全相同的变形外，还应考虑两者受力相同。在受力方面，基本结构由于加入了附加刚臂和附加链杆，刚臂上便会产生附加反力矩 R_1，链杆上便会产生附加反力 R_2，而原结构没有附加刚臂和附加链杆，所以基本结构在结点位移 Z_1，Z_2 和荷载的共同作用下，刚臂上的附加反力矩 R_1 和链杆上的附加反力 R_2 都应等于零。

如果设由 Z_1，Z_2 和荷载分别引起的刚臂上的反力矩为 R_{11}，R_{12}，R_{1P}，所引起的链杆上的反力为 R_{21}，R_{22}，R_{2P}，如图 6.13（c）、（d）、（e）所示，根据叠加原理，上述条件可写为

$$R_1 = R_{11} + R_{12} + R_{1P} = 0$$
$$R_2 = R_{21} + R_{22} + R_{2P} = 0$$

式中，R_{ij} 表示在附加约束上产生的反力（或反力矩）；第 1 个下标 i 表示发生反力（或反力矩）的处所；第 2 个下标 j 表示引起该反力（或反力矩）的原因。

再设以 r_{11}，r_{12} 分别表示由单位位移 $\bar{Z}_1 = 1$ 和 $\bar{Z}_2 = 1$ 所引起的刚臂上的反力矩，以 r_{21}，r_{22} 分别表示由单位位移 $\bar{Z}_1 = 1$ 和 $\bar{Z}_2 = 1$ 所引起的链杆上的反力，考虑到弹性范围内力与位移成正比，则上式可写为

$$\left.\begin{array}{l} r_{11}Z_1 + r_{12}Z_2 + R_{1P} = 0 \\ r_{21}Z_1 + r_{22}Z_2 + R_{2P} = 0 \end{array}\right\} \tag{6.2}$$

上式即为求解 Z_1，Z_2 的方程，称为位移法的典型方程。其物理意义是：基本结构在荷载及各结点位移等因素共同影响下，每一个附加约束中的附加反力矩或附加反力都等于零。位移法典型方程的实质是静力平衡方程。如对图 6.13 所示结构，$R_1 = 0$ 意味着 B 结点的隔离体满足 $\sum M_B = 0$，$R_2 = 0$ 意味着上部隔离体满足 $\sum F_x = 0$。

对于具有 n 个独立结点位移的结构，我们必须加入 n 个附加约束才能得到它的基本结构。根据每个附加约束的附加反力矩或附加反力均应为零的平衡条件，可建立 n 个方程如下：

$$r_{11}Z_1 + \cdots + r_{1i}Z_i + \cdots + r_{1n}Z_n + R_{1P} = 0$$
$$r_{i1}Z_1 + \cdots + r_{ii}Z_i + \cdots + r_{in}Z_n + R_{iP} = 0$$
$$\cdots$$
$$r_{n1}Z_1 + \cdots + r_{ni}Z_i + \cdots + r_{nn}Z_n + R_{nP} = 0$$

其中 Z 为广义位移，可以是线位移，也可以是角位移。将方程写为矩阵形式，得

$$\begin{bmatrix} r_{11} & r_{12} & \cdots & r_{1n} \\ r_{21} & r_{22} & \cdots & r_{2n} \\ \vdots & \vdots & & \vdots \\ r_{n1} & r_{n2} & \cdots & r_{nn} \end{bmatrix} \begin{Bmatrix} Z_1 \\ Z_2 \\ \vdots \\ Z_n \end{Bmatrix} + \begin{Bmatrix} R_{1P} \\ R_{2P} \\ \vdots \\ R_{nP} \end{Bmatrix} = 0 \tag{6.3}$$

$$\underbrace{}_{\text{刚度矩阵}}$$

对上述典型方程，系数矩阵中主对角线上的系数 r_{ii} 称为主系数，它们代表基本结构上第 i 个附加约束发生单位位移 $\bar{Z}_i = 1$ 时第 i 个附加约束上的反力（反力矩），其方向与所设 Z_i 的方

向一致,故恒为正值,且不为零;其他系数 $r_{ij}(i \neq j)$ 称为副系数,它们代表基本结构上第 j 个附加约束发生单位位移 $\overline{Z}_j = 1$ 时第 i 个附加约束上的反力(反力矩),当它与所设 Z_i 的方向一致时,其值取正号,反之则取负号。根据反力互等定理可知,主对角线两边处于对称位置的两个副系数 r_{ij} 与 r_{ji} 数值是相等的,即 $r_{ij} = r_{ji}$;R_{iP} 称为自由项,它表示基本结构上荷载单独作用时,在附加约束 i 上产生的反力(反力矩),当它与所设 Z_i 的方向一致时,其值取正号,反之则取负号。

由于在位移法典型方程中,每个系数都是单位位移所引起的附加反力(反力矩),故这些系数又称为结构的刚度系数,系数矩阵称为刚度矩阵,位移法典型方程又称为结构的刚度方程,位移法也叫刚度法。

值得注意的是:位移法典型方程的意义完全不同于力法典型方程,其区别如下:

①基本未知量的性质不同。前者为"位移",而后者为"力"。

②系数和自由项的物理意义不同。前者表示附加约束上的反力或反力矩(r 或 R),而后者则表示沿多余未知力方向的位移(δ 和 Δ)。

③典型方程的性质不同。前者为静力平衡方程,而后者为位移协调方程。

下面讨论位移法典型方程中系数及自由项的计算。因方程中所有的系数及自由项均为附加联系上产生的反力(反力矩),故可先借助于表 6.1 绘出基本结构在 $\overline{Z}_i = 1$ 和 $\overline{Z}_k = 1$ 以及荷载作用下的弯矩图 $\overline{M}_i$、$\overline{M}_k$ 和 M_P 图,然后由平衡条件求出各系数和自由项。由于附加约束有两大类(刚臂及支杆),因此系数和自由项也分为两类。一类是刚臂上的反力矩,另一类是支杆中的反力。对于刚臂上的反力矩 r_{ii}、r_{ik} 及 R_{iP},根据其物理意义,应分别在 $\overline{M}_i$、$\overline{M}_k$ 和 M_P 图中取 Z_i 所在结点,用 $\sum M_i = 0$ 进行计算;对附加链杆中的反力 r_{ii}、r_{ik} 及 R_{ip},根据其物理意义,应分别在 $\overline{M}_i$、$\overline{M}_k$ 和 M_P 图中取部分结构为脱离体,用 $\sum F_x = 0$ 或 $\sum F_y = 0$ 进行计算。现以图 6.13(a)所示刚架为例加以说明。对图 6.13(a)所示刚架,有两个基本未知量,列出其典型方程见式(6.2)。为了求出典型方程中的系数和自由项,先根据表 6.1 绘出基本结构在 $\overline{Z}_1 = 1$ 和 $\overline{Z}_2 = 1$ 以及荷载作用下的弯矩图 $\overline{M}_1$、$\overline{M}_2$ 和 M_P 图,如图 6.14(a)、(b)和(c)所示。对于刚臂上的反力矩,可分别在图 6.14(a)、(b)和(c)中取结点 B 为隔离体,由力矩平衡方程 $\sum M_B = 0$ 求得,分别为

$$r_{11} = 7i, \quad r_{12} = -\frac{6i}{l}, \quad R_{1P} = \frac{ql^2}{12}$$

对于附加链杆上的反力,可以分别在图 6.14(a)、(b)、(c)中用截面截断两柱顶端,取上部为隔离体,由投影方程 $\sum F_x = 0$ 求得,柱顶剪力可由弯矩图计算或由表 6.1 查出。

$$r_{21} = -\frac{6i}{l}, \quad r_{22} = \frac{15i}{l^2}, \quad R_{2P} = -\frac{3}{2}ql$$

将所计算出的系数和自由项代入典型方程,有

$$7iZ_1 - \frac{6i}{l}Z_2 + \frac{ql^2}{12} = 0$$

$$-\frac{6i}{l}Z_1 + \frac{15i}{l^2}Z_2 - \frac{3}{2}ql = 0$$

解以上方程组,得

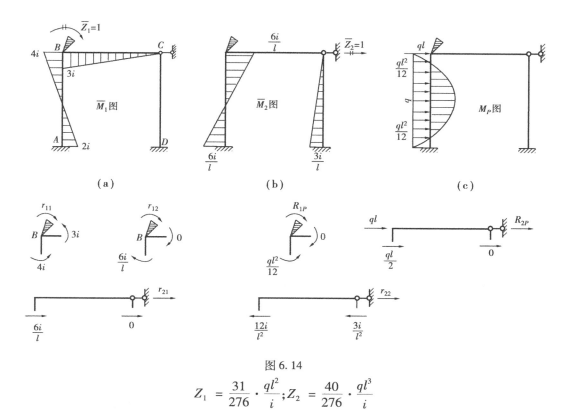

图 6.14

$$Z_1 = \frac{31}{276} \cdot \frac{ql^2}{i}; Z_2 = \frac{40}{276} \cdot \frac{ql^3}{i}$$

所得结果均为正值,说明 Z_1,Z_2 与所设方向相同。

结构的最后弯矩图可由叠加法绘出

$$M = \overline{M}_1 Z_1 + \overline{M}_2 Z_2 + M_P$$

其中,杆 1 端 M_{AB} 之值为

$$M_{AB} = 2i \times \frac{31}{276} \cdot \frac{ql^2}{i} - \frac{6i}{l} \times \frac{40}{276} \cdot \frac{ql^3}{i} - \frac{ql^2}{12}$$

$$= -\frac{67}{92}ql^2$$

其他各杆端弯矩可同样算得,M 图如图 6.15(a)所示。求出 M 图后,根据 M 图可依次绘出 F_Q 图、F_N 图,如图 6.15(b)、(c)所示。

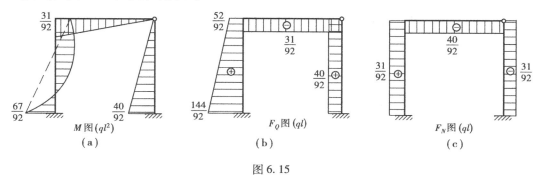

图 6.15

6.4 位移法应用举例

6.4.1 位移法计算步骤

根据以上所述,用位移法计算超静定结构的步骤可归纳如下:

①确定基本未知量和基本结构。

②建立位移法典型方程。

③作 $\overline{M}_i$,$\overline{M}_k$ 及 M_P 图,求典型方程中的系数和自由项。

④解方程求 Z_i。

⑤绘制内力图。

⑥最终校核内力图。

在力法 5.4 节中曾讨论过超静定结构最终弯矩图的校核,该校核方法在本章中仍然适用。但须注意,在力法中,以校核位移条件为主,而在位移法中,则以校核平衡条件为主。这是因为选取位移法的基本未知量时已考虑了变形连续条件。

6.4.2 计算示例

(1)连续梁及无侧移刚架的计算

如果刚架的各结点(不包括支座)只有角位移而没有线位移,这种刚架叫做无侧移刚架。对连续梁及无侧移刚架,位移法典型方程中的系数及自由项均为附加刚臂上的反力矩,计算时在 $\overline{M}_i$,$\overline{M}_k$ 及 M_P 图中取结点为隔离体,利用结点力矩平衡条件求出。作为位移法的应用,我们首先讨论连续梁及无侧移刚架。

例6.1 试用位移法求作图 6.16(a)所示连续梁的内力图。

解 ①确定基本未知量和基本结构。

该连续梁只有一个刚结点 B,设其未知角位移为 Z_1,并在该处加附加刚臂,得如图 6.16(b)所示基本结构。

②建立位移法典型方程。

$$r_{11}Z_1 + R_{1P} = 0$$

③作 $\overline{M}_1$,M_P 图,求系数和自由项。

由表 6.1,得 $\overline{M}_1$,$\overline{M}_P$ 图,从这两个弯矩图中分别取出带有附加刚臂的结点 B 为隔离体,如图 6.16(c)、(d)所示。由结点平衡条件 $\sum M_B = 0$,得

$$r_{11} = 7i;\quad R_{1P} = 6$$

④解方程求 Z_1。

将 r_{11},R_{1P} 代入典型方程有

$$7iZ_1 + 6 = 0$$

$$Z_1 = -\frac{6}{7i}$$

⑤绘制内力图。

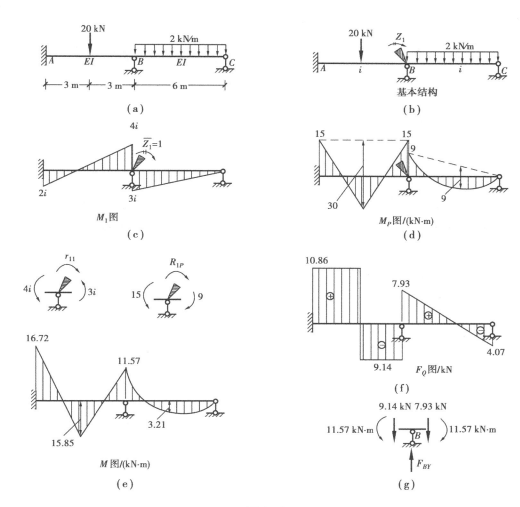

图 6.16

绘制最终弯矩图时,可先由 $M = Z_1\overline{M}_1 + M_P$ 计算各杆端弯矩。已知杆端弯矩,可绘出弯矩图,如图 6.16(e)所示。

得到 M 图后,根据 M 图绘 F_Q 图,如图 6.16(f)所示。

⑥校核。

由图 6.16(g)看出,弯矩满足平衡条件 $\sum M_B = 0$。

若需求 B 支座反力,可根据剪力图,取出 B 支座。由平衡条件 $\sum F_y = 0$,可求得 $F_{BY} = 17.07$ kN,如图 6.16(g)所示。

例 6.2 求作图 6.17(a)所示刚架的弯矩图。

解 ①确定基本未知量和基本结构。

该刚架只有一个刚结点 B,无结点线位移,因此其基本未知量数为 1,相应的基本结构如图 6.17(b)所示。

②建立位移法的典型方程。

$$r_{11}Z_1 + R_{1P} = 0$$

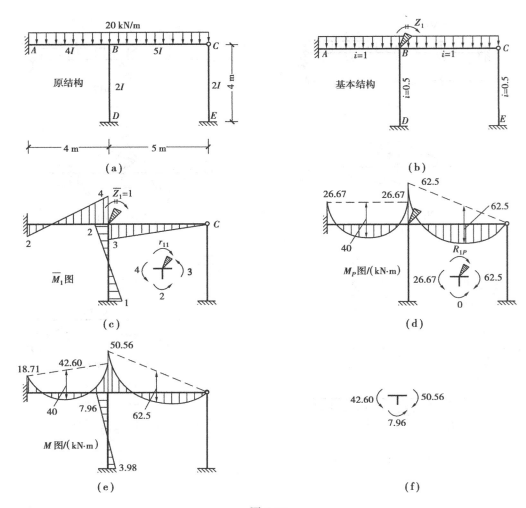

图 6.17

③作 $\overline{M}_1$，$\overline{M}_P$ 图，求系数、自由项。

先计算各杆的线刚度，因为结构内力的大小只与杆件的相对刚度有关，而与其绝对刚度无关，所以设 $i_0 = \dfrac{EI}{1} = 1$，则

$$i_{BD} = i_{CE} = \frac{2EI}{4} = 0.5$$

$$i_{AB} = \frac{4EI}{4} = 1 \; ; i_{BC} = \frac{5EI}{5} = 1$$

查表 6.1 得各杆端弯矩，作 $\overline{M}_1$，M_P 图，如图 6.17(c)、(d)所示。

由结点 B 的平衡条件可得

$$r_{11} = 4 + 2 + 3 = 9$$

$$R_{1P} = (26.67 + 0 - 62.5)\text{kN} \cdot \text{m} = -35.83 \text{ kN} \cdot \text{m}$$

④解方程求 Z_1。

将以上系数和自由项代入方程，得

$$Z_1 = -\frac{R_{1P}}{r_{11}} = -\frac{-35.83}{9} = 3.98$$

⑤绘 M 图。

由叠加法有 $M = Z_1\overline{M}_1 + M_P$，可作最后 M 图，如图6.17(e)所示。

⑥校核。

取结点 B 为隔离体，如图6.17(f)所示，验算其是否满足平衡条件。

$$\sum M_B = 42.60 + 7.96 - 50.56 = 0$$

讨论：在例6.2中，若刚架所受荷载为结点力，如图6.18所示。此时 M_P 为零，可推出 $R_{1P} = 0$，代入位移法方程，得 $Z_1 = 0$。由叠加法有 $M = Z_1M_1 + M_P$，因为 $Z_1 = 0$，$M_P = 0$，所以 $M = 0$。

即刚架各截面弯矩均为零。根据 M，F_Q 间的微分关系，刚架各截面剪力也为零，结构各杆只有轴

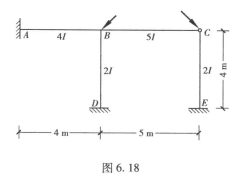

图6.18

力，其受力特征与桁架相同。由此可得如下推论：无线位移结构在结点力作用下，各杆只有轴力，可按桁架对结构进行分析。

（2）有侧移刚架的计算

有侧移刚架一般是指既有刚结点角位移，又有结点线位移的刚架。在解算这类问题时，位移法典型方程中的系数及自由项除有附加刚臂上的反力矩外，还有附加支杆上的反力。计算时除结点为隔离体，考虑结点力矩平衡条件外，还应考虑线位移对杆件的影响，要增加与结点线位移对应的平衡方程。

例6.3　用位移法计算图6.19(a)所示的刚架，并作内力图。

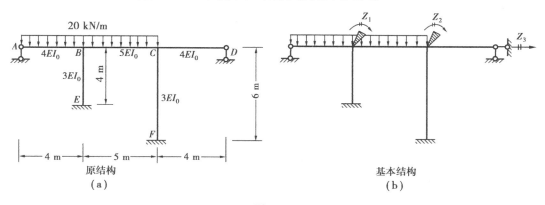

原结构

（a）

基本结构

（b）

图6.19

解　①确定基本未知量和基本结构。

此刚架有3个基本未知量：结点 B，C 处的转角 Z_1，Z_2 及一个水平线位移 Z_3。基本结构如图6.19(b)所示。

②建立位移法典型方程。

$$r_{11}Z_1 + r_{12}Z_2 + r_{13}Z_3 + R_{1P} = 0$$
$$r_{21}Z_1 + r_{22}Z_2 + r_{23}Z_3 + R_{2P} = 0$$

$$r_{31}Z_1 + r_{32}Z_2 + r_{33}Z_3 + R_{3P} = 0$$

③作 $\overline{M}_i$，M_P 图，求系数、自由项。

设 $i_0 = \dfrac{EI_0}{1} = 1$，则

$$i_{AB} = i_{CD} = \frac{4EI_0}{4} = 1;\ i_{BC} = \frac{5EI_0}{5} = 1$$

$$i_{BE} = \frac{3EI_0}{4} = \frac{3}{4},\ i_{CF} = \frac{3EI_0}{6} = \frac{1}{2}$$

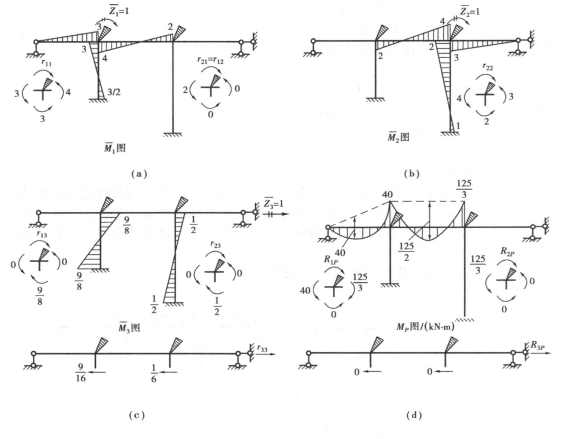

图 6.20

借助表 6.1 分别绘出基本结构由于单位位移 $\overline{Z}_1 = 1$，$\overline{Z}_2 = 1$，$\overline{Z}_3 = 1$ 及荷载引起的 $\overline{M}_1$，$\overline{M}_2$，$\overline{M}_3$ 和 M_P 图，如图 6.20 所示。分别取刚结点和附加支杆轴线方向上的杆件为隔离体（见图 6.20），由 $\sum M = 0$，$\sum F_x = 0$，可求得

$$r_{11} = 10,\ r_{12} = 2,\ r_{13} = -\frac{9}{8},\ R_{1P} = -\frac{5}{3}\text{kN} \cdot \text{m}$$

$$r_{21} = 2,\ r_{22} = 9,\ r_{23} = -\frac{1}{2},\ R_{2P} = \frac{125}{3}\text{kN} \cdot \text{m}$$

$$r_{31} = -\frac{9}{8},\ r_{32} = -\frac{1}{2},\ r_{33} = \frac{35}{48},\ R_{3P} = 0$$

④解方程求 Z_i。

将系数和自由项代入典型方程,得

$$10Z_1 + 2Z_2 - \frac{9}{8}Z_3 - \frac{5}{3} = 0$$

$$2Z_1 + 9Z_2 - \frac{1}{2}Z_3 + \frac{125}{3} = 0$$

$$-\frac{9}{8}Z_1 - \frac{1}{2}Z_2 + \frac{35}{48}Z_3 = 0$$

由此解出

$$Z_1 = 0.935, Z_2 = -4.932, Z_3 = -1.945$$

⑤绘内力图。

由 $M = \overline{M}Z_1 + \overline{M}_2Z_2 + \overline{M}_3Z_3 + M_P$,算出杆端弯矩,并作 M 图,如图 6.21(a)所示。根据弯矩图绘 F_Q 图,如图 6.21(b)所示。由剪力图根据结点平衡条件绘 F_N 图,如图 6.21(c)所示。

⑥校核。

由图 6.21 最后内力图中分别取出结点 B,C 为隔离体,如图 6.21(d)所示,显然满足力矩平衡条件。再取柱顶以上横梁 $ABCD$ 部分为隔离体,可校核水平和竖向平衡条件。

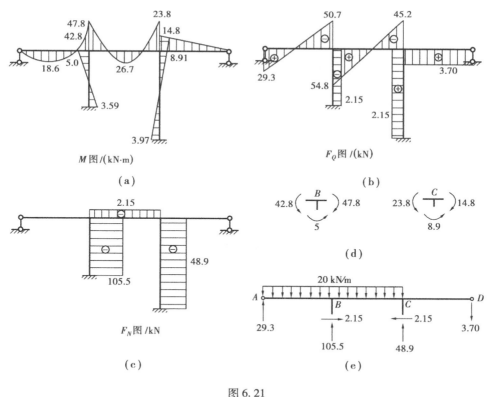

图 6.21

$$\sum X = 0, 2.15 - 2.15 = 0$$

$$\sum Y = 0, 29.3 + 105.5 + 48.9 - 20 \times 9 - 3.7 = 0$$

例 6.4　计算图 6.22(a)所示带有斜横梁的刚架,绘 M 图。忽略横梁的轴向变形。

解 ①确定基本未知量和基本结构。

此刚架只有一个独立的线位移,在 E 点加一附加支杆,得基本结构如图 $6.22(b)$ 所示。

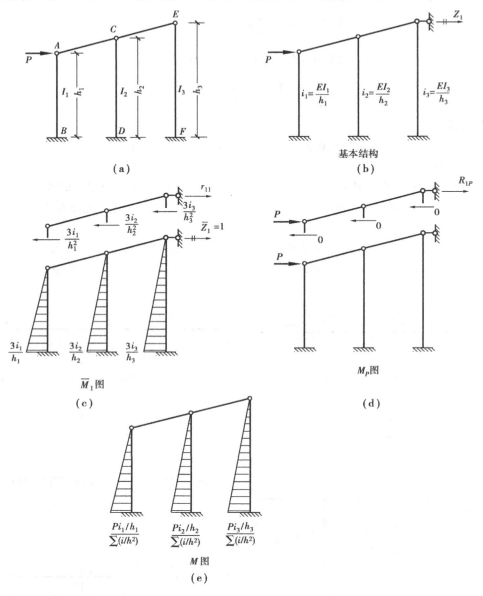

图 6.22

②建立位移法典型方程。

$$r_{11}Z_1 + R_{1P} = 0$$

③确定系数和自由项。

如图 $6.22(c)$、(d) 所示,分别绘出基本结构由于单位位移 $\overline{Z}_1 = 1$ 及荷载引起的 $\overline{M}_1$ 和 M_P 图,并取出横杆为隔离体,根据平衡条件,可得

$$r_{11} = \frac{3i_1}{h_1^2} + \frac{3i_2}{h_2^2} + \frac{3i_3}{h_3^2} = \sum \frac{3i}{h^2}$$

$$R_{1P} = -P$$

④解方程求 Z_1。

将 r_{11}, R_{1P} 代入典型方程,得

$$Z_1 = -\frac{R_{1P}}{r_{11}} = -\frac{-P}{\sum \frac{3i}{h^2}} = \frac{P}{\sum \frac{3i}{h^2}}$$

⑤绘制弯矩图。

如图6.22(e)所示。

*例6.5　计算图6.23(a)所示有斜柱的刚架。

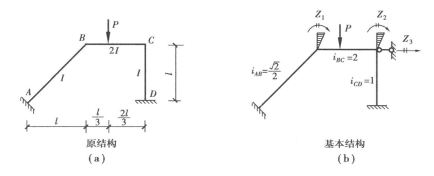

图6.23

解　此刚架有3个基本未知量:两个角位移 Z_1, Z_2 及一个线位移 Z_3。其基本结构如图6.23(b)所示。用位移法计算有斜柱的刚架,在原理上与上述例题相同,只是有斜柱时,各结点线位移间关系较复杂,故典型方程中系数和自由项的计算较繁。

其典型方程式为

$$r_{11}Z_1 + r_{12}Z_2 + r_{13}Z_3 + R_{1P} = 0$$
$$r_{21}Z_1 + r_{22}Z_2 + r_{23}Z_3 + R_{2P} = 0$$
$$r_{31}Z_1 + r_{32}Z_2 + r_{33}Z_3 + R_{3P} = 0$$

计算系数及自由项时,$\overline{M}_1, \overline{M}_2$ 及 M_P 图绘制方法同前,如图6.24(a)、(b)、(c)所示。$\overline{M}_3$ 图绘制方法较为复杂,说明如下:绘 $\overline{M}_3$ 图时,首先应确定结点 C 处的附加链杆产生单位水平线位移时,刚架各杆的相对线位移。图6.24(d)所示为结点 C 处有 $\overline{Z}_3 = 1$ 时各杆产生线位移的情形,图中虚线 AB' 和 $B'C'$ 分别为 AB 杆和 BC 杆变形后的弦线。显然

$$BB'' = CC' = 1$$
$$\angle BB'B'' = \alpha = 45°$$

故

$$\Delta_{BC} = B'B'' = -1$$
$$\Delta_{AB} = BB' = \sqrt{2}$$

根据表6.1,对 $\overline{Z}_3 = 1$ 引起的弯矩 $\overline{M}_3$,有

$$\overline{M}_{BA} = \overline{M}_{AB} = -\frac{6i_{AB}}{l_{AB}}\Delta_{AB} = -\frac{6 \times \frac{1}{\sqrt{2}}}{\sqrt{2}l}\sqrt{2} = \frac{3\sqrt{2}}{l}$$

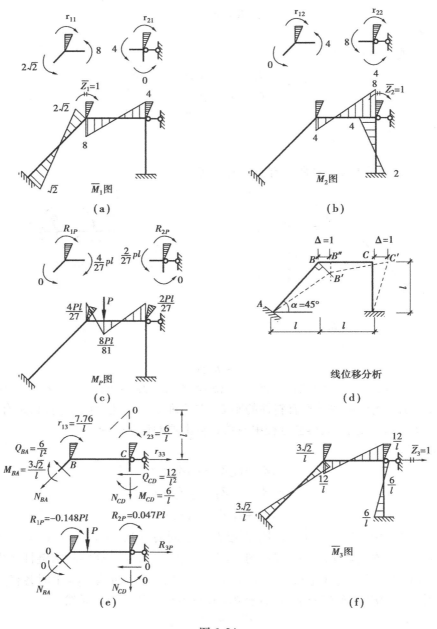

图 6.24

$$\overline{M}_{CB} = \overline{M}_{BC} = -\frac{6i_{BC}}{l_{BC}}\Delta_{BC} = -\frac{6\times 2}{l}\times(-1) = \frac{12}{l}$$

$$\overline{M}_{CD} = \overline{M}_{DC} = -\frac{6i_{DC}}{l_{DC}}\Delta_{DC} = -\frac{6\times 1}{l}\times(-1) = \frac{6}{l}$$

绘 $\overline{M}_3$ 图如图 6.24(f)所示。在以上各 $\overline{M}_i$ 和 M_P 图中,取结点为隔离体,可求得相应的附加刚臂上反力矩系数和自由项如下:

$$r_{11} = 8 + 2\sqrt{2} = 10.83, r_{12} = r_{21} = 4$$

$$r_{22} = 12, r_{13} = \frac{12 - 3\sqrt{2}}{l} = \frac{7.76}{l}$$

$$r_{23} = \frac{6}{l}, R_{1P} = -\frac{4Pl}{27} = -0.148Pl, R_{2P} = \frac{2Pl}{27} = 0.074Pl$$

对附加链杆上的反力系数和自由项,可取各柱顶端以上为隔离体进行计算。现以 r_{33} 为例说明计算方法。在 $\overline{M}_3$ 图中切断柱顶,取横梁为隔离体,如图6.24(e)所示。

$$F_{QCD} = \frac{12}{l^2}, F_{QBA} = \frac{12 i_{BA}}{l^2_{BA}} \Delta_{BA} = \frac{12}{(\sqrt{2}l)^2} \times \frac{\sqrt{2}}{2} \times \sqrt{2} = \frac{6}{l^2}$$

利用力矩平衡条件,得

$$\sum M_O = 0; \left(\frac{7.76}{l} + \frac{6}{l}\right) + \left(\frac{3\sqrt{2}}{l} + \frac{6}{l}\right) + \frac{6}{l^2} \times \sqrt{2}l + \frac{12}{l^2}l - r_{33} \cdot l = 0$$

解得

$$r_{33} = \frac{44.48}{l^2}$$

同理,可计算出 $R_{3P} = -0.741P$

由反力互等定理有:$r_{31} = r_{13} = \dfrac{7.76}{l}, r_{32} = r_{23} = \dfrac{6}{l}$

将以上各系数和自由项代入典型方程,得

$$10.83Z_1 + 4Z_2 + \frac{7.76}{l}Z_3 - 0.148Pl = 0$$

$$4Z_1 + 12Z_2 + \frac{6}{l}Z_3 + 0.074Pl = 0$$

$$\frac{7.76}{l}Z_1 + \frac{6}{l}Z_2 + \frac{44.48}{l^2}Z_3 - 0.741P = 0$$

解得

$$Z_1 = 0.007\ 46Pl; Z_2 = -0.017\ 52Pl; Z_3 = 0.017\ 71Pl^2$$

最后,按 $M = Z_1\overline{M}_1 + Z_1\overline{M}_2 + Z_3\overline{M}_3 + M_P$ 即可计算各杆端弯矩,绘出最终弯矩图,如图6.25(a)所示。

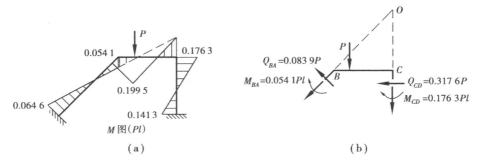

图 6.25

为验证所得结果的正确性,取柱顶以上横梁为隔离体,如图6.25(b)所示。

$$\sum M_O = (0.054\ 1Pl + 0.176\ 3Pl) + (0.083\ 9P \times \sqrt{2}l + 0.316\ 7Pl) - P \times \frac{2}{3}l = 0$$

177

证明所得结果无误。

(3)有悬臂的处理

对于有悬臂的结构,因悬臂段为静定的,其弯矩图可直接绘出,故在计算中一般将悬臂段上的荷载向结点处平移,得一集中力和集中力偶后,将原结构的悬臂部分截去,使之成为一无悬臂的新结构,将新结构的弯矩图绘出后与悬臂段在原荷载作用下的弯矩图叠加,即得原结构的 M 图。

例6.6 计算图6.26(a)所示结构,绘 M 图。

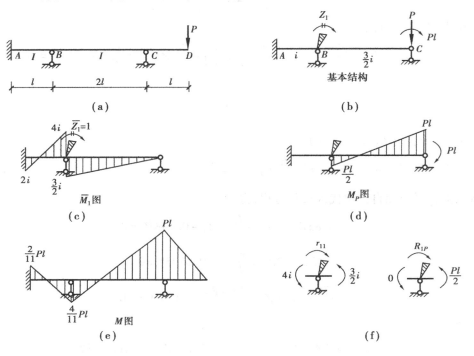

图 6.26

首先将 P 力向 C 点平移,并去掉悬臂段。此时 C 点可作为一铰支端处理,这样减少一个基本未知量。在结点 B 处加一附加刚臂,得基本结构如图6.26(b)所示。其典型方程为

$$r_{11}Z_1 + R_{1P} = 0$$

作 $\overline{M}_1$ 图和 M_P 图,如图6.26(c)、(d)所示。由 B 结点的平衡条件可得

$$r_{11} = \frac{11}{2}i; R_{1P} = \frac{Pl}{2}$$

代入典型方程,得

$$Z_1 = -\frac{R_{1P}}{r_{11}} = -\frac{\dfrac{Pl}{2}}{\dfrac{11}{2}i} = -\frac{Pl}{11i}$$

由 $M = \overline{M}_1 Z_1 + M_P$ 求出各杆端弯矩。作 M 图,如图6.26(e)所示。

(4)对称性的利用

第5章用力法计算超静定结构时,已经讨论过对称性的应用,在正对称荷载或反对称荷载

作用下,对奇数跨或偶数跨结构,可取对应的等值半刚架简化计算。在位移法中,同样可利用这一结论简化计算。当对称结构承受一般非对称荷载作用时,可将荷载分解成正对称和反对称的两组,分别加于结构上求解,然后再将结果叠加。下面举例说明对称性的应用。

例 6.7　试计算图 6.27(a)所示刚架。设 EI = 常数。

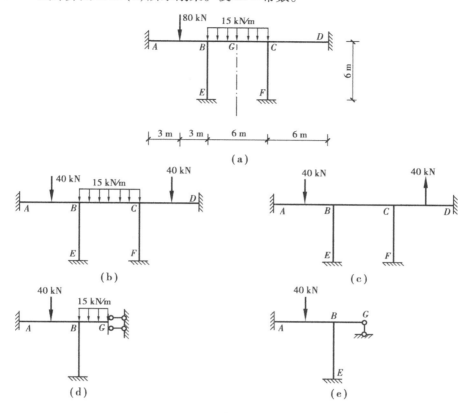

图 6.27

解　此刚架为对称结构一般荷载作用,在利用对称性进行简化计算时,首先可将荷载分解为一组正对称荷载(图 6.27(b)所示)和一组反对称荷载(图 6.27(c)所示),然后分别取对应的等值半刚架(图 6.27(d)、(e)所示)进行计算。

①正对称荷载作用下的计算。

图 6.27(d)中,在 B 结点加一附加刚臂,得基本结构,如图 6.28(a)所示。其位移法典型方程为

$$r_{11}Z_1 + R_{1P} = 0$$

绘其 $\overline{M}_1$ 图和 M_P 图,如图 6.28(b)、(c)所示,则系数和自由项为

$$r_{11} = 4 + 4 + 2 = 10$$

$$R_{1P} = (30 - 45) = -15$$

代入典型方程,得

$$Z_1 = -\frac{R_{1P}}{r_{11}} = 1.5$$

由 $M = \overline{M}_1 Z_1 + M_P$ 绘出正对称荷载作用下的弯矩图,如图 6.28(d)所示。

②反对称荷载作用下的计算。

图6.27(e)中,在 B 结点加一附加刚臂,得基本结构如图6.29(a)所示,其位移法典型方程为

$$r_{11}Z_1 + R_{1P} = 0$$

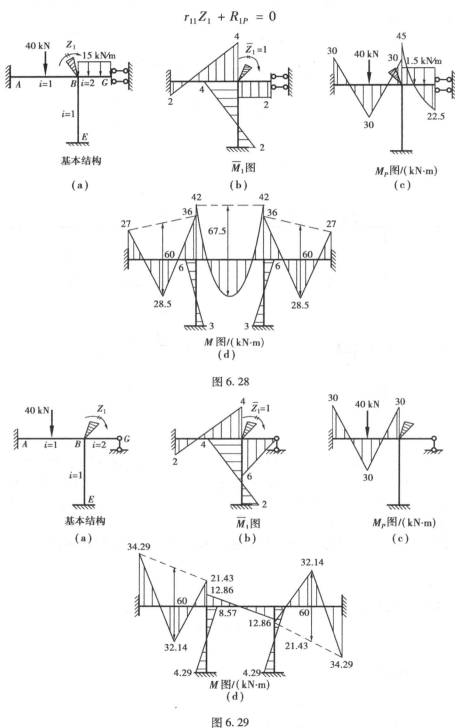

图 6.28

图 6.29

绘其 $\overline{M}_1$ 图和 M_P 图,如图6.29(b),(c)所示,则系数和自由项为

$$r_{11} = 4 + 4 + 6 = 14$$
$$R_{1P} = 30$$

代入典型方程,得

$$Z_1 = -\frac{R_{1P}}{r_{11}} = -2.14$$

绘出反对称荷载作用下的弯矩图,如图6.29(d)所示。

最后,将两组荷载作用下的弯矩图 6.28(d)和 6.29(d)进行叠加,即得原结构的最后弯矩图,如图6.30 所示。

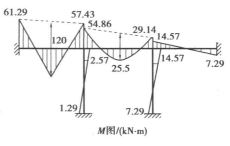

图 6.30

(5)支座位移引起的内力计算

超静定结构当支座产生已知位移时,结构中会产生 内力。用位移法计算时,其基本原理以及计算步骤与荷载作用时一样。不同点是在建立典型 方程式时,应将公式(6.2)中 $R_{1P}\cdots R_{iP}\cdots R_{nP}$ 用 $R_{1C}\cdots R_{iC}\cdots R_{nC}$ 代替。此时的自由项 R_{iC} 表示基本 结构由于支座位移而在附加约束上产生的附加反力或附加反力矩。计算时根据表6.1绘出基 本结构由于支座位移引起的弯矩图 M_C 图,从 M_C 图中取结点或部分结构,利用结点或截面平 衡条件进行计算。

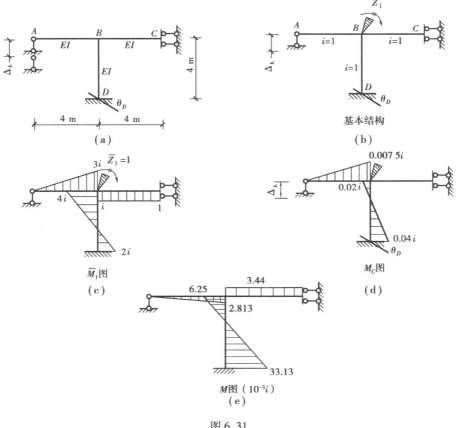

图 6.31

例 6.8 用位移法计算图 6.31(a) 所示刚架,并作 M 图。已知支座 A 下沉 $\Delta_A = 1$ cm,支座 D 转动 $\theta_D = 0.01$ rad。

解 在 B 结点加一附加刚臂,得基本结构如图 6.31(b) 所示。其位移法典型方程为

$$r_{11}Z_1 + R_{1C} = 0$$

绘其 $\overline{M}_1$ 图和 M_C 图,如图 6.31(c)、(d) 所示,则系数和自由项为

$$r_{11} = 3i + 4i + i = 8i$$

$$R_{1C} = 0.007\ 5i + 0.02i = 0.027\ 5i$$

代入典型方程,得

$$Z_1 = -\frac{R_{1C}}{r_{11}} = -\frac{0.027\ 5i}{8i} = -0.003\ 438$$

由 $M = \overline{M}_1 Z_1 + M_C$ 求出各杆端的弯矩,$i = \dfrac{EI}{4}$ 最后绘弯矩图,如图 6.31(e) 所示。

本章小结

- **本章主要知识点**

1. 转角位移方程的概念及建立。

2. 位移法的基本概念,基本未知量的确定。

3. 位移法典型方程的概念及方程的建立。

4. 用典型方程法计算荷载、支移作用下超静定结构的位移及内力。

5. 根据位移法的基本原理,直接利用结点力矩平衡议程及部分结构力的投影平衡计算超静定结构的位移及内力。

6. 有悬臂结构的处理及对称性的利用。

- **可深入讨论的几个问题**

(1) 用位移法计算温度改变时超静定结构的内力问题

在位移法中,温度变化时的计算与荷载作用或支座位移时的计算原理是相同的,区别仅在于典型方程中的自由项不同。此时自由项是基本结构由于温度变化而产生的附加约束中的反力或反力矩,它可采用平衡条件,根据基本结构在温度变化影响下的弯矩图求得。这里要注意的是,除了杆件内外温差使杆件产生弯矩外,温度改变时杆件的轴向变形不能忽略,它将使结点产生已知位移,从而使杆件产生弯矩。请参阅杨茀康主编的《结构力学》教材。

(2) 变截面杆件的内力计算

工程中经常采用变截面杆件的结构,一则使截面的大小与内力分布情况大体上相适应,从而节省材料;二则对钢筋混凝土结构来说也有利于结点钢筋的布置。用位移法计算变截面杆件,原则上与等截面杆件的计算原理相同,区别在于绘制基本结构的 $\overline{M}_i$ 图和 M_P 图时,表 6.1 不再适用,而应考虑杆件截面的改变,重新推导其转角位移方程,具体计算参考其他《结构力学》教材。

概 念 题

1. 在位移法计算中,一般角位移数目等于刚性结点数,铰结点或铰支座处的角位移可否作为基本未知量?

2. 位移法是否可用于计算静定结构?

3. 在推导等截面直杆的转角位移方程时,考虑了杆端哪些变形的影响?

4. 在什么条件下独立线位移数目等于使相应铰接体系成为几何不变体系所需添加的链杆数?

5. 用位移法求解结构内力时如果 M_P 图为零,则自由项 R_{1P} 是否一定为零?

6. 在位移法典型方程的系数和自由项中,数值范围可为正、负实数的是哪些?

7. 计算超静定结构内力时,什么情况下可取结构的相对刚度进行计算? 计算位移时能否取相对刚度进行计算?

8. 图示结构位移法计算时最少的未知数是多少?

9. 图示结构横梁无弯曲变形,图示弯矩图是否正确?

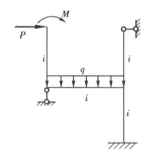 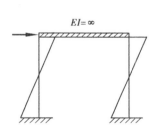 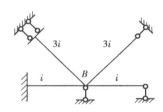

概念题 8 图　　　　　概念题 9 图　　　　　概念题 10 图

10. 图示结构,要使结点 B 产生单位转角,则在结点 B 需施加外力偶为多少?

11. 计算超静定结构结点位移时,用什么方法计算较为简便?

12. 力法、位移法是计算超静定结构的两种基本方法,请从计算思路、基本未知量、基本结构、典型方程等方面进行比较。

13. 下列三图中,M_A 关系如何?

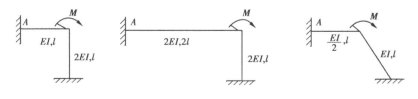

概念题 13 图

习　题

6.1　试确定以下各结构在位移法计算中其基本未知量的数目。

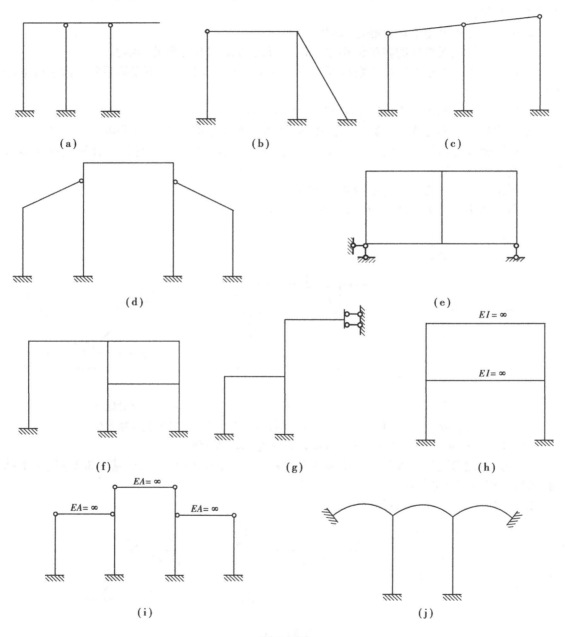

题 6.1 图

6.2　试用位移法计算图示结构,并绘制其弯矩图,剪力图和轴力图,并求图(c)、(e)所示结构 C 支座反力。EI = 常数。

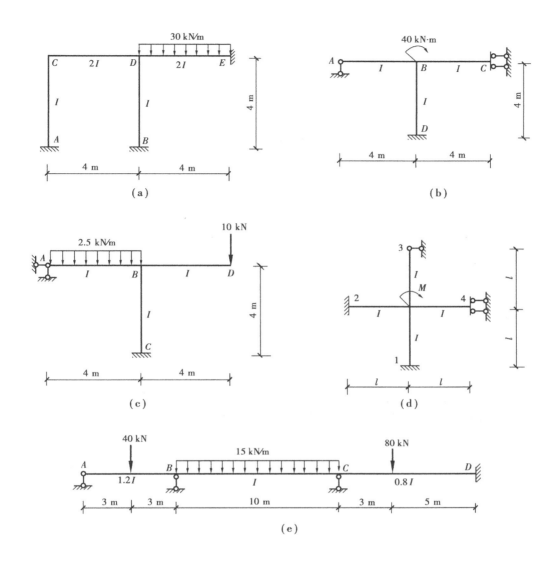

题 6.2 图

6.3 试用位移法计算图示结构,并绘制其弯矩图。EI = 常数。

6.4 利用对称性作图示刚架的弯矩图。EI = 常数。

6.5 设图示等截面连续梁的支座 B 下沉 20 mm,支座 C 下沉 12 mm,试作此连续梁的弯矩图。已知 $E = 2.1 \times 10^2 \text{kN/mm}^2$,$I = 2 \times 10^8 \text{mm}^4$。

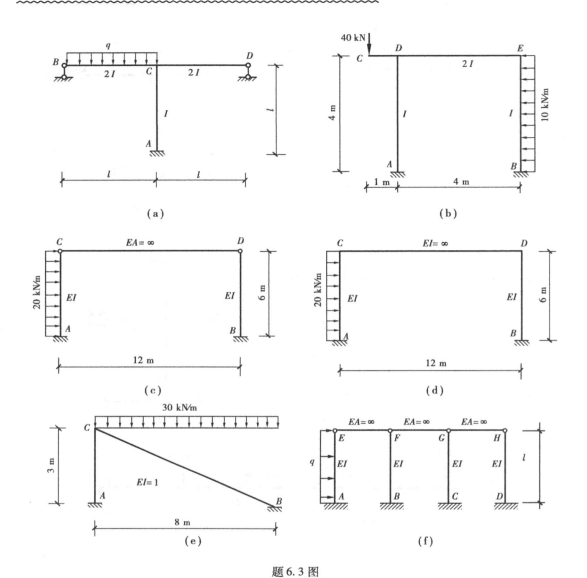

题 6.3 图

6.6 设图示刚架的支座 B 下沉 $5\ \text{mm}$，试作此刚架的弯矩图。已知 $EI = 3 \times 10^5\ \text{kN} \cdot \text{m}^2$。

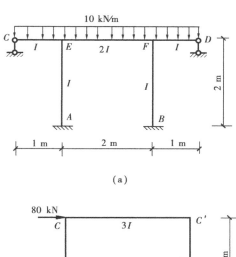

(a)

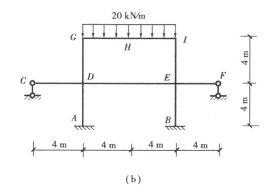

(b)

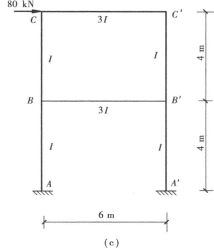

(c)

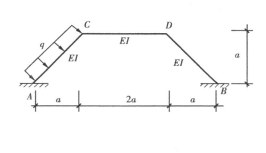

(d)

题 6.4 图

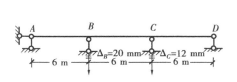

题 6.5 图

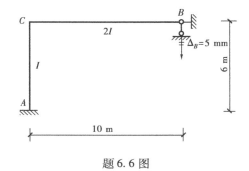

题 6.6 图

第 **7** 章
渐近法计算超静定结构

内容提要　在计算机被广泛应用于工程领域之前,对于结构的受力分析,从 20 世纪 30 年代以来,人们陆续提出了许多适合于手算的渐近法和近似法。本章将着重介绍其中较重要、流传较广的力矩分配法和无剪力分配法。

7.1　概　述

在第 5 章及第 6 章中,介绍了计算超静定结构的两种基本方法——力法和位移法,它们都需要建立并解算联立方程组。当未知量数目较多时,这项计算工作将十分繁重。而各种渐近法和近似法就可以避免组建和解算联立方程组。本章介绍的力矩分配法和无剪力分配法都属于位移法类型的一种渐近法,这类计算方法在计算过程中采用逐步逼近的方法,直接求出杆端弯矩,其计算结果的精确度随计算轮次的增加而提高。另外这类方法可按同一步骤重复进行,易于掌握,便于手算。

力矩分配法适用于连续梁和无结点线位移的刚架;无剪力分配法适用于刚架中除两端无相对线位移的杆件外,其余杆件都是剪力静定杆件的情况,它是力矩分配法的一种特殊形式。

在力矩分配法和无剪力分配法中,杆端弯矩和杆端剪力的正负号规定同位移法。

7.2　力矩分配法的基本原理

在本节中,将通过对图 7.2、图 7.3 所示结构的分析计算,介绍力矩分配法的三个要素以及力矩分配法的计算要点。

7.2.1　力矩分配法的三要素

(1)转动刚度
转动刚度表示杆端对转动的抵抗能力,它在数值上等于使杆端产生单位转角时需要施加的力矩。图 7.1 所示等截面直杆 AB,当仅在 A 端(也称近端)产生单位转角时,在 A 端所需施加的力矩称为该端的转动刚度,并用 S_{AB} 表示。其值与杆件的线刚度和杆件另一端(也称远端)的支承情况有关,可以在表6.1中查到。

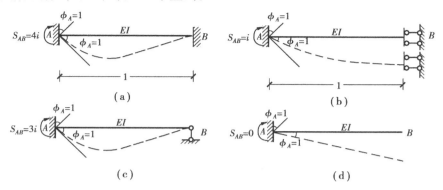

图 7.1

远端固定: $S_{AB} = 4i$ 　　　　　远端简支: $S_{AB} = 3i$

远端滑动: $S_{AB} = i$ 　　　　　远端自由: $S_{AB} = 0$

式中, $i = \dfrac{EI}{l}$。

请读者思考:为什么 AB 杆当远端为自由端时,其 A 端的转动刚度为零?

(2)分配系数

对图 7.2(a)所示结构。设有力偶荷载 M 加于结点 A,使结点 A 产生转角 θ_A,试求杆端弯矩 M_{AB}, M_{AC} 和 M_{AD}。

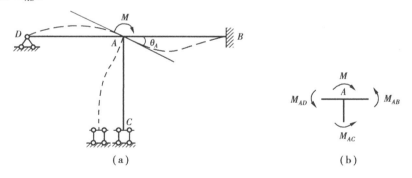

图 7.2

用位移法求解该结构。首先根据转角位移方程,并引入转动刚度的定义可知:

$$\left.\begin{array}{l} M_{AB} = S_{AB}\theta_A = 4i_{AB}\theta_A \\ M_{AC} = S_{AC}\theta_A = i_{AC}\theta_A \\ M_{AD} = S_{AD}\theta_A = 3i_{AD}\theta_A \end{array}\right\} \tag{7.1}$$

取结点 A 作为隔离体(图 7.2(b)),由平衡方程

$$\sum M_A = 0,得$$

$$M = S_{AB}\theta_A + S_{AC}\theta_A + S_{AD}\theta_A$$

因而得到

189

$$\theta_A = \frac{M}{S_{AB} + S_{AC} + S_{AD}} = \frac{M}{\sum\limits_A S}$$

其中，$\sum\limits_A S$ 表示汇交于 A 结点的各杆 A 端的转动刚度之和。将 θ_A 值代入式(7.1)，得

$$\left.\begin{aligned} M_{AB} &= \frac{S_{AB}}{\sum\limits_A S} M \\[2mm] M_{AC} &= \frac{S_{AC}}{\sum\limits_A S} M \\[2mm] M_{AD} &= \frac{S_{AD}}{\sum\limits_A S} M \end{aligned}\right\} \tag{7.2}$$

由此看来，各杆 A 端的弯矩与各杆 A 端的转动刚度成正比。可以用下列公式表示计算结果

$$M_{Aj} = \mu_{Aj} M$$

$$\mu_{Aj} = \frac{S_{Aj}}{\sum\limits_A S}$$

这里 μ_{Aj} 称为分配系数。M 是结点力偶，M_{Aj} 称为分配弯矩。同一结点各杆分配系数之间存在下列关系

$$\sum \mu_{Aj} = \mu_{AB} + \mu_{AC} + \mu_{AD} = 1$$

总之，加于结点 A 的力偶荷载 M，按各杆的分配系数分配于各杆的 A 端(近端)。

(3) 传递系数

在图 7.2(a) 中，力偶荷载 M 加于结点 A，使各杆近端产生弯矩，同时也使各杆远端产生弯矩。由转角位移方程可得杆端弯矩的具体数值如下

$$M_{AB} = 4i_{AB}\theta_A, \quad M_{BA} = 2i_{AB}\theta_A$$
$$M_{AC} = i_{AC}\theta_A, \quad M_{CA} = -i_{AC}\theta_A$$
$$M_{AD} = 3i_{AD}\theta_A, \quad M_{DA} = 0$$

由上述结果可知

$$\frac{M_{BA}}{M_{AB}} = C_{AB} = \frac{1}{2} \tag{7.3}$$

这个比值 $C_{AB} = \frac{1}{2}$ 称为传递系数。传递系数表示当近端有转角时，远端弯矩与近端弯矩的比值。对等截面杆件来说，传递系数 C 随远端的支承情况而有所不同，数值如下：

远端固定，$C = \frac{1}{2}$；远端滑动，$C = -1$；远端铰支，$C = 0$

式(7.3)也可表示为

$$M_{BA} = C_{AB} \cdot M_{AB}$$

式中，M_{AB} 表示分配弯矩，C_{AB} 表示传递系数，M_{BA} 表示传递弯矩。

7.2.2　力矩分配法的计算要点

力矩分配法的物理概念可用以下单节点连续梁来说明。图7.3所示连续梁加荷载P后，其变形如图7.3(a)中虚线所示。伴随着这个变形出现的杆端弯矩，是计算的目标。

用力矩分配法计算各杆的杆端弯矩。可分为以下3个步骤。

(1)锁住结点

设想在结点B加一个阻止转动的附加刚臂阻止结点B转动(锁住B结点)，原结构变为两单跨超静定梁的组合体。这时AB一段受荷载P作用，只AB一跨有变形，如图7.3(b)中虚线所示，相应地产生固端弯矩M_{BA}^F。杆BC的固端弯矩为$M_{BC}^F=0$，考虑结点B的平衡方程求得附加刚臂上产生的约束力矩M_B，称为结点不平衡力矩。对图7.3(b)，由$\sum M_B=0$，可知结点B的不平衡力矩为$M_B=M_{BC}^F+M_{BA}^F=M_{BA}^F$。即锁住结点的结点不平衡力矩等于汇交于锁住结点的各杆近端的固端弯矩之和，以顺时针转向为正。因锁住结点后，组合体的受力、变形与原结构不同，所以在这一步中求出的固端弯矩并不是原结构的最终杆端弯矩。

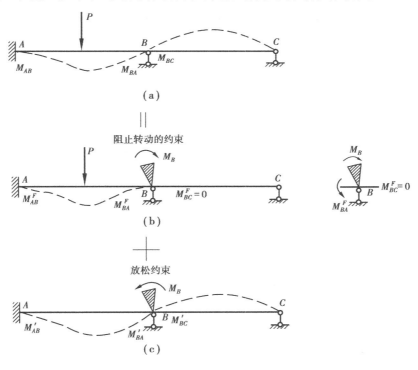

图7.3

(2)放松结点

为使组合体的受力、变形与原结构相同，设想在附加刚臂上加一力偶荷载，该力偶与结点不平衡力矩M_B等值反向，即为$(-M_B)$。这时，梁新产生的变形如图7.3(c)中虚线所示。结点B处各杆在B端产生弯矩M'_{BA}和M'_{BC}，称为分配弯矩；在远端A新产生弯矩M'_{AB}为传递弯矩。

(3)叠加

把图7.3(b)与(c)所示两种情况叠加，就得到图7.3(a)所示情况。即叠加后的组合体受力变形与原结构相同，因此，由图7.3(b)所计算出的固端弯矩与由7.3(c)计算出的分配、传递弯矩叠加,就得到实际的杆端弯矩(图 7.3(a)),例如 $M_{BA}^F + M_{BA}' = M_{BA}$。

由以上讨论,可知力矩分配法的计算要点可归为 3 点:其一,锁住结点,计算固端弯矩;其二,放松结点,计算分配弯矩及传递弯矩;其三,叠加,计算最终杆端弯矩。

7.3　力矩分配法的应用举例

本节由浅入深讨论用力矩分配法计算连续梁及无侧移刚架。

(1)单结点的力矩分配

例 7.1　用力矩分配法计算图 7.4(a)所示的两跨连续梁,绘 M 图。

解　计算连续梁时,其过程可直接在梁的下方列表进行,为便于学习,对计算步骤(表中各栏)作如下说明。

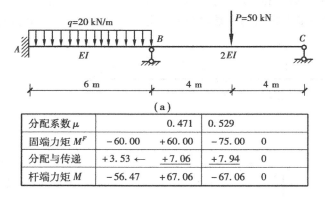

分配系数 μ		0.471	0.529	
固端力矩 M^F	−60.00	+60.00	−75.00	0
分配与传递	+3.53 ←	+7.06	+7.94	0
杆端力矩 M	−56.47	+67.06	−67.06	0

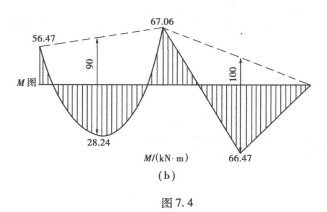

图 7.4

①求分配系数。

各杆转动刚度

$$S_{BA} = \frac{4EI}{6} = \frac{2}{3}EI$$

$$S_{BC} = \frac{3(2EI)}{8} = \frac{3}{4}EI$$

故分配系数为

$$\mu_{BA} = \frac{S_{BA}}{\sum S} = \frac{\frac{2}{3}EI}{\frac{2}{3}EI + \frac{3}{4}EI} = \frac{8}{17} = 0.471$$

$$\mu_{BC} = \frac{S_{BC}}{\sum S} = \frac{\frac{3}{4}EI}{\frac{2}{3}EI + \frac{3}{4}EI} = \frac{9}{17} = 0.529$$

校核 $$\sum \mu = 0.471 + 0.529 = 1$$

将它们填入表中第一行杆 BA 的 B 端及杆 BC 的 B 端。

②求固端力矩。

将结点 B 固定,左部为一两端固定梁,右部为一端固定一端铰支梁。查表 6.1 算出

$$M_{BA}^F = \frac{1}{12}ql^2 = \frac{1}{12} \times 20 \times 6^2 = 60.00 \text{ kN} \cdot \text{m}$$

$$M_{AB}^F = -\frac{1}{12}ql^2 = -\frac{1}{12} \times 20 \times 6^2 = -60.00 \text{ kN} \cdot \text{m}$$

$$M_{BC}^F = -\frac{3}{16}pl = -\frac{3}{16} \times 50 \times 8 = -75.00 \text{ kN} \cdot \text{m}$$

将它们填入表中第 2 行相应杆端下面。再计算各杆 B 端固端弯矩的代数和。这个值就是 B 结点的结点不平衡力矩。

$$M_B = M_{BA}^F + M_{BC}^F = 60 + (-75) = -15.00 \text{ kN} \cdot \text{m}$$

③计算分配弯矩与传递弯矩。

分配弯矩

$$M_{BA} = \mu_{BA}(-M_B) = 0.471 \times (15) = 7.06 \text{ kN} \cdot \text{m}$$

$$M_{BC} = \mu_{BC}(-M_B) = 0.529 \times (15) = 7.94 \text{ kN} \cdot \text{m}$$

将分配弯矩填入表内第 3 行相应杆端的下面。在分配弯矩与传递弯矩之间画一水平方向的箭头,以示弯矩传递的方向,传递弯矩为

$$M_{AB} = C_{AB} \cdot M_{BA} = \frac{1}{2} \times 7.06 = 3.53 \text{ kN} \cdot \text{m}$$

$$M_{BC} = 0$$

将它们填入第 3 行相应杆的下面。传递完毕后,在分配弯矩下面画一横线,表示分配及传递工作全部结束。

④求最终杆端弯矩。

将各杆杆端的固端弯矩与分配弯矩(或传递弯矩)相加,即得最终杆端弯矩。也可以说将表中第 2 行、第 3 行竖向相加。得最终杆端弯矩。

于是

$$M_{AB} = -60 + 3.53 = -56.47 \text{ kN} \cdot \text{m}$$

$$M_{BA} = +60 + 7.06 = 67.06 \text{ kN} \cdot \text{m}$$

$$M_{BC} = -75 + 7.94 = -67.06 \text{ kN} \cdot \text{m}$$

$$M_{CB} = 0$$

将最终杆端弯矩填入表中第 4 行。

⑤验算。

a. 平衡条件

结点 B 处应满足 $\sum M_B = 0$。对本例,有 $\sum M_B = 67.06 - 67.06 = 0$,得以满足。

注意: 在力矩分配法中,若仅从平衡的角度进行,不能说明计算结果一定正确。原因是未校核固端弯矩的正确性,要保证计算结果的正确性,通常需校核变形条件。

b. 变形条件

变形条件可检验汇交于每一刚结点处各杆端的角位移 φ 是否相同。角位移 φ 可以根据分配弯矩,由下式求得

$$\varphi_{Bi} = \frac{\sum M_{Bi}}{S_{Bi}}$$

式中,$\sum M_{Bi}$ 表示历次分配弯矩之和。S_{Bi} 表示转动刚度。如本题中的结点 B 有 $\varphi_{BA} = \varphi_{BC}$。

⑥绘 M 图。

按表格最末一行示出的杆端弯矩来绘 M 图。以杆件 AB 为例,由于 M_{AB} 为负,杆端弯矩应当绕 A 端逆时针方向,表明在 A 端为上部受拉,故弯矩绘在基线以上。M_{BA} 为正,杆端弯矩则应绕 B 端顺时针方向,表明在 B 端也为上部受拉,也绘在基线以上。已知杆件两端弯矩,可按简支梁思路绘 M 图,如图 7.4(c)所示。

现在,把单个结点的力矩分配法解题步骤总结如下

a. 计算结点各杆端的分配系数。

b. 查表 6.1 计算各杆端的固端弯矩及结点不平衡力矩。

c. 计算分配弯矩及传递弯矩(注意:计算时不平衡力矩须反号),直到结点不平衡力矩小,到可以忽略为止。

d. 将同一杆端的固端弯矩,分配弯矩和传递弯矩叠加得最终弯矩。

e. 根据最终弯矩绘出弯矩图,并根据弯矩图绘剪力图,根据剪力图绘轴力图。

例 7.2 力矩分配法计算图 7.5(a)所示的三跨对称连续梁。

解 该连续梁具有两个刚结点。利用其对称性,取等值半结构(图 7.5(b)所示),此时只有一个刚结点,可按单结点力矩分配解算。

现将图 7.5(b)所示的等代结构放大,重示于图 7.6。计算如下

①求分配系数。

求分配系数时,可用各杆的绝对线刚度,也可以采用线刚度的相对值。对本例设 $\frac{EI}{l} = 1$,相对线刚度 $i_{1A} = 1$,$i_{1C} = \dfrac{EI}{\frac{l}{2}} = 2$,则分配系数

$$\mu_{1A} = \frac{3i_{1A}}{3i_{1A} + i_{1C}} = \frac{3 \times 1}{3 \times 1 + 2} = 0.6$$

$$\mu_{1C} = \frac{i_{1C}}{3i_{1A} + i_{1C}} = \frac{2}{3 \times 1 + 2} = 0.4$$

②求固端弯矩。

当结点 1 固定时,形成两个单跨梁,按表 6.1 给定的公式计算。

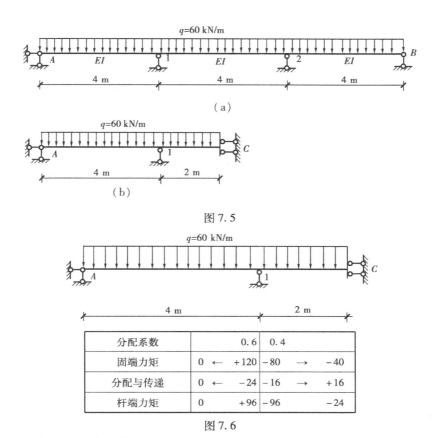

图 7.5

图 7.6

梁 $1A$ 为一端固定一端铰支梁

$$M_{1A}^F = \frac{1}{8}ql^2 = 120 \text{ kN} \cdot \text{m}$$

梁 $1C$ 为一端固定一端定向支座梁,左右两端固端弯矩分别为

$$M_{1C}^F = -\frac{1}{3}q\left(\frac{l}{2}\right)^2 = -\frac{1}{12}ql^2 = -80 \text{ kN} \cdot \text{m}$$

$$M_{C1}^F = -\frac{1}{6}q\left(\frac{l}{2}\right)^2 = -40 \text{ kN} \cdot \text{m}$$

结点 1 的不平衡力矩

$$M_1 = (+120 - 80)\text{kN} \cdot \text{m} = +40 \text{ kN} \cdot \text{m}$$

③分配与传递见表。

④最终杆端弯矩见表。

⑤绘 M 图,如图 7.7 所示。

例 7.3 计算图 7.8(a)所示连续梁,绘 M,F_Q 图,并求支座 B 的反力。

解 本例将讨论作用在结点上的外力偶如何处理。

计算固端弯矩时,先不考虑结点上的外力偶,求结点不平衡力矩时再考虑,则

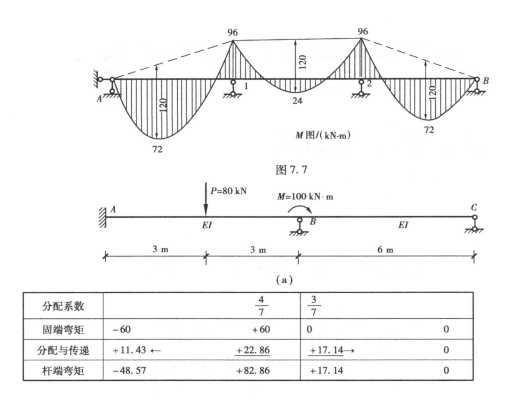

图 7.7

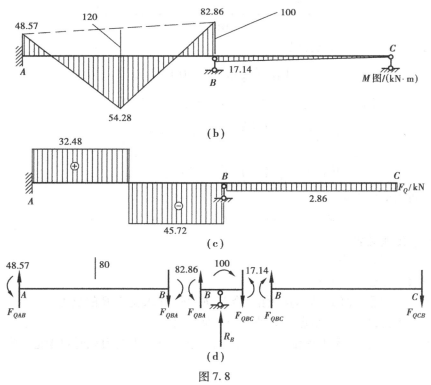

分配系数		$\frac{4}{7}$	$\frac{3}{7}$	
固端弯矩	− 60	+ 60	0	0
分配与传递	+ 11.43 ←	+ 22.86	+ 17.14 →	0
杆端弯矩	− 48.57	+ 82.86	+ 17.14	0

图 7.8

$$M_{BA}^{F} = + \frac{1}{8}pl = + \frac{1}{8} \times 80 \times 6 = + 60 \text{ kN} \cdot \text{m}$$

$$M_{AB}^{F} = - \frac{1}{8}pl = - 60 \text{ kN} \cdot \text{m}$$

$$M_{BC}^{F} = 0$$

$$M_{CB}^{F} = 0$$

取出 B 结点,其结点不平衡力矩为

$$M_{B} = + 60 + 0 - 100 = - 40 \text{ kN} \cdot \text{m}$$

将 M_{B} 变号,进行分配与传递,叠加求出最终杆端弯矩(见表)。

有了杆端弯矩,按简支梁思路便很容易绘出最后弯矩图如图 7.8(b)所示。剪力图的绘制方法同前,把每个杆单独取出,对 BC 杆,剪力图为平直线,由 M 图的倾斜方向,确定剪力为负,其大小为

$$F_{QAB} = F_{QCB} = \frac{M_{BC}}{l} = 2.86 \text{ kN}$$

AB 杆剪力图为斜直线将端弯矩视为外荷载,按杆件的平衡条件即可求出杆端剪力,将杆端剪力连成直线即得 AB 杆剪力图如图 7.8(c)所示。

$$F_{QAB} = 34.28 \text{ kN}$$

$$F_{QBA} = - 45.72 \text{ kN}$$

剪力图求得后,取 B 结点,画出其受力图如图 7.8(d)所示,由 $\sum F_{y} = 0$,得

$$R_{B} + F_{QBA} - F_{QBC} = 0$$

$$R_{B} + (- 45.72) - (- 2.86) = 0$$

解出

$$R_{B} = 42.86 \text{ kN}$$

(2)多结点的力矩分配

用力矩分配法计算多结点的连续梁和无侧移刚架,其计算要点与单结点基本相同。需注意两点:

不能同时放松所有结点。所以在多结点的力矩分配法中需进行多次分配、传递,逐次渐近求出杆端弯矩。

应注意在每次分配中结点不平衡力矩的计算。

现以一三跨连续梁来说明逐次渐近的过程。连续梁 $ABCD$ 在中间跨加荷载后的变形曲线如图 7.9(a)所示,相应于此变形的杆端弯矩是我们要计算的目标。下面说明渐近的过程。

第 1 步,在结点 B,C 加上附加刚臂,阻止结点转动,这时连续梁被分为 3 根在结点 B,C 为固端的单跨超静定梁,在图示荷载作用下,仅 BC 跨有变形,如图 7.9(b)中的虚线所示,杆 BC 两端有固端弯矩 M_{BC}^{F} 和 M_{CB}^{F},结点 B,C 有不平衡力矩 M_{B} 和 M_{C}。

第 2 步,放松结点 B(结点 C 仍锁住),即在结点 B 加一反向力偶荷载 M_{B}。这时结点 B 有转角 θ'_{B},这一步的变形如图 7.9(c)中的虚线所示。在结点 B 进行分配,得到结点 B 上各杆的第一次分配弯矩,同时结点 A,C 杆端有第一次的传递弯矩。

第 3 步,锁住结点 B,放松结点 C,在结点 C 加上一反向力偶荷载 M''_{C}。这时结点 C 有转角 θ'_{C},这一步的变形如图 7.9(d)虚线所示。此时结点 C 的不平衡力矩应为固端弯矩与传递弯矩

之和,即 $M''_C = M_C + M'_C$。将 M''_C 反号进行分配、传递,结点 C 上各杆得到第一次分配弯矩,同时结点 B,D 对应杆端有传递弯矩。这导致结点 B 又出现新的不平衡力矩 M'_B,需进行第 2 轮分配。

按照以上步骤,再重复第 2 步和第 3 步,即分别对 B,C 结点进行分配和传递,直到变形和内力逐步接近连续梁实际的变形和内力。这里,运算过程中的每一步均为单结点的力矩分配和传递。从第 2 轮开始,结点不平衡力矩就等于结点处各杆的传递弯矩之和。最后,将各步骤所得的杆端弯矩(弯矩增量)叠加,即得所求的杆端弯矩(总弯矩)。实际上只需对各结点进行两到三轮的运算,就能达到较好的精度。

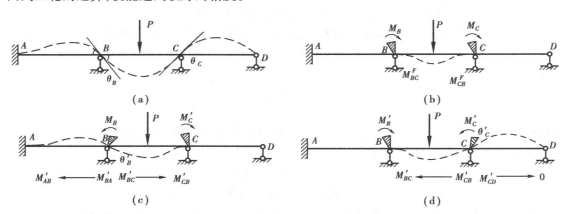

图 7.9

现通过以下例题,说明力矩分配法运算多结点结构的步骤和演算格式。

例 7.4 用力矩分配法作图 7.10(a)所示连续梁的弯矩图(EI = 常数)。

解 ①计算各结点的分配系数。

设 $EI = 1$,则分配系数计算如下

结点 B

$$S_{BA} = 4i_{BA} = 4 \times \frac{1}{6} = 0.667 \qquad S_{BC} = 4i_{BC} = 4 \times \frac{1.5}{6} = 1$$

$$\mu_{BA} = \frac{S_{BA}}{\sum_B S} = \frac{0.667}{0.667 + 1} = 0.4 \qquad \mu_{BC} = \frac{S_{BC}}{\sum_B S} = \frac{1}{0.667 + 1} = 0.6$$

$$\sum_B \mu = 0.4 + 0.6 = 1$$

结点 C

$$S_{CB} = 4i_{CB} = 4 \times \frac{1.5}{6} = 1 \qquad S_{CD} = 4i_{CD} = 3 \times \frac{2}{6} = 1$$

$$\mu_{CB} = \frac{S_{CB}}{\sum_C S} = \frac{1}{1 + 1} = 0.5 \qquad \mu_{CD} = \frac{S_{CD}}{\sum_C S} = \frac{1}{1 + 1} = 0.5$$

$$\sum_C \mu = 0.5 + 0.5 = 1$$

将分配系数分别记于表中第 1 行。

②锁住结点 B,C,求各杆的固端弯矩。

$$M_{BC}^F = -\frac{1}{8}Pl = -\frac{1}{8} \times 80 \times 6 = -60 \text{ kN} \cdot \text{m}$$

$$M_{CB}^F = +\frac{1}{8}Pl = +\frac{1}{8} \times 80 \times 6 = +60 \text{ kN} \cdot \text{m}$$

$$M_{CD}^F = -\frac{1}{8}ql^2 = -\frac{1}{8} \times 20 \times 6^2 = -90 \text{ kN} \cdot \text{m}$$

将计算结果记入表中第2行。

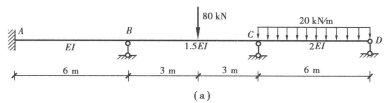

(a)

分配系数			0.4		0.6		0.5		0.5	
固端弯矩					−60		+60		−90	0
放松 B	12	←	24		36	→	18			
放松 C					3	←	6		6	
放松 B	−0.6	←	−1.2		−1.8	→	−0.9			
放松 C					0.23	←	0.45		0.45	
放松 B	−0.05	←	−0.09		−0.14	→	−0.07			
放松 C							0.04		0.03	
杆端弯矩	11.35		22.71		−22.71		83.52		−83.52	0

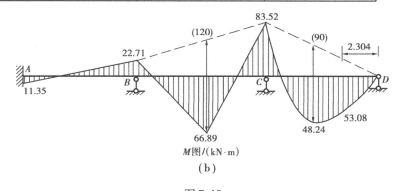

(b)

图 7.10

③B,C 结点的不平衡力矩分别为 $-60 \text{ kN} \cdot \text{m}$ 和 $-30 \text{ kN} \cdot \text{m}$,故先从不平衡力矩绝对值较大的 B 点开始分配。放松结点 B(此时结点 C 仍被锁住),按单结点问题进行分配和传递。结点 B 的不平衡力矩为 $-60 \text{ kN} \cdot \text{m}$,将其反号进行分配,$BA$ 和 BC 杆端的分配弯矩为

$$0.4 \times 60 = 24 \text{ kN} \cdot \text{m}$$
$$0.6 \times 60 = 36 \text{ kN} \cdot \text{m}$$

BC 杆 C 端的传递弯矩为

$$\frac{1}{2} \times 36 = 18 \text{ kN} \cdot \text{m}$$

AB 杆 A 端的传递弯矩为

$$\frac{1}{2} \times 24 = 12 \ \text{kN} \cdot \text{m}$$

将以上分配和传递弯矩分别写在各杆端相应的位置。经过分配和传递,结点 B 已经平衡,可在分配弯矩的数字下画一横线,表示横线以上结点力矩总和已等于零。同时,用箭头表示将分配弯矩传到结点上各杆的远端。

④锁住结点 B,放松结点 C

结点 C 的不平衡力矩为

$$60 - 90 + 18 = -12 \ \text{kN} \cdot \text{m}$$

将其反号进行分配,CB 和 CD 两杆端的分配弯矩都为

$$0.5 \times 12 = 6 \ \text{kN} \cdot \text{m}$$

BC 杆 B 端的传递弯矩为

$$\frac{1}{2} \times 6 = 3 \ \text{kN} \cdot \text{m}$$

将分配弯矩与传递弯矩按同样的方法表示于各杆端。

以上完成了力矩分配法的第 1 轮。由于结点 B 又有了新的不平衡力矩,故需进行第 2 轮分配。

⑤进行第 2 轮计算。

再次先后放松结点 B 和 C,相应的结点不平衡力矩分别为 $3 \ \text{kN} \cdot \text{m}$ 和 $-0.9 \ \text{kN} \cdot \text{m}$。

⑥进行第 3 轮计算。

相应的结点不平衡力矩分别为 $0.23 \ \text{kN} \cdot \text{m}$ 和 $-0.07 \ \text{kN} \cdot \text{m}$。

由此可以看出,结点不平衡力矩的衰减速过程是很快的。进行 3 轮计算后,结点不平衡力矩已经很小可以忽略,结构已经接近恢复到实际状态,故分配传递工作可以停止。

⑦将各杆的固端弯矩、历次的分配弯矩和传递弯矩叠加,即得最后的杆端弯矩。

⑧根据杆端弯矩的数值和符号,以及 M 图画在杆件受拉边的规定,可画出弯矩图,如图 7.10(b)所示。

例 7.5 求图 7.11(a)所示刚架的弯矩图、剪力图和轴力图,并计算各支座的反力。

EI = 常数。

解 ①转动刚度(设 $EI = 1$)。

$$i_{DC} = \frac{2EI}{6} = \frac{1}{3} \qquad S_{DC} = 3i_{DC} = 1$$

$$i_{DA} = \frac{2EI}{4} = \frac{1}{2} \qquad S_{DA} = 4i_{DA} = 2$$

$$i_{DE} = \frac{3EI}{6} = \frac{1}{2} \qquad S_{DE} = 4i_{DE} = 2$$

$$i_{ED} = \frac{3EI}{6} = \frac{1}{2} \qquad S_{ED} = 4i_{ED} = 2$$

$$i_{EF} = \frac{4EI}{3} = \frac{4}{3} \qquad S_{EF} = 3i_{EF} = 4$$

$$i_{EB} = \frac{2EI}{4} = \frac{1}{2} \qquad S_{EB} = 4i_{EB} = 2$$

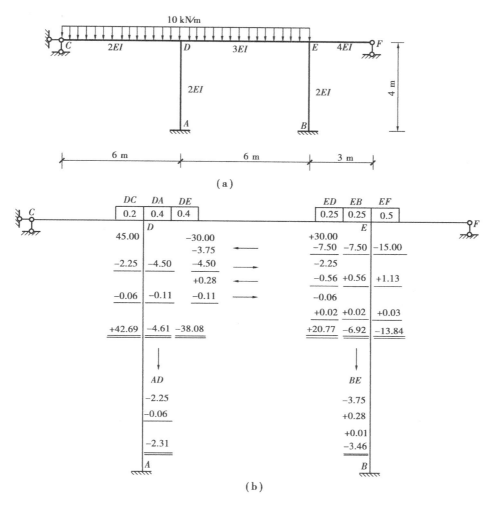

图 7.11

② 分配系数。

结点 D

$$\mu_{DC} = \frac{S_{DC}}{\sum_D S} = \frac{S_{DC}}{S_{DC} + S_{DA} + S_{DE}} = \frac{1}{1 + 2 + 1} = 0.2$$

$$\mu_{DA} = \frac{S_{DA}}{\sum_D S} = \frac{2}{5} = 0.4 \qquad \mu_{DE} = \frac{S_{DE}}{\sum_D S} = \frac{2}{5} = 0.4$$

$$\sum_E \mu = 1$$

结点 E

$$\mu_{ED} = \frac{S_{ED}}{\sum\limits_E S} = \frac{S_{ED}}{S_{ED} + S_{ER} + S_{EF}} = \frac{2}{2 + 2 + 4} = 0.25$$

$$\mu_{EB} = \frac{S_{EB}}{\sum\limits_E S} = \frac{2}{8} = 0.25$$

$$\mu_{EF} = \frac{S_{EF}}{\sum\limits_E S} = \frac{4}{8} = 0.5$$

$$\sum\limits_E \mu = 1$$

③固端弯矩。

$$M_{DC}^F = \frac{1}{8}ql^2 = \frac{1}{8} \times 10 \times 6^2 = 45 \text{ kN} \cdot \text{m}$$

$$M_{DE}^F = -\frac{1}{12}ql^2 = -\frac{1}{12} \times 10 \times 6^2 = -30 \text{ kN} \cdot \text{m}$$

$$M_{ED}^F = +\frac{1}{12}ql^2 = +\frac{1}{12} \times 10 \times 6^2 = 30 \text{ kN} \cdot \text{m}$$

④力矩分配与传递。

为缩短计算过程,应先放松不平衡力矩较大的结点,因此,先放松结点 E。分配及传递计算如图 7.11(b)所示。

⑤绘弯矩、剪力、轴力图如图 7.12(a)、(b)、(c)所示。

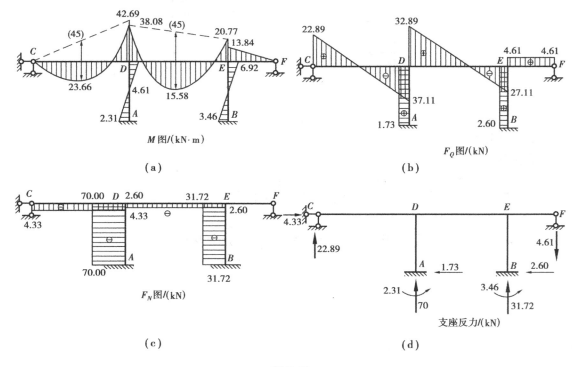

图 7.12

⑥计算各支座反力。

由内力图中支座处的弯矩、剪力、轴力值可求得各支座的反力。支座反力计算结果如图 7.12(d)所示。

例 7.6　试用力矩分配法计算图 7.13(a)所示等截面连续梁的各杆端弯矩。

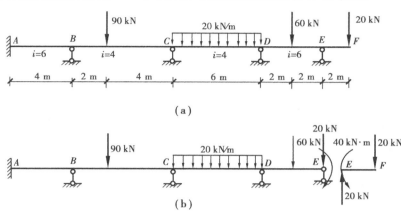

(a)

(b)

分配系数		0.600	0.400	0.500	0.500	0.471	0.529	
固端弯矩	0		0	− 80.00	40.0	− 60.0	60.0	− 25.0　0	− 40.0
B,D 分配传递弯矩		24.00←48.00	32.00→16.00			− 8.24←− 16.49		− 18.51→0	
C 分配传递弯矩			3.06←6.12		6.12→3.06				
B,D 分配传递弯矩		− 0.92←− 1.84	− 1.22→− 0.61			− 0.72←− 1.44		− 1.62→0	
C 分配传递弯矩			0.33←0.66		0.67→0.33				
B,D 分配传递弯矩		− 0.1←− 0.20	− 0.13→− 0.07			− 0.08←− 0.16		− 0.17→0	
C 分配传递弯矩			0.04←0.07		0.08→0.04				
B,D 分配传递弯矩		− 0.01←− 0.02	− 0.02→− 0.01			− 0.01←− 0.02		− 0.02→0	
C 分配传递弯矩				0.01	0.01				
最后弯矩		22.97　45.94	− 45.94　62.17			− 62.17　45.32		− 45.32　0	− 40

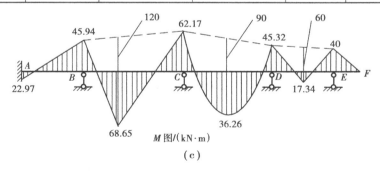

M 图/(kN·m)

(c)

图 7.13

解　此梁的悬臂 EF 为一静定部分,该部分的内力根据静力平衡条件便可求得: $M_{EF} = -40$ kN·m, $Q_{EF} = 20$ kN。若将该悬臂部分去掉,而将 M_{EF} 和 Q_{EF} 作为外力作用于结点 E 处,如图7.13(b),结点 E 便化为铰支端,整个梁只有 B,C,D 共 3 个转角未知量。计算分配系数,其中

$$\mu_{DC} = \frac{4 \times 4}{4 \times 4 + 3 \times 6} = 0.471$$

$$\mu_{DE} = \frac{3 \times 6}{4 \times 4 + 3 \times 6} = 0.529$$

计算固端弯矩时,对杆 DE,将相当于一端固定一端铰支的单跨梁,除跨中受集中力作用外,并在铰支端 E 处受一集中力和一集中力偶的作用。其中作用在 E 端的集中力为支座直接承受,在梁内不引起弯矩,而其余的外力则将使杆 DE 引起固端弯矩,其值为

$$M_{DE}^{F'} = -\frac{3}{16} \times 60 \times 4 + \frac{1}{2} \times 40 = -25 \ \text{kN} \cdot \text{m}$$

至于其余的固端弯矩都可按表 6.1 求得。

求得分配系数和固端弯矩后,便可通过分配和传递来消除结点 B, C, D 上的不平衡力矩,以求得各杆端的最后弯矩,其计算列于表中。先将最后杆端弯矩用虚线画出,再将 BC, CD, DE 杆分别叠加对应简支梁在 90kN,20kN 及 60kN 作用下的弯矩图。最后弯矩图如图 7.13(c)所示。

在力矩分配法的计算中,应注意以下两点:一是单结点力矩分配法得到的是精确解,而多结点力矩分配法得到的是近似解;二是力矩分配首先应从结点不平衡力矩绝对值较大的结点开始,且不相邻的结点可同时放松进行分配,以加快收敛速度。

7.4　无剪力分配法

前面的力矩分配法适用于连续梁和无侧移刚架,对于有侧移的刚架则不再适用。但对某些特殊的有侧移刚架,可以用与力矩分配法类似的无剪力分配法进行计算。

图 7.14(a)所示一单跨对称刚架,其上作用水平结点荷载,现将它分解为正对称和反对称荷载两种情况。

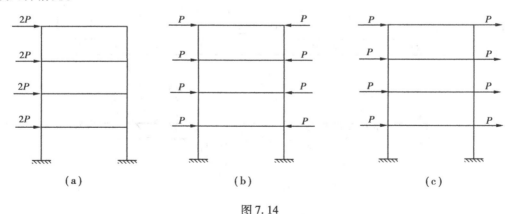

图 7.14

其中图 7.14(b)所示正对称荷载作用,显然只有横梁承受轴力,其余各杆均不产生内力,故不需计算。

对于图 7.14(c)所示反对称荷载作用下的刚架,可取图 7.15(a)所示的半刚架计算。

对图 7.15(a)所示的多层单柱刚架,虽然在外因作用下其结点可能产生水平线位移,但是这种刚架具有一个特点,即柱中的剪力可以根据平衡条件直接确定,如图 7.15(b)所示,与结点的位移无关。这种柱称为剪力静定柱。把剪力静定柱作特殊处理后,仍可按力矩分配法的步骤进行计算。这就是本节要介绍的无剪力分配法。

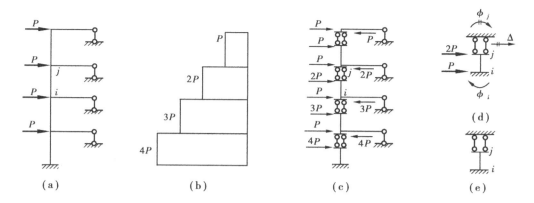

图 7.15

例如图 7.15(a)所示的多层单柱刚架,其中柱 ij 顶端的剪力可由静力平衡条件求得为 $F_{Qji} = 2P$。据此,可将原来 i,j 两端都与结点刚接的 ij 柱,改为 j 端与结点定向连接,而 i 端仍与结点刚接的柱。将柱 ij 取出,得图 7.15(d)所示的计算简图。即在柱的 j 端将与剪力相对应的约束去掉,并代以已知的剪力。对每一根柱子都作同样处理后,原刚架就可用图 7.15(c)所示的计算简图来代替。

表 6.1 已经给出一端固定一端定向支承杆的转角位移方程。由该方程可见,杆端弯矩与相对线位移无关。在有侧移的单柱刚架中,横梁可作水平刚体移动,但两端不存在相对线位移。这类刚架用位移法计算时,只需取结点角位移作为基本未知量即可。于是,可用力矩分配法来计算有侧移的单柱刚架。

图 7.15(e)所示下端固定上端定向支承的等截面柱,不论哪端转动,两端的转动刚度相等,且等于 i。两端向另一端的传递系数也相等,其值为 -1。值得注意的是,当 j 端(或 i 端)发生转动时,i,j 两端将发生水平相对线位移。不过,这种水平移动将依赖于结点转角的大小,不是独立的未知量。同时还可看出,不论 i 端或 j 端发生转动,都不会在柱中引起新的剪力。而在有侧移的单柱刚架中用力矩分配法消除不平衡力矩时(即结点发生转动时),柱中不会新产生剪力,故称它为无剪力分配法。

在计算剪力静定柱的固端弯矩时应注意,这时除了直接作用在柱上的荷载外,还在上端定向支承处有已知剪力的作用。因此,应用无剪力分配法时,对于剪力静定柱,其转动刚度、传递系数和固端弯矩,应按以上讨论的进行计算。对于横梁,它们的计算与一般力矩分配法相同。

现举例说明无剪力分配法的计算步骤。

例 7.7 试计算图 7.16(a)所示刚架,并绘制其弯矩图。各杆件的相对刚度示于各杆侧的圆圈内。

解 在结点 B,C 上加附加刚臂如图 7.16(b),分别计算固端弯矩和分配系数。柱 AB,BC 按下端固定,上端为定向支承杆件考虑。

① 固端弯矩。

$$M_{CB}^{F'} = M_{BC}^{F'} = -\frac{1}{2} \times 20 \times 6 = -60 \text{ kN} \cdot \text{m}$$

$$M_{BA}^{F'} = M_{AB}^{F'} = -\frac{1}{2} \times 40 \times 6 = -120 \text{ kN} \cdot \text{m}$$

于是得结点 C 的不平衡力矩 $M_C = -60 \text{ kN} \cdot \text{m}$

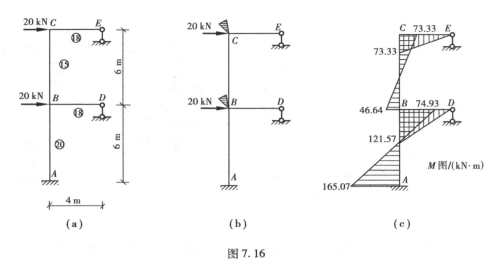

图 7.16

结点 B 的不平衡力矩 $M_B = -180$ kN·m

②分配系数。

各杆件的转动刚度为

$S_{CE} = 3 \times 18 = 54$，　$S_{CB} = S_{BC} = 1 \times 15 = 15$，　$S_{BD} = 3 \times 18 = 54$，　$S_{BA} = 1 \times 20 = 20$

在结点 C，各杆端的分配系数为

$$\mu_{CE} = \frac{54}{54+15} = 0.783$$

$$\mu_{CB} = \frac{15}{54+15} = 0.217$$

在结点 B，各杆端的分配系数为

$$\mu_{BC} = \frac{15}{15+54+20} = 0.168$$

$$\mu_{BD} = \frac{54}{15+54+20} = 0.607$$

$$\mu_{BA} = \frac{20}{15+54+20} = 0.225$$

③列表进行计算。

计算方法与力矩分配法相同。只需注意柱的传递系数为（−1）。计算时先从 B 结点开始分配。计算过程见表 7.1。根据计算结果，可作出最后弯矩图如图 7.16(c)所示。

图 7.17 所示的 3 个刚架，其中图 7.17(c)所示单跨对称刚架各杆的线刚度是图 7.17(b)所示单跨对称刚架中对应杆件线刚度的 n 倍。图 7.17(c)所示刚架所承受的荷载也是图 7.17(b)所示刚架所承受荷载的 n 倍。各单跨多层对称刚架的上述关系，称为倍数关系。凡符合倍数关系的各单跨多层对称刚架，它们同层各结点的线位移和角位移相等，这时，各单跨对称刚架可以合成为一个多跨多层刚架，如图 7.17(a)所示。反过来看，如果要把多跨多层刚架如图 7.17(a)分解成若干个单跨多层对称刚架，则各单跨多层对称刚架之间的杆件线刚度和所受荷载，均应符合倍数关系。以上规律称为倍数原理。这样，在计算符合倍数原理的多跨多层刚架在水平结点荷载作用下的内力和位移时，便可将其转换为单跨多层对称刚架来计算。由此，又可以用半刚架法，将其归结为用无剪力分配法计算。

表 7.1　杆端弯矩的计算

结　点	E	C		B			A	D
杆　端	EC	CE	CB	BC	BD	BA	AB	DB
分配系数		0.783	0.217	0.168	0.607	0.225		
固端弯矩			−60	−60		−120	−120	
分配与传递	0		−30.24	30.24	109.26	40.5	−40.5	0
		70.66	19.58	−19.58				
			−3.29	3.29	11.88	4.41	−4.41	0
	0	2.58	0.71	−0.71				
			−0.12	0.12	0.43	0.16	−0.16	0
		0.09	0.03					
最后弯矩	0	73.33	−73.33	−46.64	121.57	−74.93	−165.07	0

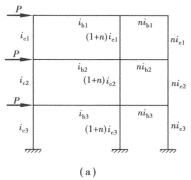

（a）

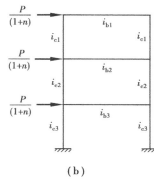

（b）

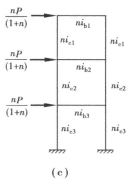

（c）

图 7.17

本章小结

● **本章主要知识点**

1. 渐近法的基本原理及计算要点。
2. 转动刚度、分配系数、传递系数的概念。
3. 利用渐近法求连续梁和无侧移刚架的计算步骤和演算格式。
4. 无剪力分配法的基本原理。

● **可深入讨论的几个问题**

　　1. 用力矩分配法也可计算无侧移刚架由于支座移动引起的内力,此时只需将固端弯矩改为支座移动引起的弯矩。有兴趣的读者可参阅其他结构力学教材。

　　2. 对于横梁刚度无限大的多跨单层刚架,受水平荷载作用时,可采用剪力分配法计算其内力,详见有关教材。

　　3. 工程实际中迭代法常用来计算有侧移的刚架,采用的是把线性代数中的赛德尔迭代法应用于刚架,使计算结果逐步接近精确解。常用的手算方法还有分层法、反弯点法、D 值法等,有兴趣的读者可参阅杨弗康主编《结构力学》教材。

概 念 题

1. 为什么力矩分配法不能直接应用于有结点线位移的刚架?

2. 以下两个单跨梁左端产生单位转角所施加的弯矩是否相同。(　　)

3. 图示杆 AB 与 CD 的 EI、l 相等,但 A 端的转动刚度 S_{AB} 大于 C 端转动刚度 S_{CD}。该说法是否正确? 若不正确,正确的说法应为什么?

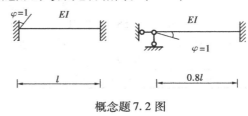

概念题7.2 图

4. 若使图示刚架结点 A 处三杆具有相同的力矩分配系数,应使三杆 A 端的转动刚度之比值为多少?

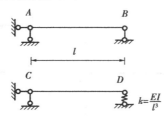

概念题7.3 图

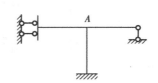

概念题7.4 图

5. 汇交于某结点各杆端的力矩分配系数之比等于各杆(　　)

　　A. 线刚度之比　　　　　　　　　　B. 抗弯刚度之比

　　C. 劲度系数(转动刚度)之比　　　　D. 传递系数之比

6. 下列各结构可直接用力矩分配法计算的为(　　)

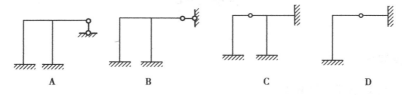

概念题7.6 图

7. 如果按线刚度来计算分配系数,请推出以下 3 种情况下的修正线刚度:(a)K 端为铰支;(b)K 端为固端;(c)K 端为定向支承。

8. 在无剪力分配法中,剪力静定柱与一般的一端固定,一端定向支承杆的传递系数有何不同?

9. 为什么无剪力分配法只适用于单跨对称刚架?

10. 图示结构中,n_1、n_2 均为比例常数,当 n_1 大于 n_2 时,则(　　)

　　A. M_A 大于 M_B　　　B. M_A 小于 M_B　　　C. M_A 等于 M_B　　　D. 不定

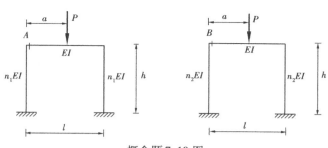

概念题 7.10 图

习　题

7.1 用力矩分配法计算图示结构,作 M 图。

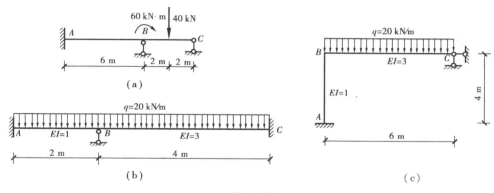

（a）

（b）

（c）

题 7.1 图

7.2 用力矩分配法作图示连续梁的 M 图,并计算支座反力。

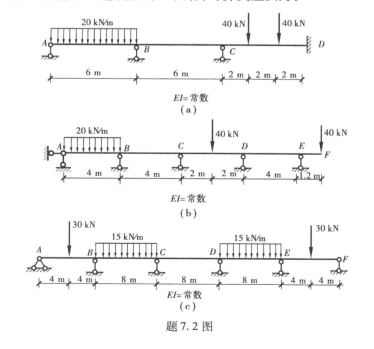

（a）

（b）

（c）

题 7.2 图

7.3 试用力矩分配法计算图示刚架,并绘出弯矩图。

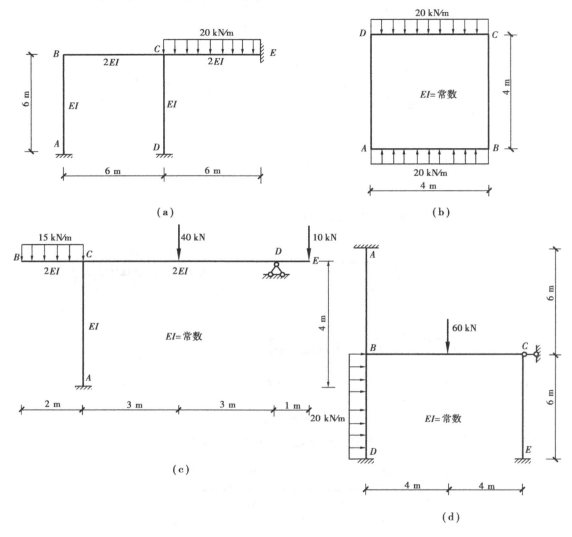

题 7.3 图

7.4 作图示对称刚架的 M, F_Q, F_N 图。

7.5 试用无剪力分配法计算图示空腹桁架。并绘出其弯矩图。设 $E = $ 常数。

7.6 试用无剪力分配法计算图示单跨对称刚架。并绘出其弯矩图。设 E 为常数。

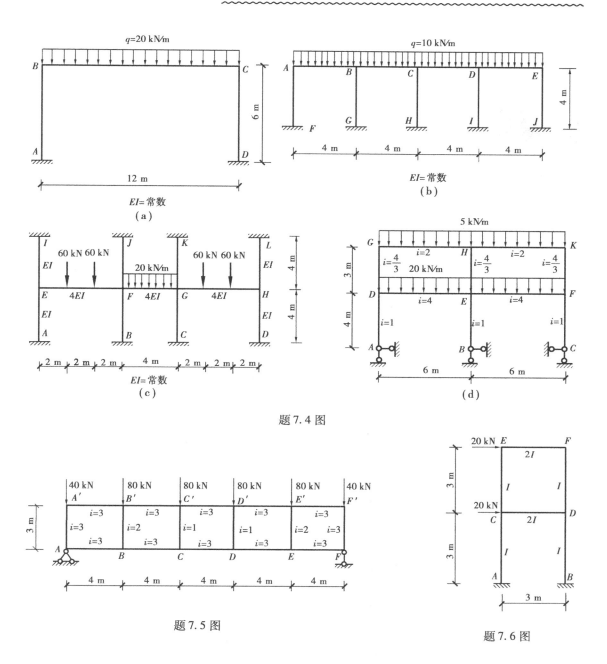

题 7.4 图

题 7.5 图

题 7.6 图

第 **8** 章
影响线及其应用

内容提要 在实际工程中,结构除承受恒载外,还承受活载。在活载作用下,结构反力、内力的大小都将随着荷载位置的变化而变化。此时,在结构设计中最关心的是荷载作用在什么位置时,结构的反力、内力达到极值。解决这类问题的基础就是影响线。本章主要讨论影响线的概念、绘制方法及其应用。

8.1 概 述

8.1.1 移动荷载 最不利荷载位置

对某些结构来说,例如桥梁、工业厂房中的吊车梁等,除承受固定荷载外,还要承受移动荷载。所谓移动荷载是指大小、方向不变,仅作用位置可在结构上移动的荷载。例如在桥梁上行驶的车辆;在吊车梁上行驶的吊车等。图 8.1 所示工业厂房中的桥式吊车,由桥架和起重小车组成,桥架两端的车轮支承在吊车梁上,吊车梁支承在柱的牛腿上。当吊车运行时,吊车轮压 P 沿吊车梁移动,称吊车梁受移动荷载作用。

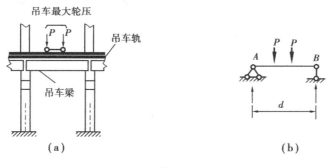

图 8.1

移动荷载除了集中荷载外,也有连续分布的,例如通过桥梁上的人群和履带车辆等。

在移动荷载作用下,结构的支座反力和截面内力要随着荷载位置的移动而变化。因此在设计中就需要求出某个反力或内力(统称为结构上的某一物理量值 Z_K)的最大值,这就要求必须先确定产生这一最大值($Z_{K\max}$)的荷载位置,称为 Z_K 的最不利荷载位置。

8.1.2　影响线的概念

在实际工程中,移动荷载通常是一组相互平行、大小和方向保持不变的竖向荷载。在研究这一类荷载对结构各量值的影响时,通常分两步进行:首先从各种移动荷载中抽象出一个最简单、最基本的单位移动荷载 $P=1$,研究单位移动荷载作用下某物理量值 Z_K 的变化规律,然后根据叠加原理,确定在实际移动荷载下该物理量值 Z_K 的变化规律及 Z_K 的最不利荷载位置。

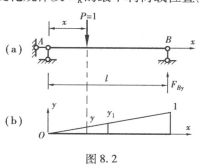

图 8.2

表示在单位移动荷载作用下结构的某物理量值变化规律的图形,就称为该量值的影响线。影响线是研究移动荷载作用的基本工具。

图 8.2(a)所示为一简支梁,当单位竖向移动荷载 $P=1$ 在梁上移动时,容易看出,当 $P=1$ 作用在支座 A 上时,支座反力 F_{BY} 的数值等于 0。当 $P=1$ 作用在支座 B 上时,$F_{BY}=1$。由于反力的大小仅是位置的一次函数,所以用直线连接该两点得到图 8.2(b),它反映了反力 F_{BY} 随 $P=1$ 从点 A 移动到点 B 的变化规律,故称为支座 B 的反力影响线,记为 F_{BY} 影响线。显然,对支座反力 F_{BY} 来说,当荷载 $P=1$ 作用在 B 点时,F_{BY} 产生最大值,故利用影响线可以确定某量值的最不利荷载位置。

影响线的定义:当一个方向不变的单位荷载($P=1$)在结构上移动时,表示结构某一量值 Z_K(如反力、弯矩、剪力等)的变化规律的曲线,称为 Z_K 的影响线。

Z_K 影响线上任一点的横坐标 x 表示荷载的位置参数,纵坐标(或竖标)y 表示单位荷载作用此点时某量值 Z_K 的数值,也叫做影响量。规定影响量的正值画在基线的上侧,负值画在基线的下侧,并标注正负号。由于 $P=1$ 是无量纲数。因此影响线纵坐标的量纲等于量值 Z_K 的量纲除以力的量纲。例如反力影响线的纵坐标应是无量纲数。

值得指出的是,在掌握影响线的概念时,应特别注意影响线与内力图的区别。影响线与内力图是截然不同的图形,但初学时往往容易混淆。在此将弯矩影响线和弯矩图加以比较。图 8.3 是简支梁 C 截面弯矩 M_C 的影响线以及当固定荷载 $P=1$ 作用在 C 处时梁的弯矩图。

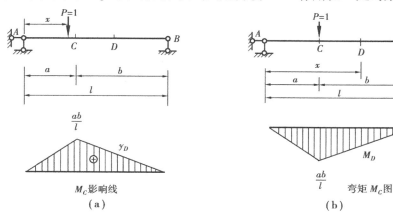

图 8.3

(1)图形性质的区别

M_C 影响线表示指定截面 C 的弯矩 M_C 随单位荷载 $P=1$ 的位置参数 x 而变化的规律。这里,荷载类型是指定的(指定为 $P=1$),但荷载的位置参数 x 在变,是自变量。所求弯矩的截面位置是指定的,但弯矩数值在改变,是因变量。其函数关系可表示为

$$M_C = f(x) \quad (x \text{ 是荷载 } p=1 \text{ 的位置参数})$$

M 图表示在固定荷载作用下,梁上各截面弯矩的分布规律。这里,荷载类型是指定的(不一定是 $P=1$),荷载位置也是固定的。但所求弯矩的截面位置参数 x 在变,是自变量,同时截面 x 的弯矩数值也在变,是因变量。其函数关系可表示为

$$M(x) = g(x) \quad (x \text{ 是弯矩所在截面的位置参数})$$

(2)图中竖标含义的区别

M_C 影响线和 M 图中,同一截面 D 处的竖标 y_D 和 M_D 的意义是不同的。y_D 为荷载 $P=1$ 移动到 D 处时 M_C 的大小,而 M_D 则是 $P=1$ 固定作用于 C 处时 D 截面的弯矩值。

8.2　静力法作影响线

影响线的绘制有两种基本做法,即静力法和机动法。本节介绍静力法。静力法作静定结构某量值 Z_K 的影响线,主要根据是影响线的定义。其基本步骤如下:

①选取坐标系,将单位荷载 $P=1$ 作用在结构上的任意位置,适当选择坐标原点,用横坐标 x 表示原点至单位荷载的距离。

②以 x 为独立变量,用静力平衡条件列出所求量值 Z_K 的影响线方程。该方程 $Z_K = f(x)$ 描述了所求量值 Z_K 与横坐标 x 的关系,其实质反映了当单位荷载 $P=1$ 沿横坐标 x 移动时,所求量值 Z_K 的变化规律。

③根据影响线方程,绘出所求量值 Z_K 的影响线。

8.2.1　静定梁在直接荷载作用下的影响线绘制

这里所谈的直接荷载是指直接作用在梁上的单位荷载。由于各量值随单位荷载移动而变化的规律不同,因此应分别讨论其影响线的绘制。

(1)支座反力影响线

支座反力 F_{AY} 的影响线:通常规定支反力以向上为正。

将 $P=1$ 放在任意位置,设距 A 为 x(图 8.4(a)所示)。

由

$$\sum M_B = 0, \quad F_{AY} l - P(l-x) = 0$$

得

$$F_{AY} = \frac{l-x}{l} \quad (0 \leqslant x \leqslant l) \tag{8.1}$$

这就是反力 F_{AY} 的影响线方程。由此方程可知,F_{AY} 的影响线是一条直线。在 A 点,$x=0$,$F_{AY}=1$;在 B 点,$x=l$,$F_{AY}=0$。利用这两个竖距便可以画出 F_{AY} 影响线,如图 8.4(b)所示。同理可得 F_{BY} 的影响线。方程为

$$F_{BY} = \frac{x}{l} \quad (0 \leqslant x \leqslant 1) \tag{8.2}$$

影响线为图 8.4(c)。

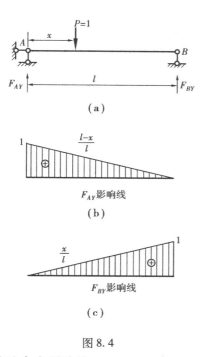

图 8.4

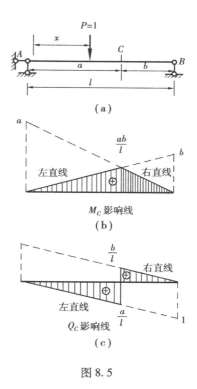

图 8.5

(2) 内力影响线

①弯矩影响线

试作简支梁(图 8.5(a)所示)指定截面 C 的弯矩 M_C 的影响线。规定梁下侧纤维受拉的弯矩为正。先考虑 $P=1$ 在截面 C 以左部分的梁上移动,此时取梁的 CB 段为隔离体,即由 $\sum M_C = 0$,可得

$$M_C = F_{BY}b = \frac{x}{l}b \quad (0 \leqslant x \leqslant a) \tag{8.3}$$

由此可知,M_C 的影响线在截面 C 以左部分为一直线。当 $x=0$ 时,$M_C=0$;当 $x=a$ 时,$M_C=\dfrac{ab}{l}$。据此可作出当 $P=1$ 在截面 C 以左移动时 M_C 的影响线。

当 $P=1$ 在截面 C 以右部分移动时,取梁的 AC 段为隔离体,

$$\sum M_C = 0$$

得
$$M_C = R_A a = \frac{l-x}{l}a \quad (a \leqslant x \leqslant l) \tag{8.4}$$

上式表明,M_C 的影响线在截面 C 以右部分也是一直线。当 $x=a$ 时,$M_C=\dfrac{ab}{l}$;当 $x=l$ 时,$M_C=0$。由此可作出当 $P=1$ 在截面 C 以右移动时 M_C 的影响线。这样,当荷载在整个梁上移动时,M_C 影响线如图 8.5(b)所示。可见,M_C 的影响线由两段直线组成其交点位于截面 C 的正上方。通常称截面以左的直线为左直线,截面以右的为右直线。

从弯矩影响线方程式(8.3),式(8.4)可看出两点:其一,弯矩影响线的量纲是[长度];其二,弯矩影响线由两条直线组成,左直线可由反力 F_{BY} 影响线的竖距放大 b 倍得到,而右直线则由反力 F_{AY} 影响线的竖距放大 a 倍而得到。因此,可以利用 F_{AY} 和 F_{BY} 的影响线来绘制 M_C

215

的影响线。具体做法是:将 F_{BY} 影响线的竖距乘以 b,作出直线,保留其在 C 点以左的部分,再将 F_{AY} 的影响线竖距乘以 a,作出直线,保留其在 C 点以右的部分,即得 M_C 的影响线。这种利用某已知量值的影响线来作其他量值影响线的方法,可带来较大的方便。

②剪力影响线

剪力的正负号与前面规定的相同,即使脱离体产生顺时针方向力矩的剪力为正,反之为负。现作截面 C 的剪力 F_{QC} 的影响线。

与绘弯矩影响线相同,建立影响线方程时需分段考虑。当 $P=1$ 在截面 C 以左移动时,取 CB 为隔离体,由 $\sum F_Y=0$,可得

$$F_{QC}=-F_{BY}(0 \leqslant x < a) \tag{8.5}$$

当 $P=1$ 在截面 C 以右移动时,取 AC 为隔离体,可得

$$F_{QC}=F_{AY}(a \leqslant x < l) \tag{8.6}$$

由式(8.5),式(8.6)可知剪力影响线的量纲和反力影响线一样,都是无量纲数。F_{QC} 影响线也由左右两直线组成。左直线与反力 F_{BY} 的影响线数值相同,但符号相反,C 点的竖距可按比例关系求得为 $-\dfrac{a}{l}$,而其右直线则与 F_{AY} 的影响线相同,C 点的竖距为 $\dfrac{b}{l}$。由此即可作出 F_{QC} 的影响线如图 8.5(c)所示。由图可知,F_{QC} 的影响线由两段平行线所组成,在 C 点形成突变。当 $P=1$ 作用在 AC 段上任一点时,截面 C 产生负剪力;当 $P=1$ 作用在 CB 段上任一点时,截面 C 产生正剪力。当 $P=1$ 从截面 C 的左侧移到它的右侧,虽然这个移动是极小的,F_{QC} 却从 $-\dfrac{a}{l}$ 突变为 $+\dfrac{b}{l}$,其绝对值等于 $\dfrac{a}{l}+\dfrac{b}{l}=1$,由于 F_{QC} 影响线在 C 处为一间断点,而不是零点,因此,当 $P=1$ 正好作用在 C 点时,F_{QC} 的影响量没有意义。

例 8.1 试作图 8.6(a)所示外伸梁的 F_{AY},F_{BY},M_C,F_{QC},M_D,F_{QD} 的影响线。

解 ①作 F_{AY},F_{BY} 的影响线。

取 A 为坐标原点,横坐标 x 以向右为正。当荷载作用于梁上任一点 x 时,由平衡方程求得反力 F_{AY} 和 F_{BY} 的影响线方程为

$$\left.\begin{array}{l} R_A=\dfrac{l-x}{l} \\[2mm] R_B=\dfrac{x}{l} \end{array}\right\}-d \leqslant x \leqslant l+e$$

据此可作出影响线如图 8.6(b)、(c)所示。由以上讨论可看出 F_{AY},F_{BY} 影响线方程与简支梁反力影响线方程相同,只是荷载 $P=1$ 的移动范围扩大为 $-d \leqslant x \leqslant l+e$。

②作 M_C、F_{QC} 的影响线。

当 $P=1$ 位于截面 C 以左时,求得 M_C 和 F_{QC} 的影响线方程为

$$\left.\begin{array}{l} M_C=F_{BY} \cdot b \\[2mm] F_{QC}=-F_{BY} \end{array}\right\}(-d \leqslant x < a)$$

当 $P=1$ 位于截面 C 以右时,则有

$$\left.\begin{array}{l} M_C=F_{AY} \cdot a \\[2mm] F_{QC}=F_{AY} \end{array}\right\}(a < x \leqslant l+e)$$

由此作出 M_C 和 F_{QC} 的影响线如图 8.6(d)、(e)所示。

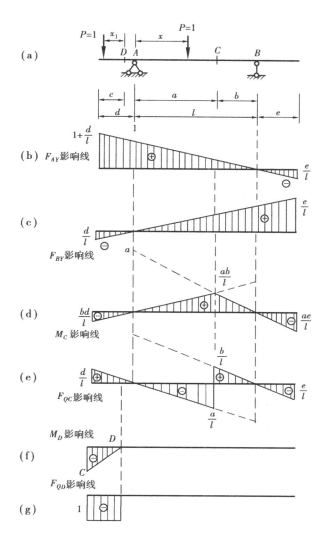

图 8.6

③作 M_D，F_{QD} 影响线。

为计算简便起见，这时取 D 为坐标原点，以 x_1 表示 $P=1$ 至原点 D 的距离，并令 x_1 向左为正。取截面 D 以左部分为隔离体，由平衡条件可知，当 $P=1$ 位于 D 以左部分时，有

$$M_D = -x_1$$
$$F_{QD} = -1$$

当 $P=1$ 位于 D 以右部分时，则有

$$M_D = 0$$
$$F_{QD} = 0$$

据此可作出 M_D 和 F_{QD} 的影响线如图 8.6(f)、(g)所示。

由上述例题可知，对伸臂梁来说，作任一反力或支座中间部分任意截面的内力影响线时，只要先作出无伸臂简支梁的影响线，然后将影响线向伸臂部分作直线延长即得。如作伸臂上任意截面某内力影响线，只需在该截面以外的伸臂部分作出其影响线，而在该截面以内的影响线竖距均等于零(如图 8.6(f)、(g)所示)。

8.2.2 间接荷载作用下的影响线

在前面的讨论中,移动荷载都是直接作用在梁上。但在实际工程中,不少结构承受的是结点传递荷载。例如在桥梁结构中,荷载就是通过桥面板或纵梁下的横梁传递到主梁上的。在有些房屋的楼盖结构中,荷载是通过楼板下面的横搁栅传递到大梁的。如图8.7(a)所示,是一桥梁结构的简图。荷载直接加于纵梁。纵梁是简支梁,两端支在横梁上。横梁则由主梁支承。不论纵梁承受何种荷载,主梁只在 A,C,D,F,B 等有横梁处(即结点处)受集中力,即主梁承受间接荷载或称结点荷载。下面以图8.7(a)所示结构为例,讨论用静力法绘制间接荷载作用下某量值的影响线。

(1)支座反力 F_{AY}、F_{BY} 的影响线

F_{AY}、F_{BY} 的影响线与直接荷载作用时完全相同,请读者自行验证。

(2)内力影响线

①M_C 的影响线

C 截面正好是结点的位置。$P=1$ 在 C 点以左移动时,研究 C 点以右,利用 F_{BY} 求 M_C;$P=1$ 在 C 以右时,研究 C 点以左,利用 F_{AY} 求 M_C。可见 M_C 影响线的作法与 $P=1$ 直接加在主梁上时完全相同。影响线如图8.7(b)所示。C 点的竖距为

$$\frac{ab}{l} = \frac{d \cdot 3d}{4d} = \frac{3}{4}d$$

②M_E 的影响线

当 $P=1$ 在 D 以左或 F 以右移动时,可分别利用 F_{BY}、F_{AY} 求 M_E,M_E 影响线与 $P=1$ 直接作用时相同。当荷载 $P=1$ 在纵梁 DF 上移动时,其到 D 点的距离以 x 表示,纵梁 DF 的反力各等于 $\frac{d-x}{d}$ 和 $\frac{x}{d}$,如图8.7(c)所示。显然,主梁在 D 点受到向下的荷载 $\frac{d-x}{d}$ 作用,在 F 点受到向下的荷载 $\frac{x}{d}$ 作用。对主梁内截面 E 的弯矩 M_E 来说,由于这两个位置固定而大小变化的荷载作用,所得 M_E 的影响量总值 Y 可用叠加原理计算

当 $P=1$ 加在 D 点时,$y = y_D$

当 $P=1$ 加在 F 点时,$y = y_F$

当 $P=1$ 距 D 点为 x 时,主梁 D 点荷载为 $\frac{d-x}{d}$,F 点荷载为 $\frac{x}{d}$,叠加可得

$$y = \frac{d-x}{d}y_D + \frac{x}{d}y_F \tag{8.7}$$

上式为 x 的一次式。这说明,M_E 影响线在 DF 段内按直线规律变化,如图8.7(d)所示。

因此作 M_E 的影响线时,可先假定 $P=1$ 直接加于主梁 AB 上,则 M_E 的影响线为三角形,如图8.7(e)中的三角形含虚线部分所示。E 点的竖距为

$$\frac{ab}{l} = \frac{\frac{3}{2}d \times \frac{5}{2}d}{4d} = \frac{15}{16}d$$

由比例关系可得出 DF 两点的竖距为

$$y_D = \frac{15}{16}d \times \frac{4}{5} = \frac{3}{4}d, \quad y_F = \frac{15}{16}d \times \frac{2}{3} = \frac{5}{8}d$$

将 D,F 两点的竖距连一直线,就得到结点荷载作用下 M_E 的影响线,如图8.7(e)中实线所示。

由以上讨论可知,在间接荷载(结点荷载)作用下,内力影响线的绘制可归结为两步:首先

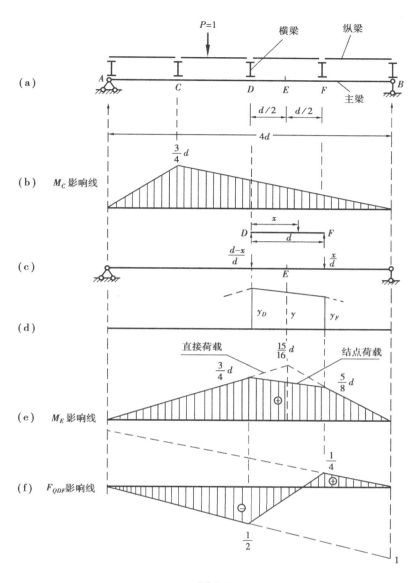

图 8.7

作出直接荷载作用下所求量值的影响线,然后确定各结点处竖标,并将各相邻结点的竖标用直线相连,即得间接荷载作用下所求量值的影响线。如图 8.7(f)所示 F_{QE} 影响线。

　　值得注意的是,在结点荷载作用下,主梁在 D,F 两点之间没有直接作用的外力,因而 DF 一段各截面的剪力都相等,通常称为节间剪力,以 F_{QDF} 表示。按照上述方法,所作 F_{QE} 影响线即为节间剪力 F_{QDF} 的影响线。

8.2.3　静定桁架的影响线

　　静定桁架的反力影响线同静定梁的反力影响线。用静力法绘内力影响线时,可根据具体桁架结构构造情况和所求影响线杆件位置,选择结点法、截面法和联合法等,建立影响线方程,从而绘出影响线。由于桁架承受的是由节间梁传递来的结点荷载,因此桁架杆件的内力影响线在相邻两结点间也为直线。

例 8.2 试绘制图 8.8(a)所示桁架指定杆的影响线,荷载 $P=1$ 在上弦移动。

解 ①上弦杆 F_{Na} 影响线。

取截面 I-I,当 $P=1$ 在 I-I 以右,取左边为隔离体,由 $\sum M_1 = 0$,得

$$F_{Na} \times h + F_{AY} \times 4d = 0, F_{Na} = -\frac{F_{AY} \times 4d}{h}$$

当 $P=1$ 在 I-I 以左,取右边为隔离体,由 $\sum M_1 = 0$,得

$$F_{Nb} \times h + F_{BY} \times 4d = 0, F_{Na} = -\frac{F_{BY} \times 4d}{h}$$

与同跨度简支梁 M_1 影响线方程比较得

$$F_{Na} = -\frac{M_1}{h}$$

即 F_{Na} 的影响线与同跨度简支梁截面 1 的弯矩影响线成比例,只要画出 M_1 影响线乘以 $-\frac{1}{h}$ 即为 F_{Na} 影响线,如图 8.8(b)所示。

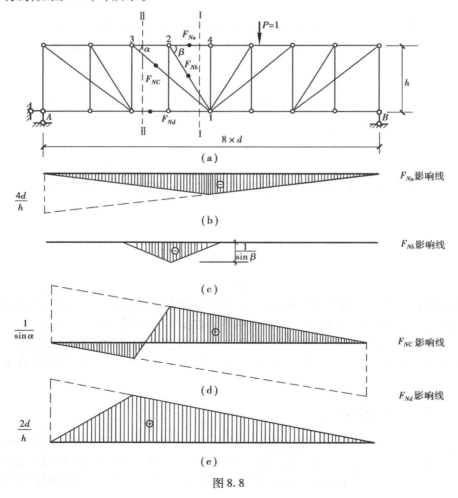

图 8.8

②斜杆 F_{Nb} 影响线。

对 2 结点，因竖杆为零杆，故可用结点法求 F_{Nb}。取结点 2 为隔离体，利用平衡条件

当 $P = 1$ 在结点 2 时，$\sum F_y = 0$

$$F_{Nb}\sin \beta + 1 = 0, F_{Nb} = -\frac{1}{\sin \beta}$$

当 $P = 1$ 在结点 3 及其左或在结点 4 及其右移动时，$F_{Nb} = 0$，F_{Nb} 影响线如图 8.8(c) 所示。

③斜杆 F_{NC} 影响线。

取截面 II - II，当 $P = 1$ 在 2 结点以右时，取左边为隔离体，由

$$\sum F_y = 0, F_{NC}\sin \alpha - F_{AY} = 0, F_{NC} = \frac{F_{AY}}{\sin \alpha}$$

当 $P = 1$ 在 3 结点以左时，取右边为隔离体，由

$$\sum F_y = 0, F_{NC}\sin \alpha - F_{BY} = 0, F_{NC} = \frac{F_{BY}}{\sin \alpha}$$

上面的式子表示 F_{NC} 影响线在 2 结点以右和 3 结点以左分别与反力 F_{AY} 和 F_{BY} 的影响线成比例，在 2、3 结点之间为直线，F_{NC} 影响线如图 8.8(d) 所示。

④下弦杆 F_{Nd} 影响线。

取截面 II - II，当 $P = 1$ 在 II - II 以右时，取左边为隔离体，由

$$\sum M_3 = 0, F_{Nd} \times h - F_{AY} \times 2d = 0, F_{Nd} = \frac{F_{Ay} \times 2d}{h}$$

当 $P = 1$ 在 II - II 以左时，取右边为隔离体，由

$$\sum M_3 = 0, F_{Nd} \times h - F_{BY} \times 6d = 0, F_{Nd} = \frac{F_{BY} \times 6d}{h}$$

与同跨度简支梁 M_3 影响线方程比较得 $F_{Nd} = \frac{M_3}{h}$。它表示 F_{Nd} 的影响线与同跨简支梁截面 3 的弯矩影响线成比例。只要画出 M_3 影响线乘以 $\frac{1}{h}$ 即为 F_{Nd} 影响线，如图 8.8(e) 所示。

8.3　机动法作影响线

机动法是以虚位移原理为理论基础，将求支座反力和内力影响线的静力问题转化为作位移图的几何问题。

8.3.1　机动法作静定梁的影响线

若要作图 8.9(a) 所示简支梁支座反力 $F_{BY} = Z_K$ 的影响线。首先，将与此反力相应的约束（支杆 B）撤去，代以所求量值 Z_K，使梁变成具有一个自由度而仍处于平衡状态的体系，如图 8.9(b) 所示。然后设体系绕 A 点发生微小的刚体转动（逆时针），并以 δ_Z 和 δ_P 分别表示 Z_K 和 $P = 1$ 的作用点沿力作用方向的相应虚位移。此时反力 Z_K 在 δ_Z 上做正功，单位荷载 $P = 1$ 在 δ_P 上做负功，根据虚位移原理，各力所作虚功的总和应等于零。虚功方程为

$$Z_K \cdot \delta_Z + (-P\delta_P) = 0$$

由于 $P = 1$，因此得

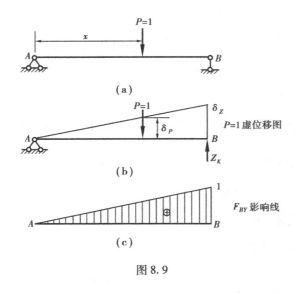

图 8.9

$$Z_K = \frac{\delta_P}{\delta_Z} \qquad (8.8)$$

式中，δ_Z 为沿未知力 Z_K 方向的虚位移，它是给定的虚位移；而 δ_P 却随荷载 $P = 1$ 的移动而变化，是荷载位置参数 x 的函数，由于虚位移是任意的，可令 $\delta_Z = 1$，于是上式就变成

$$Z_K(x) = \delta_P(x) \qquad (8.9)$$

这里，函数 $Z_K(x)$ 表示 Z_K 的影响线，函数 $\delta_P(x)$ 表示荷载作用点的竖向位移图（图 8.9（b）所示）。由此可见，当设定 δ_Z 为沿 Z_K 正向的单位位移时，荷载作用点的位移图便代表了 Z_K 的影响线（图 8.9（c）所示）。可看出，与静力法所作 F_{BY} 影响线完全相同。

综上所述，为了作出某量值 Z_K 的影响线，只要将与 Z_K 相应的约束去掉，并使所得机构沿 Z_K 的正方向发生相应单位位移，则由此得到的 $P = 1$ 作用杆段的虚位移图即代表 Z_K 的影响线。

步骤如下：

①撤去与 Z_K 相应的约束，代以所求量值 Z_K。

②使体系沿 Z_K 的正方向发生相应虚位移，作出荷载作用点的竖向位移图（δ_P 图），由此便可定出 Z_K 影响线的轮廓。

③再令 $\delta_Z = 1$，可进一步确定影响线竖距的数值。

④基线以上的影响线竖距取正号，基线以下的影响线竖距取负号。

例 8.3　试用机动法作图 8.10 所示静定梁的 M_C，F_{QC} 的影响线。要求分别绘出机构图和影响线。

解　①F_{QC} 影响线及其机构见图 8.10（b）。

②M_C 影响线及其机构见图 8.10（c）。

例 8.4　试绘制图 8.11（a）所示多跨静定梁 F_{BY}，M_1，F_{Q1}，M_2，F_{Q2} 的影响线形式。

解　①作 F_{BY} 影响线。

撤除支座链杆 B，使 ABF 部分可以绕 A 点转动，FG 绕 G 点转动，令 B 点向上产生单位位移，即得梁轴线虚位移图，此即为 F_{BY} 影响线，如图 8.11（b）所示。

②作 M_1，F_{Q1} 影响线。

与相应简支梁相同。如图 8.11（c）、（d）所示。

③作 M_2，F_{Q2} 影响线。

作 M_2 影响线时，在截面 2 撤除与 M_2 相应的约束，即加一铰。令铰 2 左右两部分产生单位相对转角，即得梁轴线虚位移图，图 8.11（e）即为 M_2 影响线。

作 F_{Q2} 影响线时，在截面 2 处撤除与 F_{Q2} 相应的约束，令两部分沿竖向作相对位移，即得梁轴线虚位移图，图 8.11（f）即为 F_{Q2} 影响线。

由以上例题可看出机动法有一个很大的优点，就是不须经过竖距的计算就能很快画出影响线的轮廓。这样，用机动法处理某些问题就特别方便。例如在确定荷载最不利位置时，往往只需知道影响线的轮廓，而不需求出其数值。另外，用静力法作出的影响线形状也可用机动法进行快速校核。

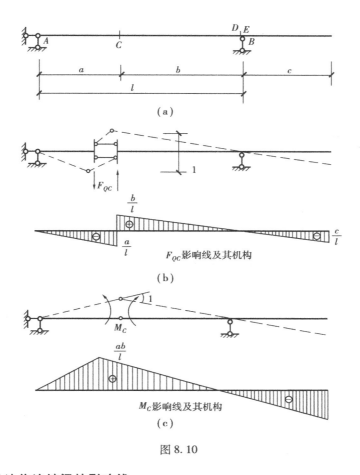

图 8.10

8.3.2　机动法作连续梁的影响线

连续梁属超静定结构。同样可直接利用虚位移原理,用机动法作其影响线轮廓,下面加以证明。

图 8.12(a)所示为一连续梁,设移动荷载 $P = 1$ 作用于任何一位置 x 处,作支座反力 $F_{CY} = Z_K$ 的影响线。

撤去与 Z_K 相应的约束,代以约束力 Z_K,得到如图 8.12(b)所示的体系。图(b)中沿 Z_K 方向的位移应等于图(a)所示原结构中相应的位移(C 点的竖向位移),即等于零。此时结构处于平衡状态,称为第 1 状态。又设在该体系中沿 Z_K 方向作用单位主动力 $\overline{X}_1 = 1$,在该力作用下,梁产生挠曲变形,得到位移曲线如图 8.12(c)所示。图中 δ_{P1} 和 δ_{11} 分别为图(c)状态中与 $P = 1$ 和 Z_K 相对应的位移,此变形状态称为第 2 状态。就图 8.12(b)和(c)两种状态,应用功的互等定理,可得

$$(- 1 \cdot \delta_{P1}) + Z_K \cdot \delta_{11} = \overline{X}_1 \cdot 0$$

因此可得

$$Z_K = \frac{\delta_{P1}}{\delta_{11}} \tag{8.10}$$

这就是 Z_K 的影响线方程。

在式(8.10)中,δ_{P1} 所代表的是单位力 $\overline{X}_1 = 1$ 所引起的荷载作用点的竖向位移。由于支座

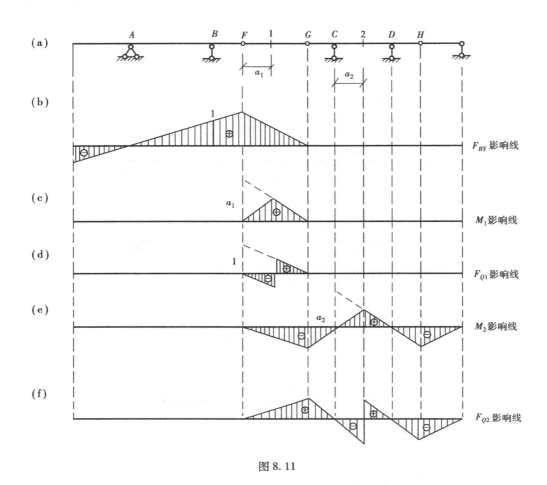

图 8.11

反力 Z_K 和位移 δ_{P1} 都随荷载的移动而变化,它们都是 x 的函数。δ_{11} 是一个常数,不随荷载位置 x 变化。因而,式(8.10)可表示为

$$Z_K(x) = \frac{1}{\delta_{11}}\delta_{P1}(x) \tag{8.11}$$

上式中,当 x 变化时,函数 $Z_K(x)$ 的变化图形就是 Z_K 的影响线;而函数 $\delta_{P1}(x)$ 的变化图形就是体系在 $\overline{X}_1 = 1$ 作用下,荷载作用点的挠度图。由此可得出结论:超静定梁某量值 Z_K 的影响线,和去掉 Z_K 相应约束后由 $\overline{X}_1 = 1$ 所引起的挠度图成正比。如果将挠度 $\delta_{P1}(x)$ 图的竖距乘以常数 $\frac{1}{\delta_{11}}$,便得到 Z_K 的影响线。如果使 δ_{11} 恰好等于单位位移,即令 $\delta_{11} = 1$,则式(8.11)变为

$$Z_K(x) = \delta_{P1}(x) \tag{8.12}$$

也就是说,相应于 $\delta_{11} = 1$ 产生的挠度 δ_{P1} 就代表 Z_K 的影响线,影响线在基线以上部分为正号,基线以下部分为负号,如图 8.12(d)所示。

现将用机动法作连续梁某量值 Z_K 影响线轮廓的方法归纳如下:

①撤去与所求量值 Z_K 相应的约束,代以 Z_K。

②使体系沿 Z_K 的正方向发生单位位移,作出基本体系由此而产生的位移曲线图,$P = 1$ 作用杆段的位移线就是 Z_K 影响线的形状;要确定其数值,需计算 $\delta_{P1}(x)$。

③按基线以上为正、基线以下为负的规定标出正负号。

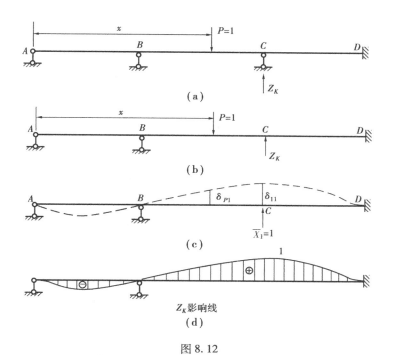

图 8.12

　　计算中,由于 $\delta_{P1}(x)$ 的计算十分复杂,而在连续梁的设计中,对于可以任意布置的活荷载来说,只需作出某量值 Z_K 影响线的形状,就可以确定 Z_K 的最不利荷载位置,而不必求出影响线竖距的数值。因此在绘制连续梁影响线时,一般仅作出影响线的轮廓图。

　　例 8.5　绘出图 8.13(a)所示连续梁 M_C, M_1, M_2, F_{QC}^r, F_{Q1} 影响线的形状。

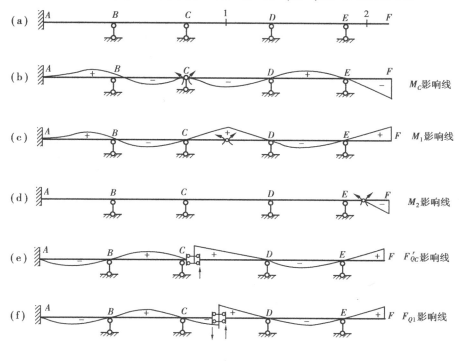

图 8.13

225

以上用机动法求连续梁影响线的步骤和求静定梁影响线是相似的。所不同的是,对静定梁影响线来说,撤去与所求量值 Z_K 相应的约束后,位移图是几何可变体系刚性位移的位移图,因而是折线图形;对连续梁来说,撤去与所求量值 Z_K 相应的约束后,体系仍为几何不变体系,位移图是几何不变体系弹性变形引起的位移图,因此是曲线图形。

8.4 影响线的应用

绘制影响线的目的就是求出结构在移动荷载作用下产生的最大内力或反力。这就要解决两个方面的问题:一是当实际的移动荷载在结构上的位置已知时,如何利用某量值的影响线求出该量值的数值;二是如何利用影响线确定实际移动荷载作用时,某量值的最不利荷载位置及该量值的最不利值(最大或最小值)。下面分别讨论这两方面的问题。

8.4.1 荷载位置固定时某量值 Z_K 的计算

作影响线时,用的是单位荷载。根据叠加原理,可利用影响线求出实际荷载作用下的总影响。在实际工程中最常见的移动荷载为集中荷载和分布荷载两种,现在就这两种荷载情况分别加以讨论。

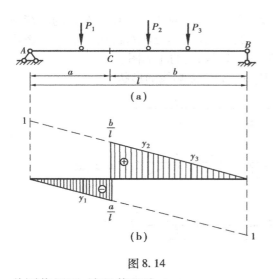

图 8.14

(1)集中荷载作用

如图 8.14(a)所示简支梁,承受一位置已知的集中荷载 P_1, P_2, P_3 的作用,利用 F_{QC} 影响线求出这组荷载作用下截面 C 的剪力。首先绘出 F_{QC} 影响线,如图 8.14(b)所示,在各荷载作用点 F_{QC} 影响线的竖距依次为 y_1, y_2, y_3,根据影响线竖距的含义,可知由 P_1 产生的 F_{QC} 等于 $P_1 y_1$,P_2 产生的 F_{QC} 等于 $P_2 y_2$,P_3 产生的 F_{QC} 等于 $P_3 y_3$。根据叠加原理,在这组荷载作用下 F_{QC} 的数值为

$$F_{QC} = P_1 y_1 + P_2 y_2 + P_3 y_3$$

在一般情况下,设结构上承受一组位置固定的集中荷载 P_1, P_2, P_3, $\cdots$, P_n 的作用,结构上某量值 Z_K 的影响线在各荷载作用点相应的竖距依次为 y_1, y_2, y_3, $\cdots$, y_n 的作用,则在该组集中荷载共同作用下,该量值即为

$$Z_K = P_1 y_1 + P_2 y_2 + P_3 y_3 + \cdots + P_n y_n = \sum P_i y_i \qquad (8.13)$$

应用上式时,需注意影响线竖距 y_i 的正负号(在基线以上取正号,在基线以下取负号)。

(2)分布荷载作用

若梁上作用有给定位置的分布荷载 q,如图 8.15(a)所示,欲利用 F_{QC} 影响线(图 8.15(b)所示)求荷载作用下的 F_{QC} 值。此时可先将分布荷载 $q(x)$ 化成许多微小集中荷载 $q(x)\mathrm{d}x$,每一微小集中荷载引起的 F_{QC} 值为 $yq(x)\mathrm{d}x$,因此在全部分布荷载作用下的 F_{QC} 值为

$$F_{QC} = \int_c^d y q(x) \mathrm{d}x \qquad (8.14)$$

当分布荷载为均布载时, q = 常数

$$F_{QC} = q\int_c^d y\mathrm{d}x = q\omega \tag{8.15}$$

式中, ω 表示影响线在荷载分布范围内的面积, 计算时也需考虑正负号。

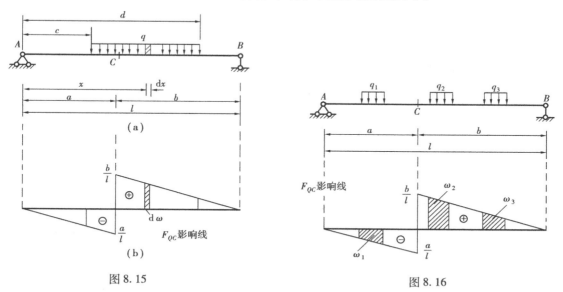

图 8.15　　　　　　　　　　　　图 8.16

当梁上作用有几段位置已定的均布荷载时, 如图 8.16 所示, 可采用分段计算然后求和的方法。

因为与均布荷载 q_1, q_2 和 q_3 所对应的 F_{QC} 影响线中的面积分别为 ω_1, ω_2 和 ω_3。根据叠加原理可得

$$F_{QC} = -q_1\omega_1 + q_2\omega_2 + q_3\omega_3 = \sum q_i\omega_i$$

则一般公式为

$$Z_K = \sum_{i=1}^n q_i\omega_i \tag{8.16}$$

例 8.6　试利用 F_{QC} 的影响线求图 8.17 所示伸臂梁在给定荷载下的 F_{QC} 值。

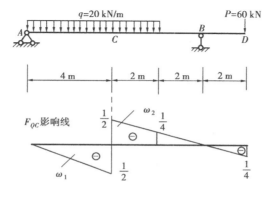

图 8.17

解　首先绘出 F_{QC} 影响线。均布荷载 q 范围内的影响线面积为

$$\omega_1 = \frac{1}{2} \times \left(-\frac{1}{2} \right) \times 4 = -1$$

$$\omega_2 = \frac{1}{2}\left(\frac{1}{2} + \frac{1}{4} \right) \times 2 = \frac{3}{4}$$

集中荷载下的影响线竖距

$$y_D = -\frac{1}{4}$$

利用叠加原理,得

$$F_{QC} = q(\omega_1 + \omega_2) + py_D = \left[20\left(-1 + \frac{3}{4} \right) + 60 \times \left(-\frac{1}{4} \right) \right] kN = -20 \ kN$$

读者可用静力平衡的方法,直接画出该梁的剪力图,以验证 C 截面的剪力为 -20 kN。

8.4.2 Z_K 最不利荷载位置的确定,计算 Z_{Kmax}

如果荷载移动到某个位置,使结构某量值 Z_K 达到最大值或最小值(绝对值最大),则此荷载位置就是该量值 Z_K 的最不利荷载位置。影响线的主要用途,就是确定各量值 Z_K 的最不利荷载位置。当最不利荷载位置确定以后,就可利用 Z_K 的影响线求出 Z_K 的最大值或最小值。下面讨论利用影响线确定 Z_K 最不利荷载位置的方法。

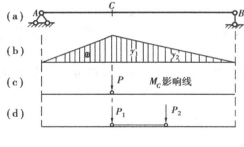

图 8.18

(1)集中移动荷载作用

对于比较简单的情况,可通过观察判断,直接确定。集中荷载作用时,由 Z_K 的计算公式(8.13),可知当集中力密集于 Z_K 影响线竖标较大处时,Z_K 取得极大值。例如移动荷载为单个集中荷载,则荷载位于 Z_K 影响线竖标最大处时,就是 Z_K 的最不利荷载位置。图8.18(c)所示的荷载位置,是图 8.18(a)所示梁 M_C 的最不利荷载位置。

如果有两个集中荷载 P_1 和 P_2(间距不变,且设 $P_1 > P_2$)同时作用,并且可以前后调换位置,则当数值较大的荷载 P_1 位于 Z_K 影响线的最大竖距处(顶点),P_2 位于影响线斜率较小的一边时,$Z_K = P_1 y_1 + P_2 y_2$ 的值最大,图 8.18(d)所示就是 Z_K 的最不利荷载位置。

如果移动荷载是一组数值和间距都不变的集中荷载,判断 Z_K 最不利荷载位置的一般原则是:

①由公式(8.13),应当将数值大、排列密的荷载放在 Z_K 影响线竖距较大的部位。

②由高等数学中关于极值的概念,可知当 Z_K 取得极值时,必有一个集中荷载作用在 Z_K 影响线的顶点。

确定 Z_K 的最不利荷载位置,通常分两步进行:

第1步,求出使 Z_K 达到极值的荷载位置。这种荷载位置叫做荷载的**临界位置**。

第2步,从荷载的临界位置中选出 Z_K 的最不利荷载位置。也就是从 Z_K 的极值中选出最大值。

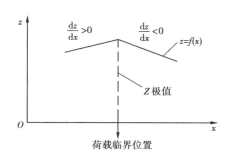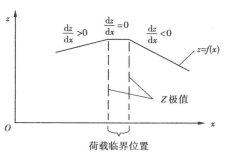

图 8.19

下面讨论最常见的影响线为三角形的情况。图 8.20(a)表示一组间距不变的移动荷载和某一量值 Z_K 的影响线。荷载处于任意位置时,各集中荷载对应的影响线竖距为 $y_1, y_2, \cdots, y_n$,此时 Z_K 值的表达式为

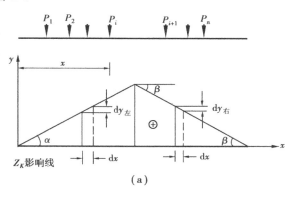

$$Z_K = \sum P_i y_i = P_1 y_1 + P_2 y_2 + \cdots + P_n y_n \qquad (a)$$

由于 P_i 为常数,y_i 为荷载位置参数 x 的一次函数,因此 Z_K 也是 x 的一次函数。当 Z_K 为 x 的一次函数时,在极值出现的前后,导数 $\dfrac{\mathrm{d}Z_K}{\mathrm{d}x}$ 必然改变符号或变为零(图 8.19)。利用这一特性便可确定荷载的临界位置。

由图 8.20(a)可看到,当此组荷载向右移动一个微小距离 $\mathrm{d}x$,则量值 Z_K 就会产生一个增量

$$\mathrm{d}Z_K = P_1 \mathrm{d}y_1 + P_2 \mathrm{d}y_2 + \cdots + P_i \mathrm{d}y_i + \cdots P_n \mathrm{d}y_n \qquad (b)$$

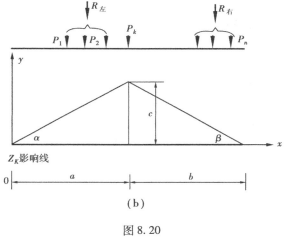

图 8.20

在图 8.20 中,有

$$\mathrm{d}y_{左} = \mathrm{d}x \tan \alpha = \mathrm{d}x \frac{c}{a}$$

$$\mathrm{d}y_{右} = \mathrm{d}x \tan \beta = -\mathrm{d}x \frac{c}{b}$$

Z_K 的增量可写成　$\mathrm{d}Z_K = \left[(P_1 + P_2 + \cdots + P_i) \dfrac{c}{a} - (P_{i+1} + \cdots + P_n) \dfrac{c}{b} \right] \mathrm{d}x$

上式中,a, b, c 都是常数,因此,要使导数 $\dfrac{\mathrm{d}Z_K}{\mathrm{d}x}$ 改变符号,只有使荷载组中的某个集中荷载越过影响线的顶点才可能实现。也就是说,只有当一个集中荷载位于影响线的顶点时,才可能使 $\dfrac{\mathrm{d}Z_K}{\mathrm{d}x}$ 变号而使 Z_K 获得极值,我们把越过影响线顶点便能改变 $\dfrac{\mathrm{d}Z_K}{\mathrm{d}x}$ 符号的那个荷载称为**临界荷**

载,用 P_k 表示。P_k 位于影响线顶点时的位置称为临界位置,如图 8.20(b)所示。

若将临界荷载 P_k 左边的位于影响线范围内各力的合力用 $R_左$ 表示,在 P_k 右边的位于影响线范围内各力的合力用 $R_右$ 表示,则由判断极值的条件可得如下结果:

当 P_k 在影响线顶点左边时,应有

$$\frac{\mathrm{d}Z_K}{\mathrm{d}x} = (R_左 + P_k)\frac{c}{a} - R_右 \cdot \frac{c}{b} \geqslant 0$$

当 P_k 在影响线顶点右边时,应有

$$\frac{\mathrm{d}Z_K}{\mathrm{d}x} = R_左 \cdot \frac{c}{a} - (P_k + R_右)\frac{c}{b} \leqslant 0$$

即

$$\left.\begin{array}{c} \dfrac{R_左 + P_k}{a} \geqslant \dfrac{R_右}{b} \\[3mm] \dfrac{R_左}{a} \leqslant \dfrac{P_k + R_右}{b} \end{array}\right\} \tag{8.17}$$

公式(8.17)即为判断临界位置的条件,它表明:临界位置的特点是必有一集中荷载 P_k 位于影响线的顶点,将 P_k 计入哪一边(左边或右边),则哪一边荷载的平均集度就大。P_k 称为临界荷载。

在一列荷载中,满足式(8.17)的临界荷载可能不止一个,因此必须经过试算比较,才能确定最不利荷载位置。

现将确定 Z_K 最不利荷载位置,计算 Z_{Kmax} 的步骤归纳如下:

①绘出 Z_K 影响线。

②从荷载中选定一个集中力设为 P_k,使它位于 Z_K 影响线顶点。

③当 P_k 在顶点稍左或稍右时,如能满足判别式(8.17),则此荷载位置就是临界位置,P_k 就是临界荷载。

④对每个临界位置,根据公式(8.13)可求出 Z_K 的一个极值,然后从各个极值中选出最大值。即为 Z_K 的最大值,此时相应的荷载位置,也就是 Z_K 的最不利荷载位置。

例 8.7 设有一简支梁 AB,跨度为 16 m,承受如图 8.21(a)所示集中移动荷载系作用,$P_1 = 4.5$ kN,$P_2 = 2$ kN,$P_3 = 7$ kN,$P_4 = 3$ kN。试求截面 C 的最大弯矩。

解 ①首先作截面 C 的弯矩影响线图 8.21(b)。

②对应于影响线顶点的临界荷载 P_K 的判别式为

$$\frac{R_左 + P_K}{6} \geqslant \frac{R_左}{10}$$

$$\frac{R_左}{6} \leqslant \frac{P_K + R_右}{10}$$

③依次将 $P_1 = 4.5$ kN,$P_2 = 2$ kN,$P_3 = 7$ kN,$P_4 = 3$ kN 假设为临界荷载 P_K 并移到影响线的顶点,计算左边影响线上的合力 $R_左$ 及右边影响线上的合力 $R_右$。为了清晰,列表判断荷载是否满足临界荷载的要求,如表 8.1 所示。

④判断结果,P_1 和 P_3 是临界荷载。于是,将 P_1 和 P_3 分别放在影响线的顶点 C(图 8.21(b)和(c))。由此得可能的最大影响量

$$M_{C1} = \sum_1^2 P_i y_i = 4.5 \times 3.75 + 2 \times 1.25 = 19.375 \text{ kN} \cdot \text{m}$$

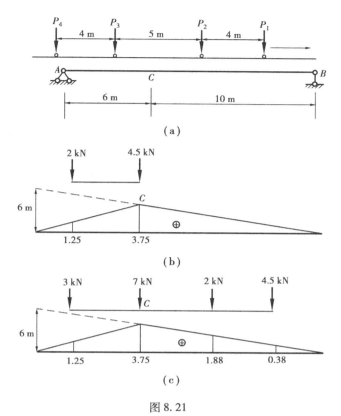

图 8.21

$$M_{C3} = \sum_{1}^{4} P_i y_i = 4.5 \times 0.38 + 2 \times 1.88 + 7 \times 3.75 + 3 \times 1.25 = 35.47 \text{ kN} \cdot \text{m}$$

可见 M_{C3} 即为 M_C 的最大值，P_3 在 M_C 影响线顶点时的荷载系位置为 M_C 的最不利荷载位置，P_3 为临界荷载，如图 8.21(c) 所示。

在实际工程中，为了减少判别计算工作量，一般根据经验将荷载密集、数值大的力放在顶点处用判别条件识别临界力，不需逐一试算。对于汽车等队列移动荷载，应分别考虑右行和左行两种情形。

表 8.1　P_K 判别表

P_i	$R_{左}$	$R_{右}$	$\begin{array}{c}\dfrac{R_{左}+P_K}{6} \geqq \dfrac{R_{右}}{10} \\[2mm] \dfrac{R_{左}}{6} \leqq \dfrac{P_K+R_{右}}{10}\end{array}$	结　论
$P_1 = 4.5$	$P_2 = 2$	0	$\begin{array}{c}\dfrac{4.5+2}{6} > \dfrac{0}{10} \\[2mm] \dfrac{2}{6} < \dfrac{4.5}{10}\end{array}$	满　足 P_1 可是 P_K

续表

P_i	$R_左$	$R_右$	$\left.\begin{array}{l}\dfrac{R_左+P_K}{6}\geqslant\dfrac{R_右}{10}\\[2mm]\dfrac{R_左}{6}\leqslant\dfrac{P_K+R_右}{10}\end{array}\right\}$	结　论
$P_2=2$	$P_3=7$	$P_1=4.5$	$\dfrac{7+2}{6}>\dfrac{4.5}{10}$ $\dfrac{7}{6}>\dfrac{2+4.5}{10}$	不满足 P_2不是P_K
$P_3=7$	$P_4=3$	$P_2+P_1=6.5$	$\dfrac{3+7}{6}>\dfrac{6.5}{10}$ $\dfrac{3}{6}<\dfrac{7+6.5}{10}$	满　足 P_3可是P_K
$P_4=3$	0	$P_3+P_2=9$	$\dfrac{3}{6}<\dfrac{9}{10}$ $\dfrac{0}{6}<\dfrac{3+9}{10}$	不满足 P_4不是P_K

（2）均布荷载作用

实际工程中常遇到均布荷载,例如人群、履带车辆等 。根据荷载分布方式的不同可分为下面两种情况:

1)任意布置的不限长均布荷载(可动均布荷载)

如果荷载可以任意断续地分布,其分布长度可大于影响线范围(例如人群荷载),则 Z_K 的最不利荷载位置容易观察确定。由式

$$Z_K = \sum q_i \omega_i$$

可知:当荷载布满影响线的正号部分时,Z_K 有最大值 $Z_{K\max}$;当荷载布满影响线的负号部分时,则 Z_K 有最小值 $Z_{K\min}$(或称最大负值),如图 8.22 所示。

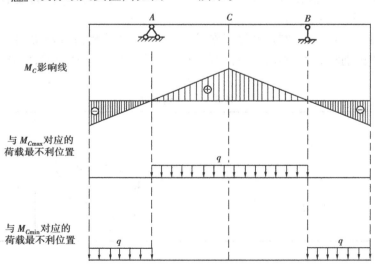

图 8.22

将此方法用于连续梁,可推出一般情况下最不利荷载的布置原则为

①求跨中截面最大弯矩时,本跨布满活载,其余隔跨布置。

②求支座最大负弯矩时,在该支座相邻两跨布满活载,其余隔跨布置。

③求支座截面最大(最小)剪力时,支座左右两邻跨布满活载,其余隔跨布置。

请读者自己进行验证。

2)有限长度的均布荷载

这种均布荷载长度一定,而且可能小于影响线的范围,例如履带车辆荷载(移动均布荷载)。在这种荷载作用下,如果所求量值 Z_K 的影响线是直角三角形(如简支梁反力或剪力的影响线),其最不利位置显然是把均布荷载的一端置于 Z_K 影响线的顶点处。如果所求量值 Z_K 的影响线为一般三角形(如简支梁的弯矩影响线),则情况较为复杂,有兴趣的同学可参阅有关教材。

8.5　梁的内力包络图

上节讨论了在移动荷载作用下梁的某一截面内力的最大值(或最小值)的计算方法。对结构设计来说,还应当求得所有截面的内力最大值(或最小值),把连接各截面内力最大值和最小值的曲线画在同一图中,称为**内力包络图**。也就是说内力包络图表示的是各截面内力的最大值,是结构设计中的重要依据。不同结构、不同类型的活荷载有不同的内力包络图。本节只对简支梁、连续梁的内力包络图加以讨论。梁的内力包络图有弯矩包络图和剪力包络图两种。

8.5.1　简支梁的弯矩包络图和剪力包络图

作简支梁弯矩包络图时,先将梁轴划分为若干等分,然后分别计算各等分截面的最大弯矩值。再将各点的弯矩最大值竖距连成曲线,就得到梁的弯矩包络图。

如图 8.23(a)所示一吊车梁,跨度为 12 m,承受吊车的移动荷载。两台吊车的最大轮压均为 280 kN,轮距为 4.8 m,吊车并行的最小间距为 1.44 m。将吊车梁分为十等份,在吊车荷载作用下利用影响线逐个求出各截面的最大弯矩,就可画出弯矩包络图,如图 8.23(b)所示。在弯矩包络图中,其最大竖距称为**绝对最大弯矩**(在图 8.23 中数值为 1 668.4 kN·m)。它代表在一定移动荷载作用下梁内可能出现的弯矩的最大值。

同理,还可绘出图 8.23(c)。由于每一截面都会产生最大剪力和最小剪力,因此剪力包络图有两根曲线。

8.5.2　连续梁的内力包络图

连续梁是工程中一种常见的结构形式。设计连续梁时,为了保证它能安全使用,必须求出各个截面在恒载及活载共同作用下的最大内力,对某一个截面来说,恒载产生的内力是固定不变的,而活载产生的内力则随荷载分布不同而变化,只要求出活载作用下各截面的最大内力,再加上恒载作用下产生的内力,就得到梁上各截面内力的最大值,将梁上内力的最大正值、最大负值分别连线,就可得到连续梁的内力包络图。由于活载可能单独出现在每一跨上,通常采用逐跨布置法绘连续梁的弯矩包络图,其绘制步骤如下:

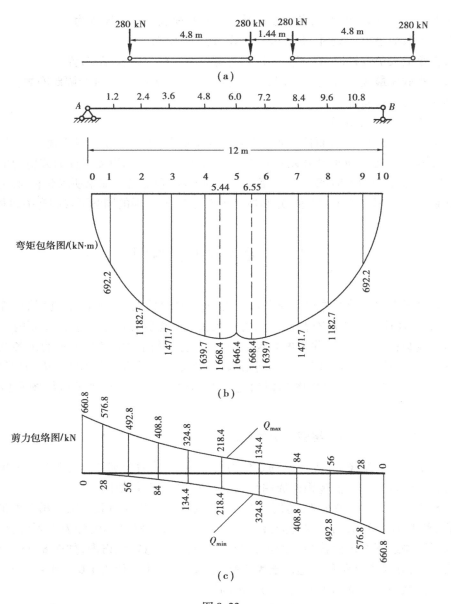

图 8.23

①绘出恒载作用下的弯矩图。

②依次考虑每一跨单独作用活载,逐一绘出弯矩图。

③将各跨分为若干等分,求出各种情况下每一等分点处的弯矩值。

④计算各等分点处的最大弯矩

$$M_{\max} = M_{恒} + \sum M_{活}^{+}$$

$$M_{\min} = M_{恒} + \sum M_{活}^{-}$$

$\sum M_{活}^{+}$, $\sum M_{活}^{-}$ 分别表示活载分别作用于每一跨时对应点的正弯矩、负弯矩之和。

⑤将各点的弯矩分别连成曲线即得连续梁的弯矩包络图。

图 8.24 所示为一三跨等截面连续梁,承受恒载 $q = 800\ \text{kN/m}$,活载 $P = 1\ 500\ \text{kN/m}$。其内力包络图如下:

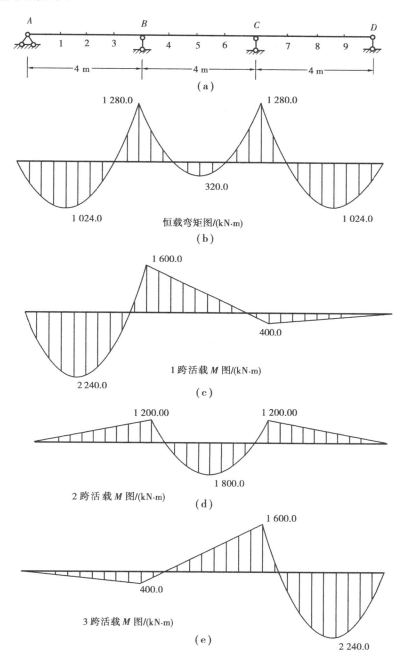

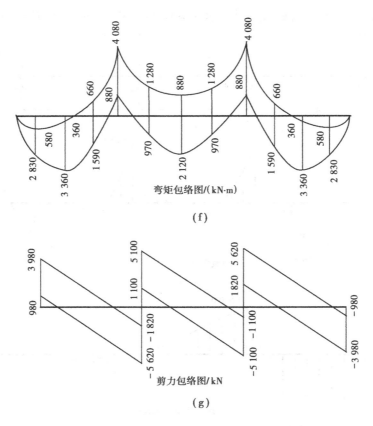

弯矩包络图/(kN·m)

(f)

剪力包络图/kN

（g）

图 8.24

由以上介绍可看出,要想较准确地绘出连续梁的内力包络图,手算工作量是相当大的,一般用计算机进行绘制,有兴趣的读者可参阅其他结构力学教材。

本章小结

• **本章主要知识点**

1. 移动荷载、最不利荷载位置、影响线的概念,影响线与内力图的区别。

2. 静力法作静定结构影响线的方法、基本步骤,静力法作静定梁在直接荷载、间接荷载作用下的影响线,静力法作静定桁架的内力影响线。

3. 机动法作影响线的方法,机动法作静定梁影响线的基本步骤,机动法作连续梁影响线的基本步骤。

4. 利用影响线求固定荷载作用下的某量值,利用影响线确定某量值的最不利荷载位置并计算该量值的最大值或最小值。

5. 内力包络图的概念,简支梁、连续梁的内力包络图的绘制。

• 可深入讨论的几个问题

1. 简支梁的最危险截面,是指在移动的荷载系作用下,梁上产生绝对最大弯矩的截面。如何针对不同的要求,计算绝对最大弯矩,请参阅其他有关《结构力学》教材。

2. 在工程中常直接根据最不利荷载的布置叠画其内力图而得到连续梁的内力包络图,请参阅有关结构教材。

3. 本书中仅讨论了梁、桁架的内力影响线,关于刚架、拱等结构的内力影响线,及各种结构的位移影响线,请参阅其他结构力学教材。

概 念 题

1. 影响线的含义是什么? 它的竖标与单位荷载有什么关系?

2. 移动荷载系与固定荷载系各有什么特点?

3. 试举例分析内力图、影响线、包络图三者之间的区别。

4. 某界面的剪力影响线在该界面处是否一定有突变? 突变处左右两竖标各代表什么意义?

5. 静定结构的内力影响线与超静定结构的内力影响线有何区别? 原因何在?

图(b)是图(a)的_____影响线。竖标 y_D 是表示 $P=1$ 作用在_____截面时_____的数值。

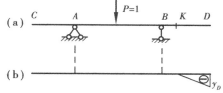

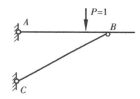

概念题 5 图   概念题 6 图

6. 图示结构 BC 杆轴力影响线应画在 BC 杆上。

7. 根据例题 8.5,分析可动均布荷载作用下,$M_{C\max}^-$、$M_{1\max}^+$、$M_{1\max}^-$ 的最不利荷载位置。

8. 简支梁与连续梁内力包络图的区别是什么?

9. 绝对最大弯矩与跨中截面最大弯矩有什么区别?

10. 影响线是用于解决活载作用下结构的计算问题,它能否用于恒载作用下的计算?

习 题

8.1 用静力法绘图示静定梁和刚架指定量值的影响线。图(a): M_A、F_{AY};图(b): F_{AY}、F_{BY}、F_{AX}、M_C、F_{QC}、F_{NC};图(c): M_D、F_{QD}、M_E、F_{QE};图(d): F_{AY}、M_{DA}、M_{DB}、F_{QDA}、F_{QDB}。

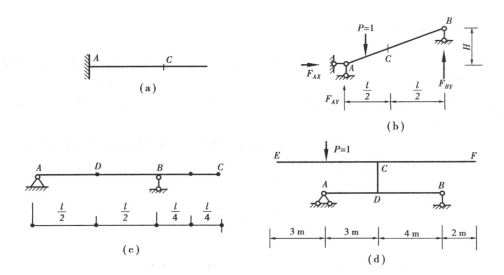

题 8.1 图

8.2 用机动法绘图示静定梁指定量值的影响线。图(a)：M_A、F_{AY}、M_C、F^l_{QC}、F^r_{QC}；图(b)：M_G、F_{QG}、M_B、F^l_{QB}、F^r_{QB}、F^l_{QE}、F^r_{QE}。

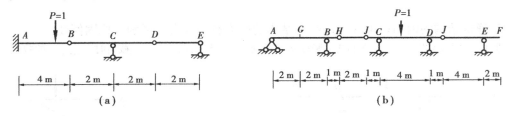

题 8.2 图

8.3 用机动法绘图示静定梁指定量值的影响线。图(a)：F_{BY}、F_{EY}、M_B、M_E、M_G；图(b)：F_{BY}、M_D、F_{QD}、F^l_{QC}。

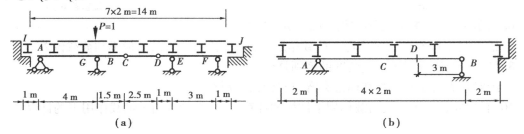

题 8.3 图

8.4 试用静力法绘制图示桁架指定杆件的内力影响线。

8.5 用机动法绘图示超静定梁指定量值的影响线：M_E、F_{QE}、F_{BY}、F^l_{QC}、F^r_{QC}。

8.6 试利用影响线求在所示荷载作用下截面 C 的弯矩、剪力值。

8.7 两台吊车如图所示，求吊车梁的 M_C、F_{QC} 荷载最不利位置，并计算其最大(小)值。

8.8 试求图示简支梁在吊车荷载作用下截面 C 的最大弯矩、最大正剪力和最大负剪力。

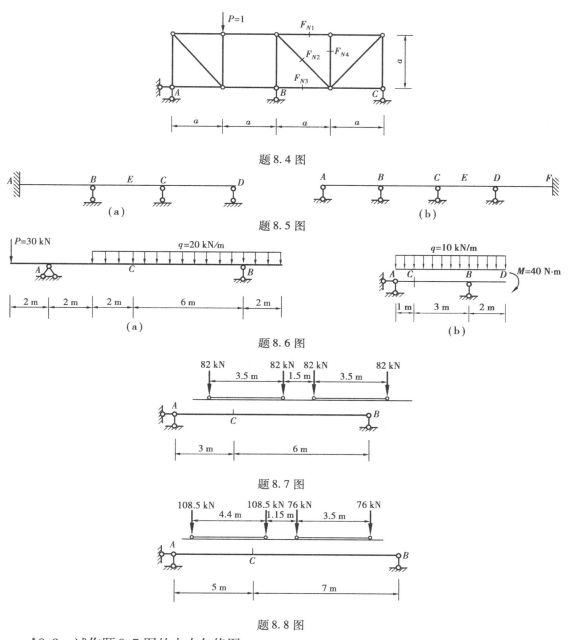

题 8.4 图

题 8.5 图

题 8.6 图

题 8.7 图

题 8.8 图

*8.9　试作题 8.7 图的内力包络图。

*8.10　图示连续梁,除各跨承受均布恒载 $q = 10$ kN/m 外,还承受均布活载 $p = 10$ kN/m。试绘制内力包络图。EI = 常数。

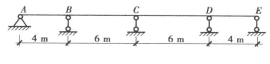

题 8.10 图

附　录

附录 I　自测题

自测题 I

一、是非题(将判断结果填入括号,以○表示正确,以×表示错误。本大题包含 3 小题,每小题 3 分,共 9 分)

1. 几何可变体系可能有多余约束。(　　)

2. 图自测题 I.1 所示结构的支座反力是正确的。(　　)

3. 结构的支座反力的影响线,均由一段或数段直线所组成。(　　)

二、选择题(将正确答案的字母填入括号内。本大题包括 3 小题,每小题 3 分,共 9 分)

1. 用图乘法求位移的必要条件之一是(　　)

　　A. 单位荷载下的弯矩图为一直线

　　B. 结构可分为等截面直杆段

　　C. 所有杆件 EI 为常数且相同

　　D. 结构必须是静定的

图自测题 I.1

2. 静定结构支座移动时,结构(　　)

　　A. 无变形,无位移,无内力　　　　B. 有变形,有内力,有位移

　　C. 有变形,有位移,无内力　　　　D. 无内力,无变形,有位移

3. 图自测题 I.2 所示超静定刚架,用力法计算时,可选取的基本体系是(　　)

　　A. 图(a)、(b)和(c)　　　　　　B. 图(a)、(c)和(d)

　　C. 图(b)、(c)和(d)　　　　　　D. 图(a)、(b)、(c)和(d)

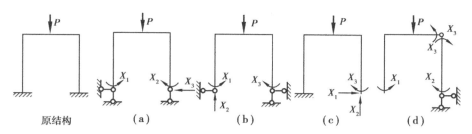

图自测题 I.2

三、填充题(将正确答案写在横线上。本大题包含 3 小题,每空 2 分,共 14 分)

1. 图自测题 I.3 所示连续梁,若 P、l、φ_B、φ_C 均已知,则: $M_{BA} = $＿＿＿＿＿＿＿＿＿＿,
$M_{BC} = $＿＿＿＿＿＿＿＿＿＿。

2. 图自测题 I.4 所示结构中,M 为 8 kN·m,BC 杆的内力是 $M = $＿＿＿＿＿＿＿＿＿,
$F_Q = $＿＿＿＿＿＿＿＿,$F_N = $＿＿＿＿＿＿＿＿。

3. 从几何组成看,图自测题 I.5 所示桁架为＿＿＿＿＿＿＿＿＿体系,其零杆数目是
＿＿＿＿＿＿＿＿。

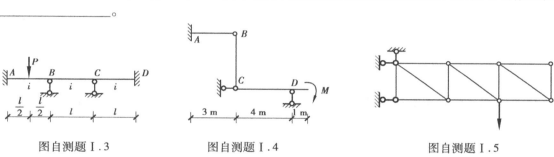

图自测题 I.3　　　　图自测题 I.4　　　　图自测题 I.5

四、对图自测题 1.6 所示体系进行几何组成分析。(本大题包含 1 题,共 8 分)

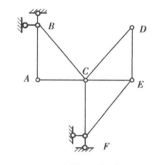

图自测题 I.6

五、用力法计算图自测题 I.7 所示结构,作出 M 图。(本大题包含 1 小题,共 14 分)

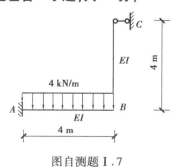

图自测题 I.7

六、用位移法计算图自测题 I.8 所示结构,并作出 M 图。EI = 常数。(本大题包含 1 小题,共 16 分)

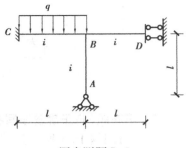

图自测题 I.8

七、用力矩分配法绘制图自测题 I.9 所示梁的弯矩图。EI = 常数。(本大题包含 1 小题,共 16 分)

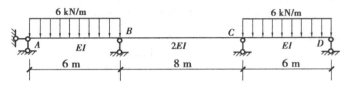

图自测题 I.9

八、利用影响线求图自测题 I.10 所示荷载作用下支座 B 的反力。(本大题包含 1 小题,共 14 分)

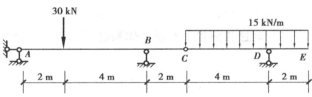

图自测题 I.10

一、是非题(将判断结果填入括号内,以○表示正确,以×表示错误。本大题包含 4 小题,每小题 3 分,共 12 分)

1. 图自测题 Ⅱ.1 所示体系为几何瞬变。( )

2. 荷载作用在静定多跨梁的附属部分时,基本部分一般内力不为零。( )

3. 图自测题 Ⅱ.2 所示桁架共有 9 根零杆。( )

4. 静定结构受外界因素影响均产生内力。大小与杆件截面尺寸无关。( )

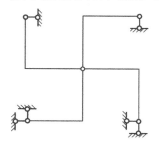

图自测题 Ⅱ.1

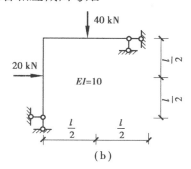

图自测题 Ⅱ.2

二、选择题(将正确答案的字母填入括号内。本大题包含 4 小题,每小题 4 分,共 16 分)

1. 图自测题 Ⅱ.3 所示两刚架的 EI 均为常数,并分别为 $EI=1$ 和 $EI=10$,这两刚架的内力关系为( )

   A. M 图相同

   B. M 图不同

   C. 图(a)刚架各截面弯矩大于图(b)刚架各相应截面弯矩

   D. 图(a)刚架各截面弯矩小于图(b)刚架各相应截面弯矩

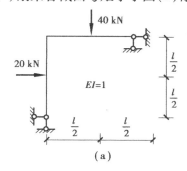

图自测题 Ⅱ.3

2. AB 杆变形如图自测题 Ⅱ.4 中虚线所示,则 A 端的杆端弯矩为( )

   A. $M_{AB}=4i\varphi_A-2i\varphi_B-6i\Delta_{AB}/l$ B. $M_{AB}=4i\varphi_A+2i\varphi_B+6i\Delta_{AB}/l$

   C. $M_{AB}=-4i\varphi_A-2i\varphi_B+6i\Delta_{AB}/l$ D. $M_{AB}=-4i\varphi_A+2i\varphi_B-6i\Delta_{AB}/l$

3. 图自测题 Ⅱ.5 所示对称结构 $EI=$ 常数,中点截面 C 及 AB 杆内力应满足( )

   A. $M_C\neq0,Q_C=0,N_C\neq0,N_{AB}\neq0$

   B. $M_C=0,Q_C\neq0,N_C=0,N_{AB}=0$

   C. $M_C=0,Q_C\neq0,N_C=0,N_{AB}\neq0$

   D. $M_C\neq0,Q_C\neq0,N_C=0,N_{AB}=0$

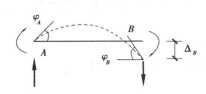

图自测题Ⅱ.4

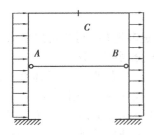

图自测题Ⅱ.5

4.力法方程是沿基本未知量方向的(　　　)

　　A.力的平衡方程　　　　　　　　B.位移为零方程

　　C.位移协调方程　　　　　　　　D.力的平衡及位移为零方程

三、填空题(将正确答案写在横线上。本大题包含 3 小题,每空 2 分,共 10 分)

1.图自测题Ⅱ.6 所示结构的超静定次数为_____。

2.图自测题Ⅱ.7 所示结构 EB 杆 E 端的弯矩 M_{EB} = _____,_____侧受拉。

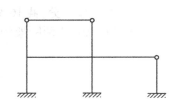

图自测题Ⅱ.6

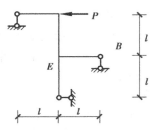

图自测题Ⅱ.7

3.静定结构中的杆件在温度变化时只产生_____,不产生_____。

四、求图自测题Ⅱ.8 所示刚架结构 C 铰左右两侧的相对转角,EI = 常数。(本大题包含 1 小题,共 14 分)

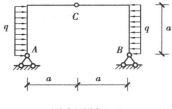

图自测题Ⅱ.8

五、用力法计算并作图自测题Ⅱ.9所示结构的 M 图，EI = 常数。（本大题包含 1 小题，共 16 分）

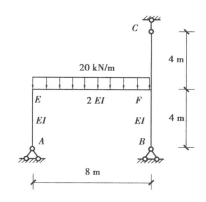

图自测题Ⅱ.9

六、用位移法作图自测题Ⅱ.10所示刚架的弯矩图。（本大题包含 1 小题，共 16 分）

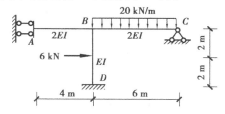

图自测题Ⅱ.10

七、用力矩分配法绘制图自测题Ⅱ.11所示梁的弯矩图。（本大题包含 1 小题，共 16 分）

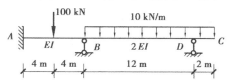

图自测题Ⅱ.11

八、用影响线求图自测题Ⅱ.12所示梁在行列移动荷载作用下 C 截面的最大弯矩。（本大题包含 1 小题，共 10 分）

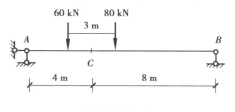

图自测题Ⅱ.12

自测题 Ⅲ

一、是非题(将判断结果填入括号内,以○表示正确,以×表示错误。本大题包含 3 小题,每小题 3 分,共 9 分)

1. 图自测题Ⅲ.1 所示体系为无多余约束的几何不变体系。( )

2. 图自测题Ⅲ.2(a)所示对称结构可简化为图(b)所示结构来计算。( )

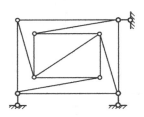

图自测题Ⅲ.1

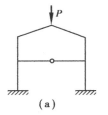 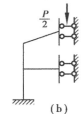

图自测题Ⅲ.2

3. 位移法的基本结构也是超静定结构。( )

二、选择题(将正确答案的字母填入括弧内。本大题包含 3 小题,每小题 3 分,共 9 分)

1. 图自测题Ⅲ.3 所示结构用位移法计算时最少的基本未知数为( )

A. 1   B. 2   C. 3   D. 4

2. 图自测题Ⅲ.4 所示平行弦桁架,其下弦杆的内力变化规律是( )

A. 两端小,中间大   B. 两端大,中间小
C. 各杆内力相等   D. 无规律的变化

3. 图自测题Ⅲ.5 所示结构支座 B 的反力矩(以右侧受拉为正)是( )

A. $\dfrac{ql^2}{4}$ B. $-\dfrac{ql^2}{4}$ C. $-\dfrac{ql^2}{8}$ D. $\dfrac{ql^2}{8}$

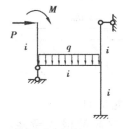   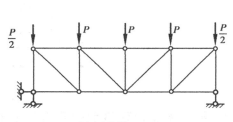   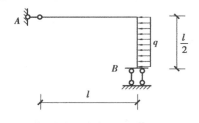

图自测题Ⅲ.3   图自测题Ⅲ.4   图自测题Ⅲ.5

三、填充题(将正确答案写在横线上。本大题包含 4 小题,每空 2 分,共 18 分)

1. 温度改变时,图自测题Ⅲ.6(a)所示结构_____内力,图(b)所示结构_____内力。

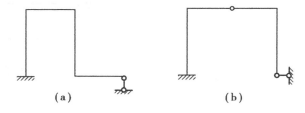

图自测题Ⅲ.6

2. 已知图自测题Ⅲ.7 所示梁状态①中作用 $P_1 = 10$ kN,在 2 点产生转角 $\Delta_{21} = 0.002$ 弧

度,则当状态②中 2 点作用力偶矩 $P_2=10$ kN·m 时,在 1 点产生的位移 $\Delta_{12}=$ _____。(写出数值及单位)

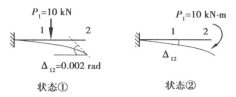

图自测题Ⅲ.7

3. 结构的计算简图及其 M 图如自测题Ⅲ.8 所示,则其 $M_{CF}=$ _____, $M_{DC}=$ _____(正负号按位移法规定), CD 杆跨中弯矩_____。

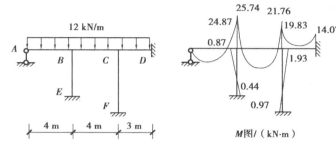

图自测题Ⅲ.8

4. 图自测题Ⅲ.9(b)是图(a)的_____影响线,竖标 y_c 是表示 $P=1$ 作用在_____截面时_____的数值。

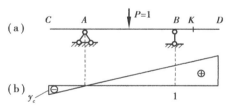

图自测题Ⅲ.9

四、图自测题Ⅲ.10(b)是图(a)的 M 图,试作 F_Q 图。(本大题包含 1 小题,共 10 分)

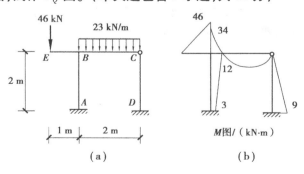

图自测题Ⅲ.10

五、用力法计算图自测题Ⅲ.11 所示结构,作其 M 图。EI = 常数。(本大题包含 1 小题,共 14 分)

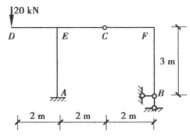

图自测题Ⅲ.11

六、计算图自测题Ⅲ.12 所示结构 1 点的线位移。(EI = 常数,$EA = \infty$)。(本大题包含 1 小题,共 14 分)

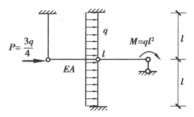

图自测题Ⅲ.12

七、用力矩分配法作图自测题Ⅲ.13 所示对称结构的 M 图。已知:$q = 40\ \text{kN/m}$,各杆 EI 相同。(本大题包含 1 小题,共 14 分)

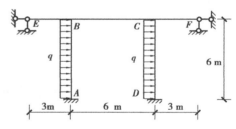

图自测题Ⅲ.13

八、求图自测题Ⅲ.14 所示梁在可移动吊车作用下截面 C 的弯矩的最大值。其中 P 为吊车自重,Q 为重物的重量。(本大题包含 1 小题,共 12 分)

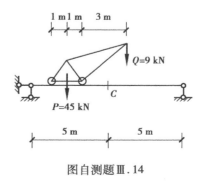

图自测题Ⅲ.14

附录Ⅱ　部分习题及自测题参考答案

第 2 章

2.1　(a)无多余约束的几何不变体系
　　　(b)无多余约束的几何不变体系
2.2　(a)无多余约束的几何不变体系
　　　(b)无多余约束的几何不变体系
　　　(c)无多余约束的几何不变体系
　　　(d)有 5 个多余约束的几何不变体系
2.3　(a)无多余约束的几何不变体系
　　　(b)无多余约束的几何不变体系
　　　(c)有 1 个多余约束的瞬变体系
　　　(d)无多余约束的几何不变体系
　　　(e)有 1 个多余约束的几何不变体系
　　　(f)无多余约束的几何不变体系
　　　(g)常变体系
　　　(h)几何瞬变体系
2.4　(a)无多余约束的几何不变体系
　　　(b)几何瞬变体系
　　　(c)几何瞬变体系
　　　(d)无多余约束的几何不变体系
2.5　(a)无多余约束的几何不变体系
　　　(b)有 2 个多余约束的几何不变体系
　　　(c)几何瞬变体系
　　　(d)无多余约束的几何不变体系
　　　(e)无多余约束的几何不变体系
　　　(f)有 2 个多余约束的几何不变体系

第 3 章

3.2　(a)$M_A = 254.84$ kN・m（上侧受拉），$F_{QA} = 101.21$ kN
　　　(b)$M_D = 26$ kN・m（下侧受拉），$F_{QD} = 9$ kN
　　　(c)$M_D^{左} = 40$ kN・m（上侧受拉）
　　　(d)$M_D^{左} = 30$ kN・m（下侧受拉）
3.3　(a)$M_{BA} = 240$ kN・m（左侧受拉），$F_{QBC} = 0$
　　　(b)$M_{AB} = 30$ kN・m（左侧受拉）

（c）$M_{CB} = 40$ kN·m（上侧受拉），$F_{OBA} = -6$ kN

（d）$M_{AB} = 3.36$ kN·m（上侧受拉）

（e）$M_{CA} = 24$ kN·m（下侧受拉）

（f）$M_{BC} = Pa$（右侧受拉）

（g）$M_{BC} = 25$ kN·m（下边受拉），$F_{QBC} = 0$

（h）$M_A = M_B = 5qa^2/8$（外侧受拉）

3.4　（a）$F_{QCA} = -5.37$ kN·m，$N_{CA} = 2.68$ kN，$M_C = 8$ kN·m（下侧受拉）

　　（b）$M_{CA} = 30$ kN·m（下侧受拉），$M_{OCA} = 8$ kN，$F_{NCA} = -6$ kN

3.5　（a）$M_{EA} = Pa/2$（内侧受拉）

　　（b）$M_{DA} = 12.5$ kN·m（外侧受拉）

　　（c）$M_{DA} = \dfrac{2}{3}qa^2$（内侧受拉）

　　（d）$M_{DC} = 12.5F_Q$（上侧受拉），$F_{QDC} = 5F_Q$

3.6　（a）$M_A = \dfrac{Pa}{4}$（上侧受拉），$F_{OBA} = \dfrac{P}{4}$

　　（b）$M_B = 6.09$ kN·m（上侧受拉）

　　（c）$M_A = 4.5$ kN·m（下侧受拉），$M_B = 1$ kN·m（上侧受拉）

　　　　$M_C = 1.87$ kN（上侧受拉）

　　（d）$M_{AB} = Pa$（下侧受拉）

3.7　（a）$M_{DA} = 25.5$kN·m（外侧受拉）

　　（b）$M_{DA} = 2.32$ kN·m（内侧受拉）

　　（c）$M_{DA} = 3.95$ kN·m（内侧受拉）

　　（d）$M_{DC} = 0.98$ kN·m（外侧受拉）

3.8　（a）$M_{CD} = 160$ kN·m（右侧受拉），$M_{FG} = 0$

　　（b）$M_{DC} = 16$ kN·m（上侧受拉）

　　（c）$M_{DC} = 0$

　　（d）$M_{AC} = Pa$（左侧受拉）

3.9　（1）$M_E = -0.5P$，$F_{OE} = 0$，$F_{NE} = \dfrac{\sqrt{5}}{4}P$

　　（2）$F_{ND}{}^{左} = -0.78P$，$F_{QD}{}^{左} = 0.45P$

　　（3）F_{AY}，F_{BY}不变，F_H减小一倍，M不变

　　（4）反力不变，拱高和跨度增大一倍，M也增大一倍

3.10　$M_K = -37.05$ kN·m，$F_{OK} = 18.3$ kN，$F_{NK} = 73.8$ kN

3.11　$F_{NDE} = 135$ kN，$F_{NFD} = F_{NGE} = 22.5$ kN，$M_K = 7.5$ kN·m，

　　　$F_{QK} = 2.152$ kN，$F_{NK} = 158.199$ kN

3.12　（1）$X_C = 14.09$ m

　　（2）$H = 12.88$ kN，$V_A = 11.03$ kN，$V_B = 8.97$ kN

　　（3）$M_D = 17.54$ kN·m（下侧受拉）

3.13　（a）9 根零杆；（b）6 根零杆；（c）4 根零杆；

　　（d）6 根零杆；（e）10 根零杆；（f）8 根零杆

3.14　（a）$F_{N14} = \sqrt{3}P$，$F_{N23} = -2P$

$(b) F_{N24} = 30\sqrt{2}$ kN

3.15 $(a) F_{Na} = 5\sqrt{13}$ kN, $F_{Nb} = 37.5$ kN

$(b) F_{Nc} = 40$ kN

$(c) F_{Na} = -P ; F_{Nb} = \sqrt{2}P$

$(d) F_{Na} = -\dfrac{\sqrt{2}}{3}P , F_{Nb} = -\dfrac{\sqrt{5}}{3}P$

$(e) F_{Na} = 40\sqrt{2}$ kN, $F_{Nb} = -20\sqrt{2}$ kN

$(f) F_{Na} = -1.18P ; F_{Nb} = 1.67P$

$(g) F_{Na} = -16$ kN; $V_{B} = -20$ kN; $F_{Nc} = 32$ kN

$(h) F_{Na} = 0 ; F_{Nb} = 20$ kN; $F_{Nc} = 15\sqrt{2}$ kN

3.16 $(a) F_{NDE} = 22.5$ kN;

$(b) F_{NEF} = -80\sqrt{2}$ kN; $F_{NCH} = -20\sqrt{2}$ kN; $M_{KB} = 240$ kN·m(右侧受拉)

$(c) F_{NEB} = -2P ; M_{AB} = 0$

$(d) F_{NDE} = 0 ; M_{CA} = 3Pa$(上侧受拉)

$(e) F_{NDE} = 225$ kN; $M_{GB} = 67.5$ kN·m(下侧受拉)

$(f) F_{NGE} = 72.11$ kN; $F_{NCG} = 50$ kN; $F_{NGB} = -90$ kN

第 4 章

4.1 $R_{C} = 16.25$ kN(↑) $R_{F} = 5$ kN(↑) $M_{B} = 17.5$ kN·m(下拉) $M_{C} = -5$ kN·m(上拉)

4.2 $H = \dfrac{3}{2}P(\leftarrow)$ $R_{B} = \dfrac{P}{2}(\uparrow)$

4.3 $(a) \Delta_{B} = \dfrac{qa^{4}}{8EI}(\downarrow) \theta_{B} = \dfrac{qa^{3}}{6EI}(\,\rotatebox{0}{⤸}\,)$

$(b) \Delta_{B} = \dfrac{5Pa^{3}}{48EI}(\downarrow) \theta_{B} = \dfrac{Pa^{2}}{8EI}(\,⤸\,)$

4.4 $\Delta_{DH} = 0.563\dfrac{qa^{4}}{EI}(\rightarrow)$

4.5 $\Delta_{BH} = \dfrac{qa^{4}}{24EI}(\rightarrow)$

4.6 $\Delta_{BH} = \dfrac{qfa^{3}}{15EI}(\rightarrow)$

4.7 $\theta_{B} = \dfrac{1.42}{EI}($逆时针$)$

4.8 $\Delta_{CV} = 1.15$ cm(↓)

4.9 $\varphi_{DB-EB} = -0.84 \times 10^{-3}$ rad($\circlearrowright$)

4.10 $(a) \Delta_{CV} = \dfrac{3Pl^{3}}{256EI}(\downarrow)$

$(b) \Delta_{CV} = \dfrac{q}{24EI_{2}}(3a^{4} - 4ca^{3} + c^{4})(\downarrow)$

$$(c)\Delta_{CV}=\frac{ql^4}{128EI}(\downarrow)$$

4.11 $(a)\Delta_{CH}=\frac{106}{3EI}(\leftarrow)$

$(b)\theta_A=\frac{57}{EI}(逆时针)$

$(c)\varphi_{C(l,r)}=\frac{77}{4EI}()(\quad\Delta_{CV}=\frac{11}{EI}(\uparrow)$

4.12 $(a)\Delta_{DH}=1.73\times10^{-2}\ m(\leftarrow)$

$(b)\Delta_{DH}=\frac{976}{3EI}(\rightarrow)$

4.13 $(a)\theta_C=-0.0201\ rad\ ()($

$(b)\varphi_{C(l,r)}=\frac{ql^3}{8EI}()(\quad\Delta_{DE}=\frac{ql^4}{64EI}(\leftarrow\rightarrow)$

4.14 $\Delta_{CD}=0.493\ cm(\leftarrow\rightarrow)$

4.15 $\Delta_{AV}=4.84\ cm(\downarrow)$

4.16 $\Delta_{DV}=14.64\frac{qa^4}{EI}(\downarrow)$

4.17 $\Delta_{AB}=9.81\frac{Pa^3}{EI}(\updownarrow)$

4.18 $\Delta_{CV}=\frac{qah}{4EA\cos^3\theta}(\downarrow)\qquad\theta_C=\frac{qa^3}{24EI}+\frac{qh}{EA}\left(1-\frac{1}{4\cos^3\theta}\right)(逆时针)$

4.19 $\Delta_{BV}=\frac{11q_1a^4}{120EI}+\frac{q_2a^4}{30EI}(\downarrow)$

4.20 $\varphi_{c-c}=\frac{77qa^3}{32EI}()($

4.21 $\Delta_{DV}=0.107\ cm(\downarrow)$

4.22 $\varphi_{c-c}=-0.02\ rad()($

4.23 $\Delta_{CF}=-0.36\ cm(\nearrow)$

4.24 $\Delta_{CH}=6\alpha t\ ℃(\rightarrow)$

4.25 $\Delta_{CV}=2.0\ cm(\uparrow)$

4.26 $\Delta_{DV}=2.75\ cm(\downarrow)$

4.27 $\theta_B=\frac{qa^3}{24EI}()$

第 5 章

5.1 (a) $n=2$ (b) $n=3$ (c) $n=3$ (d) $n=6$ (e) $n=7$
(f) $n=4$ (g) $n=5$ (h) $n=8$ (i) $n=10$ (j) $n=6$

5.2 (a)(略) (b)(略) (c)(略)

$(d)\ M_{AB}=\frac{1}{6}Pl\ (下部受拉)$

5.3　（a）$M_{BA}=45$ kN·m（左侧受拉）

　　（b）$M_{DA}=\dfrac{1}{2}Pl$（下部受拉）　　　　$M_{CB}=\dfrac{1}{2}Pl$（下部受拉）

　　（c）$M_{EA}=\dfrac{33}{64}qi^2$（下部受拉）

　　（d）$M_{AC}=97.5$ kN·m（左侧受拉）

5.4　（a）$F_{NCE}=P$

　　（b）$F_{NBC}=-26.67$ kN　　　　$F_{NDE}=-23.33$ kN

5.5　（a）$F_{NCD}=-\dfrac{10}{13}P$

　　（b）$M_{AB}=0.31ql^2$（上部受拉）

5.6　（a）$M_{AC}=112.5$ kN·m（左侧受拉）

　　（b）$F_{NCD}=-1.29$ kN

5.7　$M_A=\dfrac{5}{11}Pa$（上部受拉）　　　　$\Delta_{CV}=\dfrac{3Pa^3}{11EI}$（↓）

5.8　$\varphi_C=1.25\times10^{-5}$（逆时针转）　　　$\Delta_{DH}=2.83$ mm（→）

5.9　$M_B=175.2$ kN·m（上部受拉）　　　$\Delta_{KV}=\dfrac{747}{EI}$（↓）　　　$\varphi_C=\dfrac{157}{EI}$（逆时针转）

5.10　$M_{CB}=\dfrac{480\alpha EI}{l}$（上部受拉）

5.11　（a）（略）　　　　（b）（略）

5.12　（略）

5.13　（a）$M_{CA}=\dfrac{Pl}{2}$（右侧受拉）

　　（b）$M_{BA}=\dfrac{ql^2}{24}$（左侧受拉）

　　（c）$M_A=\dfrac{PR}{\pi}$（内部受拉）

　　（d）$M_{CD}=\dfrac{Pa}{2}$（上部受拉）

　　（e）$M_{AC}=\dfrac{m}{4}$（下部受拉）

　　（f）$M_{EC}=\dfrac{11}{38}qa^2$（内侧受拉）

　　（g）$M_{BA}=\dfrac{3}{28}Pl$　　　　$M_{CB}=-\dfrac{1}{7}Pl$

5.14　$F_H=16.67$ kN　　　　$M_C=-8.40$ kN·m（外部受拉）

5.15　$F_H=0.4519P$　　　　$M_A=M_B=0.1106PR$（内部受拉）

第 6 章

6.1　（a）3　　　　（b）1　　　　（c）1

　　（d）9　　　　（e）8　　　　（f）7

(g) 4 　　　　(h) 2 　　　　(i) 5 　　　　(j) 4

6.2 (a) $M_{DC} = 14.29 \text{ kN} \cdot \text{m}$ 　　$M_{DB} = 8.57 \text{ kN} \cdot \text{m}$

　　　　$M_{CA} = -2.86 \text{ kN} \cdot \text{m}$

　　(b) $M_{BA} = 15 \text{ kN} \cdot \text{m}$ 　　　$M_{BD} = 20 \text{ kN} \cdot \text{m}$

　　(c) $M_{BA} = 20 \text{ kN} \cdot \text{m}$ 　　　$M_{BC} = 20 \text{ kN} \cdot \text{m}$

　　　　$M_{CB} = 10 \text{ kN} \cdot \text{m}$

　　(d) $M_{A1} = M_{A2} = \dfrac{1}{3}M$ 　　$M_{A4} = \dfrac{1}{12}M$

　　　　$M_{A3} = \dfrac{1}{4}M$

　　(e) $M_{BA} = 100.5 \text{ kN} \cdot \text{m}$ 　　$M_{CD} = -118.6 \text{ kN} \cdot \text{m}$ 　　$M_{DC} = 43.8 \text{ kN} \cdot \text{m}$

6.3 (a) $M_{AC} = ql^2/104$

　　(b) $M_{BE} = 42.1 \text{ kN} \cdot \text{m}$

　　(c) $M_{AC} = -22.5 \text{ kN} \cdot \text{m}$ 　　$M_{BD} = -135 \text{ kN} \cdot \text{m}$

　　(d) $M_{AC} = -150 \text{ kN} \cdot \text{m}$ 　　$M_{BD} = -90 \text{ kN} \cdot \text{m}$

　　(e) $M_{AC} = 59.2 \text{ kN} \cdot \text{m}$ 　　$H_A = 59.2 \text{ kN} \ (\rightarrow)$

　　(f) $M_{AB} = \dfrac{7}{32}ql^2 \,(左侧受拉)$

6.4 (a) $M_{EC} = 2.14 \text{ kN} \cdot \text{m}$ 　　$M_{EF} = -2.74 \text{ kN} \cdot \text{m}$

　　(b) $M_{AD} = -14.5 \text{ kN} \cdot \text{m}$ 　　$M_{DG} = 58.1 \text{ kN} \cdot \text{m}$

　　(c) $M_{CC'} = 84.86 \text{ kN} \cdot \text{m}$ 　　$M_{BB'} = 143.21 \text{ kN} \cdot \text{m}$

　　(d) $M_{DC} = 0.14ql^2$

6.5 　$M_{BA} = -50.4 \text{ kN} \cdot \text{m}$ 　　　$M_{CD} = -5.6 \text{ kN} \cdot \text{m}$

6.6 　$M_{CB} = -47.4 \text{ kN} \cdot \text{m}$

第 7 章

7.1 (a) $M_{AB} = 21.20 \text{ kN} \cdot \text{m}$ 　　$M_{BC} = 17.61 \text{ kN} \cdot \text{m}$

　　(b) $M_{AB} = -2.67 \text{ kN} \cdot \text{m}$ 　　$M_{CB} = 32.67 \text{ kN} \cdot \text{m}$

　　(c) $M_{BA} = 36 \text{ kN} \cdot \text{m}$

7.2 (a) $M_{BA} = 42.26 \text{ kN} \cdot \text{m}$ 　　$M_{DC} = 74.61 \text{ kN} \cdot \text{m}$

　　(b) $M_{BA} = 17.4 \text{ kN} \cdot \text{m}$ 　　　$M_{CB} = 10.6 \text{ kN} \cdot \text{m}$

　　(c) $M_{BA} = 74.38 \text{ kN} \cdot \text{m}$ 　　$M_{CB} = 32.83 \text{ kN} \cdot \text{m}$ 　　$R_B = 89.49 \text{ kN}(\uparrow)$

7.3 (a) $M_{BA} = -4.3 \text{ kN} \cdot \text{m}$ 　　$M_{CD} = 12.9 \text{ kN} \cdot \text{m}$ 　　$M_{EC} = 72.8 \text{ kN} \cdot \text{m}$

　　(b) $M_{AB} = 13.33 \text{ kN} \cdot \text{m}$

　　(c) $M_{CA} = 5 \text{ kN} \cdot \text{m}$ 　　　$M_{DC} = 10 \text{ kN} \cdot \text{m}$

　　(d) $M_{BD} = 64.82 \text{ kN} \cdot \text{m}$ 　　$M_{BC} = -69.64 \text{ kN} \cdot \text{m}$

7.4 (a) $M_{BC} = -192 \text{ kN} \cdot \text{m}$

　　(b) $M_{CB} = 12.78 \text{ kN} \cdot \text{m}$

　　(c) $M_{EF} = -41.13 \text{ kN} \cdot \text{m}$ 　　$M_{FE} = 75.17 \text{ kN} \cdot \text{m}$

　　(d) $M_{DA} = 7.17 \text{ kN} \cdot \text{m}$ 　　$M_{DG} = 14.48 \text{ kN} \cdot \text{m}$ 　　$M_{GD} = 9.82 \text{ kN} \cdot \text{m}$

7.5　$M_{AB} = -179.4$ kN · m,　　　　$M_{CC'} = 51.7$ kN · m

7.6　$M_{AC} = -33.3$ kN · m,　　　　$M_{CD} = 39.8$ kN · m

第8章

8.1 ~ 8.5　（略）

8.6　（a）$M_C = 164$ kN · m, $F_{QC} = 26$ kN　　（b）$M_C = 0, F_{OC} = -5$ kN

8.7　$M_{Cmax} = 314$ kN · m, $F_{QCmax} = 104.5$ kN, $F_{QCmin} = -27.3$ kN

8.8　$M_{Cmax} = 614.72$ kN · m, $F_{QCmax} = 108$ kN, $F_{QCmin} = -44.3$ kN

自测题 Ⅰ

一、1. ○　2. ×　3. ○

二、1. B　2. D　3. A

三、1. $-\dfrac{3Pl}{16} - 2i\varphi_B, 4i\varphi_B - 2i\varphi_C$　2. 0 kN · m,0 kN, -2 kN　3. 无多余约束的几何不变体系,7

四、无多余约束的几何不变体系

五、$M_{AB} = 24$ kN · m(上侧受拉)

六、$M_{AB} = 0.1ql^2$(上侧受拉)

七、$M_{BA} = 13.5$ kN · m(上侧受拉)

八、$R_B = 17.5$ kN(↑)

自测题 Ⅱ

一、1. ×　2. ○　3. ×　4. ×

二、1. A　2. A　3. B　4. C

三、1. 6　2. $-Pl$,上　3. 位移,内力

四、$\varphi_{C(l,r)} = \dfrac{qa^3}{12EI}$ ( )( )

五、$M_{EF} = 64$ kN · m(上侧受拉)

六、$M_{AB} = 12$ kN · m(上侧受拉)

七、$M_{BA} = 135$ kN · m(上侧受拉)

八、$M_{Cmax} = 293.3$ kN · m

自测题 Ⅲ

一、1. ○　2. ×　3. ○

二、1. B　2. A　3. C

三、1. 产生,不产生　2. $\Delta_{12} = 0.002$ m

　　3. -1.93 kN · m,10.47 kN · m,3.45 kN · m　4. R_B　C　R_B

四、$F_{QBA} = 4.5$ kN

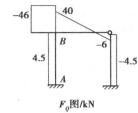

F_Q图/kN

五、$M_{BC} = 19.29$ kN・m(上侧受拉)

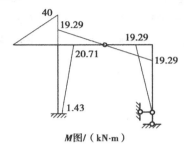

M图/（kN·m）

六、$\Delta_1 = \dfrac{5ql^4}{3EI}(\rightarrow)$

七、$M_{AB} = 135$ kN・m(左侧受拉)

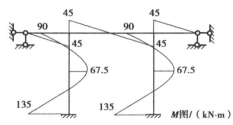

M图/（kN·m）

八、$M_{C\max} = 126$ kN・m

参考文献

［1］龙驭球,包世华.结构力学教程［M］.2 版.北京:高等教育出版社,1994.

［2］杨弗康,李家宝.结构力学［M］.4 版.北京:高等教育出版社,1998.

［3］王焕定,章梓茂.结构力学［M］.北京:高等教育出版社,2000.

［4］李廉锟.结构力学［M］.4 版.北京:高等教育出版社,2004.

［5］杨天祥.结构力学［M］.2 版.北京:高等教育出版社,1986.

［6］阳日,莫宣志.结构力学［M］.重庆:重庆大学出版社,1998.

［7］杜正国.结构力学教程［M］.成都:西南交通大学出版社,2004.

［8］张庆延,刘曙光.结构力学［M］.北京:科学出版社,2006.

［9］邓秀太.结构力学题解及考试指南［M］.北京:中国建材工业出版社,1995.

［10］罗汉泉,王兰生.结构力学学习指导书［M］.北京:高等教育出版社,1985.

［11］包世华.结构力学学习指导及题解大全［M］.武汉:武汉理工大学出版社,2003.